高等职业教育改革创新系列教材

矿山机械设备维修与安装

主　编　李瑞春　陈宝怡
副主编　苏永成　韩国庆
参　编　魏国江　贾发亮
主　审　尹静涛

机 械 工 业 出 版 社

本书以现场工作任务为驱动和导向，按照工学交替的教学模式，以现场工作任务实施方法、内容和过程为主线，学习矿山机械设备的基础知识和修理、安装的基本方法、技能，培养学生矿山机械修理安装岗位的职业综合能力。全书共7个单元，内容包括机械的磨损与润滑，机械零件的断裂、变形分析与防止，机械零件的腐蚀与防腐，机械设备故障诊断，机械设备维修分析，典型零部件的维修，矿山机械设备的修理与安装。

本书适合高等职业技术院校、成人教育院校矿山机电专业使用，也可供中等职业学校矿山机电专业矿业类相关专业选用，还可供现场工程技术人员使用或参考。

图书在版编目(CIP)数据

矿山机械设备维修与安装/李瑞春，陈宝怡主编．—北京：机械工业出版社，2014.10(2026.1重印)
高等职业教育改革创新系列教材
ISBN 978-7-111-48137-9

Ⅰ．①矿…　Ⅱ．①李…②陈…　Ⅲ．①矿山机械—机械维修—高等职业教育—教材②矿山机械—设备安装—高等职业教育—教材
Ⅳ．①TD407

中国版本图书馆CIP数据核字(2014)第227455号

机械工业出版社(北京市百万庄大街22号　邮政编码100037)
策划编辑：汪光灿　责任编辑：汪光灿　王海霞
版式设计：霍永明　责任校对：张　薇
封面设计：张　静　责任印制：刘　媛
北京富资园科技发展有限公司印刷
2026年1月第1版·第8次印刷
184mm×260mm·15.25印张·367千字
标准书号：ISBN 978-7-111-48137-9
定价：49.00元

电话服务
客服电话：010-88361066
010-88379833
010-68326294

网络服务
机　工　官　网：www.cmpbook.com
机　工　官　博：weibo.com/cmp1952
金　书　网：www.golden-book.com
机工教育服务网：www.cmpedu.com

前言

为贯彻《国务院关于大力发展职业教育的决定》，落实国务院关于加快矿业类人才培养的重要批示精神，满足煤炭行业发展对一线技能型人才的需求，教育部、国家安全生产监督管理总局、中国煤炭工业协会决定实施“职业院校煤炭行业技能型紧缺人才培养培训工程”，全面提高教育教学质量，保证教学质量，制定了职业教育煤炭行业技能型紧缺人才培养培训教学方案。本书是按照“方案”要求，针对职业教育办学特色和教学模式改革的需要，以及职业学生的心理特点和认知规律编写的，以简明实用为编写宗旨。本书体现了以下特点：

1）在工学交替培养模式下，依据职业岗位标准或生产实际，校企共同开发基于工作过程的课程，重组、整合了教学内容。

2）按照矿山机械设备修理和安装岗位工作过程要求，以综合岗位行动任务为导向，以现场工作任务实施方法、内容和过程为主线，学习矿山机械设备修理和安装的基础知识、方法、过程、技能，培养学生矿山机械设备修理安装岗位的职业综合能力。

3）遵循知识、行动、目标及成果反馈的认知过程，力求培养出矿山机械维修岗位领域的高端技术人才。

本书建议按照工学交替的教学模式组织教学，为了更好地方便教学。本书建议总学时为70～90学时，按校内和现场教学1∶1的学时比例分两次交替实施。

序　号	单元名称	学时数		备　　注
		校内教学	现场教学	
第一单元	机械的磨损与润滑	4	4	现场教学可集中分两次与校内教学作交替安排
第二单元	机械零件的断裂、变形分析与防止	4	4	
第三单元	机械零件的腐蚀与防腐	2	2	
第四单元	机械设备故障诊断	6	6	
第五单元	机械设备维修分析	8	8	
第六单元	典型零部件的维修	8	8	
第七单元	矿山机械设备的修理与安装	10	10	
	总　　计	42	42	

本书由河北能源职业技术学院李瑞春、陈宝怡任主编并负责全书的统稿和修改，由重庆科能高级技工学校苏永成和开滦唐山矿韩国庆任副主编。由河北能源职业技术学院尹静涛任主审。全书共7个单元，第一单元由河北能源职业技术学院魏国江编写，第二单元由安徽矿

业职业技术学院贾发亮编写，第三、第六单元由苏永成编写，第四、第五单元由陈宝怡编写，第七单元课题一由开滦唐山矿韩国庆编写，第七单元课题二由李瑞春编写。此外，开滦集团公司曾文祥对本书提出了许多宝贵意见和建议。

由于时间仓促和编者水平有限，书中错误和缺点在所难免，恳请广大读者批评指正。

编　者

目录

第一单元

机械的磨损与润滑

【学习目标】

本单元由机械设备的磨损规律和机械设备的润滑两个课题组成。通过本单元的学习，学生应能够说出机械设备磨损失效的知识和磨损规律、润滑油的性能和选择原则；能够针对矿山现场机械设备工作状况和润滑方式选择润滑材料；能够对矿山现场机械设备的运行保养打下较为坚实的基础。

课题一　机械设备的磨损规律

【任务描述】

机械设备磨损是普遍存在的现象，是不可避免的。本课题主要对机械设备零件的摩擦磨损机理进行全面介绍。通过本课题的实施，使学生对机械设备零件的磨损失效、磨损规律有较全面的认识，为矿山机械设备的减摩打下一定的知识基础。

【知识学习】

当零件之间相互接触并有相对运动或相对运动趋势时，产生阻滞两个物体作相对切向运动的现象称为摩擦，所产生的阻滞力称为摩擦力。相对运动的零件表面因摩擦发生尺寸、形状和表面质量改变的现象称为磨损。摩擦与磨损相伴而生，是不可避免的自然现象，在机械设备工作过程中，会造成零件的表面形状和尺寸缓慢而连续地损坏，使得机械设备的工作性能与可靠性逐渐降低，甚至可能导致零件的突然破坏。另外，磨损会造成零件配合间隙增大，润滑条件变坏，摩擦阻滞力增加，产生冲击和振动，使设备能耗增高而工作效率下降。据统计，机械设备的故障约有1/3是由磨损失效造成的，机械设备中约有80%的零件因磨损而失效报废，消耗在摩擦过程中的能量约占全部工业能耗的30%。所以要对摩擦磨损有较充分的认识，这样才能针对不同零件的工作条件进行润滑、操作与维修，提高机械设备的工作效率，减少能量损失，保证机械设备工作的可靠性。

一、摩擦的种类及其本质

1. 摩擦的种类

（1）动摩擦和静摩擦　根据相互作用的摩擦表面的运动状态，摩擦可分为静摩擦和动摩擦两种。静摩擦的摩擦因数大于动摩擦的摩擦因数。

（2）滑动摩擦和滚动摩擦　根据相互作用的摩擦表面的运动方式，摩擦可分为滑动摩擦和滚动摩擦两种。

（3）干摩擦、液体摩擦、边界摩擦和混合摩擦　根据相互作用零件表面的润滑程度，摩擦可分为干摩擦、液体摩擦、边界摩擦和混合摩擦等类型。

1）干摩擦。在零件相互作用的摩擦表面之间没有润滑材料，作相对运动时所产生的摩擦叫做干摩擦。干摩擦的摩擦因数大，所产生的磨损也大，因此，应避免干摩擦现象在一般机械设备运动副中的存在。但有些情况下，如各种摩擦传动装置和制动器是需要干摩擦的。

2）液体摩擦。在两个滑动摩擦表面之间充满润滑剂，使相互作用的摩擦表面不发生直接接触，这时的摩擦不是发生在两摩擦表面上，而是发生在润滑剂内部，这种摩擦称为液体摩擦。液体摩擦的摩擦因数很小，为0.003～0.01，在液体摩擦条件下相互作用的摩擦表面不会产生磨损。

3）边界摩擦。如果润滑剂供应非常不足，在相对摩擦表面间仅存在0.1～0.2μm的极薄油膜，是有润滑和无润滑的最后分界，此时所产生的摩擦称为边界摩擦。边界摩擦的摩擦因数在0.01～0.1之间，是机械设备运动副中普遍存在的摩擦现象。

4）混合摩擦。如果润滑剂供应不够完善，无法形成完全的液体摩擦，相互作用的摩擦表面间会同时存在液体摩擦和边界摩擦，称之为半液体摩擦；同样，如果润滑剂供应不够完善，相互作用的摩擦表面间会同时存在干摩擦和边界摩擦，称之为半干摩擦。半液体摩擦和半干摩擦都称为混合摩擦。混合摩擦往往发生在设备起动和制动，配合零件作往复运动和摆动，设备运动速度或负载剧烈变化，设备在高温或高压下工作，滑动轴承顶部间隙过大，润滑油粘度过小或供应不足等情况下。

2. 摩擦的本质

（1）滑动摩擦的本质　当两个相互作用的摩擦表面接触时，由于零件表面凹凸不平，所以仅在个别点上发生接触，接触点上的分子（原子）在分子（原子）引力作用下互相结合起来，物体相对滑动时这些结合点遭到破坏，同时在新的接触点上结合，破坏这些结合点就会使运动产生阻力。另外，两个接触面上凹凸不平之间相互机械的啮合也会产生阻力。因此，总的摩擦力是由分子（原子）结合与机械啮合所产生的阻力的总和。按照这个理论，在负载一定的条件下，当摩擦表面的表面粗糙度值减小时，摩擦因数随之降低，当摩擦因数降低到某一最小值后，得到最适宜的零件表面粗糙度值。如果零件表面粗糙度值再减小，摩擦因数反而逐渐增加，如图1-1所示。

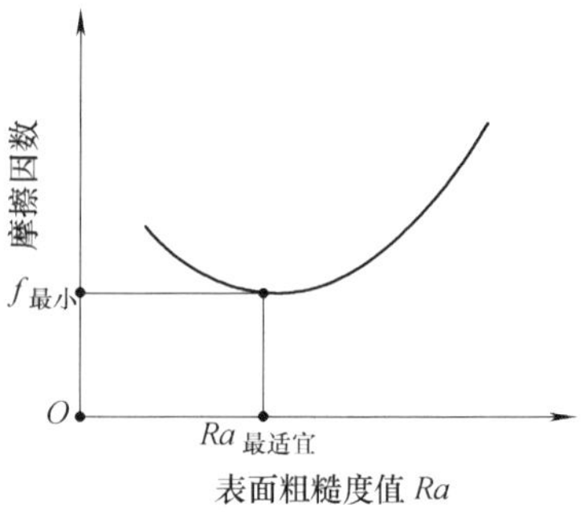

图1-1　表面粗糙度值与摩擦因数的关系曲线

（2）滚动摩擦的本质　滚动摩擦的阻力主要由四部分组成：微观滑动——零件接触面上存在滑动摩擦的滑移区是造成滚动摩擦阻力的主要因素；弹性滞后——弹性变形所需能量

的主要部分在接触消除后恢复，但是由于弹性滞后现象，另一部分弹性变形能量造成了滚动摩擦阻力；塑性变形——塑性变形所消耗的能量组成了滚动摩擦阻力；粘着效应——滚动摩擦时，相互紧压的表面由于分子的活动性和作用力，可使接触点粘附在一起成为粘着结点。滚动时粘着结点沿垂直接触面方向在拉力下分开，这种拉开粘着结点的拉力称为粘着力，粘着力所消耗的能量形成了滚动摩擦阻力。在一般情况下，常是几种阻力同时作用于滚动摩擦表面形成滚动摩擦。

二、磨损及其规律

1. 磨损的种类和形式

（1）正常磨损　正常磨损是指机械设备在正常工作条件下，经过长期运转所形成的均匀而缓慢的磨损。零件表面正常磨损速度与下列因素有关：

1）机械设备运动副运动形式特点。如滚动摩擦比滑动摩擦耐磨，圆周运动比往复运动耐磨。

2）工况条件。如摩擦表面相对运动速度大小、工作平稳性、环境灰尘等。

3）使用维护与装配质量。

4）相互接触表面比压大小。

5）零件材料性能。

6）零件加工精度和表面质量。

7）润滑状况。

（2）事故磨损　事故磨损是指机械零件在不正常的工作条件下，过早产生磨损速度不均匀或突然加快现象，造成机械设备工作性能过早或迅速恶化，甚至突然发生机械零件的损坏事故。通常机械零件事故磨损和事故损坏与下列因素有关：

1）没有执行合理的操作规程和维护检修规程。如机械设备有异常表现时没有及时处理、润滑状况不良、过负荷运转等，破坏了机械设备的正常工作条件。

2）检修工作所采取的技术措施不合理。

3）零件设计制造不合理，出现强度不足、应力集中较大及热处理不当等问题，使机械设备和零件存在缺陷。

4）零件材质低劣。

5）摔伤、砸伤、误操作及违反操作规程等意外事故。

（3）磨损的主要形式　磨损的主要形式有粘着磨损、磨粒磨损、疲劳磨损、腐蚀磨损和微动磨损。

2. 粘着磨损

由于相互接触的摩擦副表面具有表面粗糙度，在凸起处比压较高造成塑性变形，产生塑性变形热，使凸起处表面温度升高，当温度升高到足以使金属局部软化或熔化时，就导致了接触区发生粘着或焊合。在相对滑动时粘着点被剪切，塑性材料被转移到另一零件表面上，在运动副连续工作中出现粘着—剪断—再粘着的循环过程，这种现象称为粘着磨损。

（1）粘着磨损的情形　零件表面的粘着程度不同，产生的磨损程度也不同，据此粘着磨损可分为以下四种情形：

1）涂抹。当剪切作用发生在较软一方金属表层时，较软一方金属涂抹在较硬一方金属表面上的粘着磨损，称为涂抹。如重载荷蜗杆副的蜗杆上常出现涂抹。

2）擦伤。如果剪切发生在较软金属表层以下较浅的部位，破坏方式为沿着滑动方向产生细小的划痕，则这种粘着磨损称为擦伤。较硬金属表面有时也会发生擦伤，如空压机的活塞环与气缸体之间的擦伤。

3）胶合。当摩擦副表面局部压力较大、温度较高，粘着点剪切强度高于基体金属剪切强度时，剪切作用发生在摩擦副一方或双方基体较深处，软金属粘合在较硬金属表面又被撕裂下来，使摩擦表面形成各种各样的沟痕，这种粘着磨损称为胶合。如高速重载且润滑不良的大型绞车主轴与轴瓦之间、齿轮副及蜗杆副经常发生此种磨损。

4）咬死。当摩擦副表面瞬时温度高，粘着区域较大，使粘着点的强度高而不能从基体上剪切掉时，会造成零件相对运动的中止，这种粘着磨损称为咬死。如轴与轴瓦之间、相互啮合的齿轮间有时会发生咬死。咬死现象是粘着磨损最严重的形式。

（2）提高摩擦副抗粘着磨损的措施

1）合理选择摩擦副材料。一般情况下，脆性材料比塑性材料的抗粘着性能好，如铸铁与铸铁相配合其抗粘着效果好；而由完全退火钢组成的摩擦副，其抗粘着效果就不好。摩擦副的材料形成固溶体时，互溶性大的粘着倾向大，而互溶性小的粘着倾向小。相同的金属或晶格类型、晶格间距相近的金属互溶性大，容易发生粘着。周期表中的 B 族元素与铁不相溶，它们的粘着倾向小，而铁与 A 族元素组成的摩擦副粘着倾向大。因此，为避免粘着磨损，不用同种金属或互溶性好的金属组成摩擦副。例如：铅及锡在铁中的溶解度较小，用其做轴瓦的瓦衬材料时，抗粘着性能好；多相金属因组织不连续，有利于控制粘着的发生和发展，比单相金属的粘着倾向小，如铸铁广泛用于摩擦副材料；金属化合物多相较单相固溶体的粘着倾向小，如铬的质量分数为 1.7% ~2% 的钢容易粘着，而铬的质量分数为 18% 的铬钢则对粘着磨损不敏感，其原因是前者中大部分铬以固溶体状态存在，而后者中大部分铬以碳化物形式存在；金属与非金属材料（如石墨、塑料等）组成的摩擦副、硬度高的材料组成的摩擦副都具有较小的粘着磨损。

2）合理选择润滑剂。合理选择润滑剂可使摩擦表面之间保持润滑油膜，防止金属表面直接接触，具有散热效果，可显著提高抗粘着磨损的能力。

3）在一定程度上减小摩擦表面粗糙度值。在一定程度上减小摩擦表面粗糙度值可使实际接触面积增加，接触比压减小，有利于改善粘着磨损倾向。

4）采用其他工艺。采用电镀、表面化学处理、表面热处理、喷镀或堆焊等工艺，均可在一定程度上防止粘着磨损的发生。

5）控制 Pv（载荷，P 指单位面积上的力，v 指速度）值。控制 Pv 值和采取冷却措施，都是防止由于温度升高而产生粘着磨损的有效方法。

3. 磨粒磨损

当摩擦副的接触表面之间存在硬质颗粒，或者组成摩擦副一方材料的硬度比另一方大很多时，所产生的类似金属切削过程的磨损，称为磨粒磨损或磨料磨损。在各类磨损中，磨粒磨损约占 50%，磨损速率和磨损强度都很大，是最常见、危害最为严重的磨损形式之一，在矿山机械中表现更为突出。

（1）磨粒磨损的工况　磨粒磨损包括三种工况：一种是直接与磨粒接触的机件所发生的磨损，称为两体磨损，如煤矿机械中的截齿、破碎机锷板、水泵叶轮叶片等；另一种是硬颗粒进入摩擦副两表面之间所造成的磨损，称为三体磨损，如灰尘杂物、磨屑进入齿轮副啮合面之间而产生的磨损；第三种是坚硬、粗糙的表面微凸体在较软的零件表面上运动所造成的损伤，称为微凸体磨损，如粗糙的淬火齿面对软齿面造成的损伤。

（2）磨粒磨损的种类　根据摩擦表面应力和冲击的不同，磨粒磨损可分为錾削式、高应力碾碎式和低应力擦伤式三类。

1）錾削式磨粒磨损。开采中的各类矿石或机械设备中的粗大磨粒对零件表面产生碰撞，磨粒以很大的冲击力切入零件表面，切下较大的金属颗粒使零件表面产生较深的沟槽。如煤矿刮板运输机的溜槽受到垮落的煤岩的直接撞击、减速箱齿轮齿面受到落入油液中的硬质颗粒的冲击等为此类磨损。

2）高应力碾碎式磨粒磨损。当摩擦副两表面夹杂的磨粒受到挤压，其应力大于磨粒的压溃强度时磨粒被压碎，压碎的磨粒嵌入或刮伤零件表面，因此在接触点处作用有集中的高应力，对于韧性金属材料可产生塑性变形或疲劳损坏，对于脆性金属材料可发生碎裂或剥落。如经常与煤粉和砂石相接触的开式传动齿轮齿面常有此类磨损。

3）低应力擦伤式磨损。这类磨损是磨粒以某种速度作自由运动而与零件表面相接触时发生的。如矿井水中的泥沙对排水泵叶轮叶片和导翼叶片的冲刷作用造成的磨损。

（3）磨粒磨损的原理与特征　磨粒磨损的过程实质上是零件表面在磨粒作用下发生塑性变形、切削和断裂的金属切削过程。磨粒对零件表面的切削作用力分为垂直于表面与平行于表面的两个分力，如图1-2所示，垂直分力使磨粒压入材料表面，而平行分力使磨粒向前滑动，对表面产生耕犁与切削作用。切削作用会产生切屑，耕犁作用会使材料向磨粒两侧挤压隆起变形。材料较软时以耕犁为主，材料较硬时以微切削为主。随着零件表层材料的脱离与表面性能的劣化，最终导致表面破坏和零件失效。

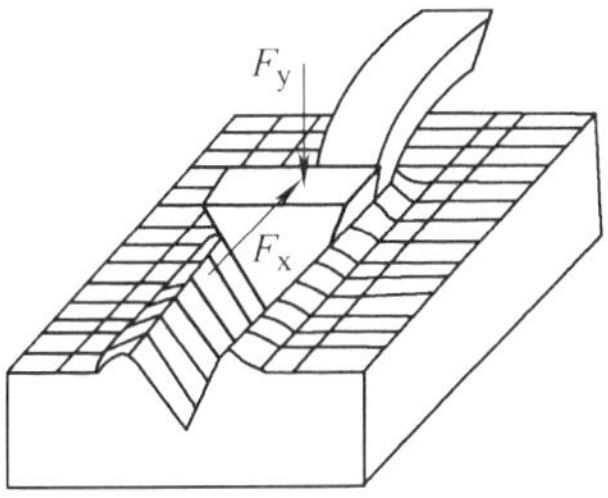

图1-2　磨粒磨损机理

磨粒磨损的显著特点是磨损表面具有与相对运动方向平行的细小沟槽，磨损产物中有螺旋状、环状或弯曲状细小切屑及部分粉末。

（4）影响磨粒磨损的因素　影响磨粒磨损的因素有以下几种：

1）金属材料的硬度。一般情况下，金属材料的硬度越高，其耐磨性越好。试验证明，未经热处理的金属材料，其相对耐磨性与硬度成正比，而与合金含量无关；经淬火后的钢，其相对耐磨性仍然与淬火硬度成正比，但合金含量较高的钢材相对耐磨性增长得较快些。

2）材料的显微组织。一般来说，具有马氏体组织的材料有较高的耐磨性；而在相同硬度条件下，贝氏体又比马氏体的耐磨性高得多；同样硬度的奥氏体与珠光体相比，奥氏体的耐磨性高。

3）磨粒性质。磨粒粒度对材料的磨损率存在一个临界尺寸。当磨粒粒度小于临界尺寸时，材料的单位时间磨损量随磨粒粒度的增加而增加，且材料越软越敏感；当磨粒粒度超过临界尺寸后，单位时间磨损量几乎与粒度无关。磨粒粒度的临界值为60～100μm。

4）其他因素。包括磨粒硬度、摩擦表面相对运动的方式和磨损过程的工况条件等。

（5）减少磨粒磨损的措施　对矿山机械中的许多遭受二体磨损的机件，主要是选择合适的耐磨材料；对可能遭受三体磨损的摩擦副，如轴颈与轴瓦、滚动轴承、缸套与活塞、机械传动装置等，应设法阻止外界磨粒进入摩擦副，并及时清除摩擦副磨合过程中产生的磨屑及硬微凸体磨损产生的磨屑。具体措施是对空气、油料进行过滤，注意关键部位的密封，经常维护、清洗、换油，提高摩擦副材料的硬度和表面的制造精度，作适当的表面处理，如电镀铬、各种渗入工艺、喷涂、堆焊和表面淬火等，以提高材料耐磨性。

4. 疲劳磨损

摩擦材料表面上局部区域在循环接触应力作用下产生疲劳裂纹，分离出微片或颗粒的磨损形式称为疲劳磨损。根据摩擦副间的接触和相对运动方式，疲劳磨损可分为滚动接触疲劳磨损和滑动接触疲劳磨损两种形式。实际工作中，大多情况下为滚动加滑动疲劳磨损。

（1）疲劳磨损的种类及特点　疲劳磨损可分为非扩展性疲劳磨损和扩展性疲劳磨损。

1）非扩展性疲劳磨损。当新制造摩擦副的摩擦表面接触点较少时，局部比压较大，容易产生较小的疲劳麻点。但随着工作中零件表面的磨合，实际接触面积增大，单位面积承受的压力降低，疲劳麻点停止扩大，不会明显地影响零件的正常工作。

2）扩展性疲劳磨损。当作用在两接触面上的交变应力较大或材料、润滑油选择不当时，出现的疲劳麻点数量不断增加，使麻点相互连接形成凹坑甚至大面积剥落，摩擦副在工作中噪声和振动加大、温度升高，进而使磨损进一步加剧。

（2）疲劳磨损的机理　图 1-3 所示为滚动疲劳磨损机理示意图。滚动接触疲劳磨损会使滚动轴承、传动齿轮等有相对滚动的摩擦副表面间出现麻点和脱落现象，当一个表面在另一个表面作纯滚动或滚动加滑动时，最大切应力发生在亚表层。在力的作用下，亚表层的材料将产生错位运动，错位在非金属夹杂物及晶界等障碍处形成堆积。错位的相互切割使材料内部产生空穴，空穴集中形成空洞，进而变成原始裂纹。裂纹在载荷作用下逐步扩展，最后折向表面。由于裂纹在扩展过程中互相交错，加上润滑油在接触点处被压入裂纹产生楔裂作用，表层将产生点蚀或剥落。当原始裂纹较浅时，表现为点蚀；若原始裂纹在表层以下大于 200μm，则表层材料呈片状剥落。

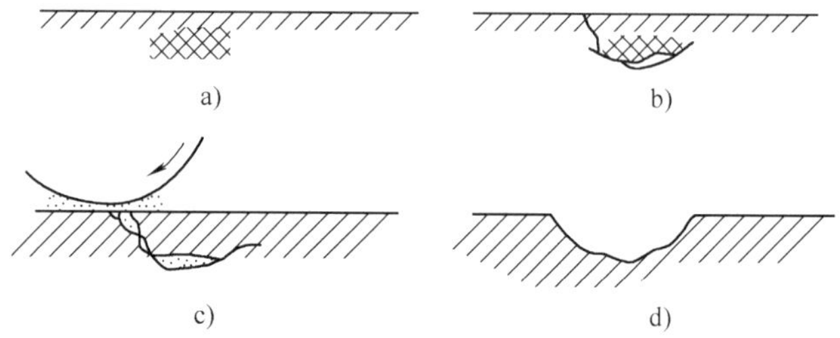

图 1-3　疲劳磨损机理示意图

a）亚表层变形堆积　b）亚表层空洞与裂纹　c）油楔的楔裂作用　d）形成剥落坑

固体摩擦表面都存在宏观或微观不平性，从而产生表面接触不连续性。在相对运动时，作用于摩擦表面的法向载荷会使表面产生压平或压入，使接触区产生相应的应力和应变，在摩擦运动的反复作用下，触点处结构、应力状态会出现不均匀、应力集中现象，从而引发裂纹，最终使部分表面材料以微粒形式脱落，形成磨屑。这就是滑动接触疲劳磨损机理。图 1-4所示为疲劳磨损的外观示例。

（3）影响疲劳磨损的因素　接触疲劳磨损是由裂纹的萌生和扩展产生的，所以凡是影响裂纹萌生和扩展的因素，都对接触疲劳有影响。

a)　　b)　　c)

图 1-4　疲劳磨损外观示例

a）滚动轴承外圈滚道的磨损　b）滚动轴承滚道的疲劳点蚀　c）齿轮轮齿的疲劳点蚀

1）材料性能。钢材中的非塑性夹杂物等冶金缺陷，对疲劳磨损有严重的影响。如钢中的氮化物、氧化物、硅酸盐等带棱角的质点，在受力过程中，其变形不能与基体协调而形成空隙，构成应力集中源，在交变应力作用下出现裂纹并扩展，最后导致疲劳磨损早期出现。因此，选择含有害夹杂物少的钢，对提高摩擦副抗疲劳磨损能力有着重要意义。在某些情况下，铸铁的抗疲劳磨损能力优于钢，这是因为钢中微裂纹受摩擦力的影响具有一定方向性，且容易渗入油而扩展，而铸铁基体组织中含有石墨，裂纹沿石墨发展且没有明确的方向性，润滑油不易渗入裂纹。

2）硬度。一般材料的抗疲劳磨损能力随表面硬度的增加而增强，但若表面硬度超过一定值，则情况相反。钢的心部硬度对抗疲劳磨损有一定影响，在外载荷一定的条件下，心部硬度越高，产生疲劳裂纹的危险性就越小。因此，对于渗碳钢应合理地提高其心部硬度，但也不能无限地提高，否则韧性太低也容易产生裂纹。此外，钢的硬化层厚度对抗疲劳磨损能力也有影响，硬化层太薄时，疲劳裂纹将出现在硬化层与基体的连接处，易形成表面剥落。因此，选择硬化层厚度时，应使疲劳裂纹产生在硬化层内，以提高抗疲劳磨损能力。

3）摩擦副表面质量。在接触应力一定的条件下，表面粗糙度值越小，抗疲劳磨损能力越高。当表面粗糙度值小到一定值后，对抗疲劳磨损能力的影响减小。如滚动轴承，当表面粗糙度值为 $Ra0.32\mu m$ 时，其轴承寿命比 $Ra0.63\mu m$ 时高 2～3 倍，$Ra0.16\mu m$ 比 $Ra0.32\mu m$ 高 1 倍，$Ra0.08\mu m$ 比 $Ra0.16\mu m$ 高 40%，$Ra0.08\mu m$ 以下时，其变化对疲劳磨损影响甚微。如果接触应力太大，则无论表面粗糙度值多么小，其抗疲劳磨损能力都低。零件表面硬度越高，其表面粗糙度值应越小，否则会降低抗疲劳磨损能力。

4）摩擦力。接触表面的摩擦力对抗疲劳磨损有着重要的影响。通常，纯滚动的摩擦力只有法向载荷的 1%～2%，而引入滑动以后，摩擦力可增加到法向载荷的 10% 甚至更大。摩擦力的作用使最大切应力位置趋于表面，增加了裂纹产生的可能性。摩擦力引起的拉应力会促使裂纹扩展加速。

5）表面处理。摩擦副表层一定深度存在残余压应力时能提高接触疲劳抗力，减小疲劳磨损。

6）润滑。润滑的均荷作用可使接触区的集中载荷分散。润滑油的粘度越高，润滑油的粘度随压力变化越大，则抗疲劳磨损能力越高。

此外，接触应力的大小、循环速度、表面处理工艺、润滑油量等因素，对抗疲劳磨损也有较大影响。

（4）提高抗疲劳磨损的措施　提高摩擦副抗疲劳磨损的措施可以从合理选择材料、提高材料表面硬度、选择合适的润滑油、适当减小表面粗糙度值、进行表面处理等途径考虑。

5. 腐蚀磨损

摩擦副材料与周围介质接触发生化学或电化学反应，引起材料脱落的现象称为腐蚀磨损。常见的腐蚀磨损分为氧化磨损、特殊介质腐蚀磨损和气蚀磨损。

（1）氧化磨损　大气中的氧气使金属表面生成氧化膜，避免了金属之间直接接触，磨损过程是通过氧化物的磨损进行的。通常金属表面与氧化介质的反应速度很快，形成的氧化膜从表面磨损后，又很快形成新的氧化膜，然后又被磨损掉。一般在空气中的金属材料磨损速度较小，磨损发生后钢件磨屑为红褐色片状 Fe_2O_3 或灰黑色的丝状 Fe_3O_4，金属表面沿滑动方向呈匀细磨痕。

氧化磨损的产生条件是摩擦副表面发生氧化且氧化膜生成速度大于磨损速度，氧化膜与摩擦表面结合强度大于摩擦表面承受的切应力，氧化膜厚度大于摩擦表面的磨损深度。

（2）特殊介质腐蚀磨损　特殊介质腐蚀磨损是一种金属表面与酸、碱、盐等特殊介质作用生成腐蚀产物，而后在摩擦过程中被磨损掉的过程。与氧化磨损相比，此种腐蚀磨损速度大且磨损痕迹深。

（3）气蚀磨损　零件与液体接触并作相对运动，当液体与零件表面接触处的局部压力低于当时温度下的液体饱和蒸气压时将形成气泡，这些气泡流到了大于当时温度下的饱和蒸气压的高压区时气泡破灭，将在瞬间产生极大的冲击及高温。同时，随着气泡的形成，溶于水中的氧化性气体逸出对金属表面产生腐蚀。气泡形成、破灭的反复作用和氧化性气体的腐蚀作用，使零件表面材料产生疲劳而逐渐脱落形成麻点，随后扩展成泡沫海绵状，这种磨损称作气蚀磨损。水泵中叶轮吸水口等零件会发生这类磨损。

6. 微动磨损

微动磨损是两固定接触面上出现相对小幅振动（小于 100μm，一般为 2 ~ 20μm）而造成的表面损伤，主要发生在宏观相对静止的零件结合面上。如键连接表面、过盈或过渡配合表面、机体上用螺栓连接的表面等。微动磨损的主要危害是使配合精度下降，使紧配合的机体变松，更严重的是引起应力集中，导致零件疲劳断裂。

当两接触表面具有一定压力并产生小幅振动时，接触压力使摩擦副表面的凸起部分发生塑性变形和粘着。小幅振动使粘着点剪切脱落露出基体金属表面，脱落物成为磨粒，这些脱落颗粒及新表面又与大气中的氧发生反应，生成以 Fe_2O_3 为主的氧化物磨粒，使接触面之间产生磨粒磨损。可见微动磨损是由粘着磨损、腐蚀磨损和磨粒磨损复合作用的结果。通常应用二硫化钼润滑剂具有良好的抗微动磨损能力。

7. 减少磨损的主要措施

在生产中，为了减少机械设备零部件的各种磨损，应尽力做好以下几方面工作：

1）建立摩擦副液体摩擦条件，保持合理的润滑。

2）保证摩擦副零件材料具有足够的硬度和韧性。

3）使摩擦副零件表面具有合理的表面粗糙度值。

4）对摩擦副零件表面进行表面处理。

5）控制摩擦副零件的工作温度和采取散热措施。

6）减小工作表面的比压，减小冲击载荷等都是提高摩擦副零件耐磨性的有效方法。

8. 磨损的规律

机械设备在运转过程中，每个零件的磨损速度是不一致的，但是它们的基本变化规律是相同的。图 1-5 所示为机械零件磨损量与工作时间的关系曲线，其磨损过程可分为三个阶段。

（1）磨合磨损阶段 *OA*　它发生在新制零件表面刚开始工作的一段时间内，是零件新装配或修理好后的初磨阶段。零件表面具有一定的表面粗糙度值，实际接触面积较小，单位接触面积的实际载荷较大，磨损速度较快，其磨损主要由磨粒磨损和粘着磨损构成，因此曲线上升较快。但是随着磨合的进行，表面粗糙波峰逐渐被磨平，实际接触面积逐渐增大，峰顶处也同时发生塑性变形而产生冷作硬化，提高了表面耐磨性，使磨损速度由开始的最大值逐渐降低，进入磨损的下一阶段。合理选择磨合载荷、相对运动速度、润滑条件等参数，可缩短磨合期。

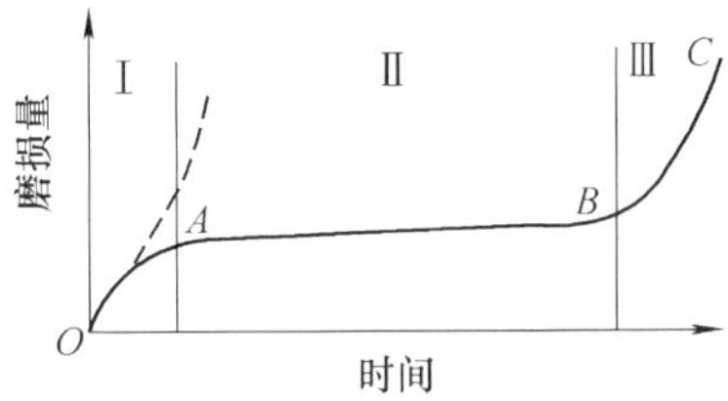

图 1-5　磨损的三个阶段

（2）稳定磨损阶段 *AB*　这一阶段的磨损特征是磨损速率小且稳定，因此该阶段的持续时间较长。但到中后期磨损速率相对较快，此时仍可继续工作一段时间，当磨损速率增至一定值时磨损速率将迅速提高，进入急剧磨损阶段。合理地使用、保养与维护设备是延长该阶段的关键。

（3）剧烈磨损阶段 *BC*　经过较长时间的稳定磨损以后，摩擦表面之间的间隙和表面形态发生改变，产生了表面疲劳现象，使磨损速度急剧提高，机械效率下降，配合精度丧失，产生异常噪声及振动，摩擦副温度迅速升高，最终导致零件失效。

各类零件的磨损速度是不一致的，它的数值可以通过试验确定，一般情况下对新安装和刚检修过的机械设备，在正式使用前应进行试运转，先由空转开始，逐渐加大载荷，经历跑合磨损阶段，以后在工作中就可以使机械设备处于稳定磨损阶段。特别注意，如果在磨合阶段由于工作条件恶劣不能很好地磨合，将不能建立稳定磨损阶段，而是由短暂的跑合后立即转入剧烈磨损阶段，零件将很快报废，此种情况应尽力避免。

【任务实施】

1. 任务实施前的准备

学生必须经过维修钳工专业技能培训，获取维修钳工中级以上岗位资格证，完成入矿（厂）安全生产教育，具有安全生产意识和相关安全生产知识。

2. 知识要求

1）能够口述摩擦的种类、本质，能够说出磨损形式及其影响因素。

2）能够说出磨损的一般规律及其对设备管理维修的指导意义。

3）能够说明和总结出一般生产条件下防止或减少磨损的措施。

3. 矿山机械设备磨损失效零件的认识和分析

到教学实习矿井的大型机组维修车间，参观陈列室所示的轴承、轴、键、齿轮、铰接销轴、水泵叶轮首级和中段、空压机气缸和曲轴、采煤机滚筒和截齿、液压支架、刮板运输机溜槽、刮板运输机链轮、提升机天轮和钢丝绳、矿车及轮对、铁轨、掘进机等煤矿机械设备的主要摩擦副磨损情况，分清各种磨损零件的磨损形式，与现场指导教师研讨各种设备或零件的使用维修周期、基本维修保养常识、设备磨损及维修规律，对机械设备维修保养方法和重要性有初步认识。

4. 矿山机械设备磨损规律的认识

到教学实习矿井的机械设备维修车间，与现场技师研讨提升机大修、中修、小修、项修周期，进行相关的维检内容，了解拆卸、分组维修、检验、装配、试车、磨合、正常工作、日常保养维修等的全部方法、过程。研讨并总结煤矿机械设备磨损的一般规律，了解设备维修周期。

5. 矿山机械设备零件磨损失效的鉴定

学生分组到大型机组维修车间各班组，与各班组工人师傅一起拆卸大修的煤矿机械设备。任务实施过程中要特别注意现场工人师傅对拆卸下来的各运动副零件磨损情况的鉴定，了解零件的检验方法，了解对零件完好、待修、报废的判定原则。通过本次工作任务的实施，进一步加强对摩擦、磨损及其规律的认识，对摩擦副的减摩措施有较全面的了解。

【任务考评】

过程考评	配　分	考 评 内 容	考评实施人员
素质考评	12	生产纪律	专职和现场教师结合进行综合考评
	12	遵守生产规程情况、安全生产	
	12	团结协作情况，与现场工程人员交流情况	
实操考评	12	理论知识口述：摩擦的种类及应用、磨损的形式及影响因素、磨损的一般规律、一般生产条件下的减摩措施	
	12	任务实施过程注意观察和记录，注意教学过程中原始资料的积累	
	12	手指、口述各零件磨损失效形式，对常用件磨损失效形式指认准确	
	12	完成本次工作任务，效果良好	
	16	按工作任务实施指导书完成学习总结，总结所反映出的工作任务完整、信息量大	

【思考与练习】

1. 摩擦的种类有哪些？各有何特点？
2. 摩擦的本质是什么？
3. 磨损的形式主要有哪几种？其产生机理和影响因素是什么？
4. 磨损的一般规律是怎样的？对机械设备的使用有何指导作用？
5. 在生产中为了减小机械设备零部件的各种磨损，应从哪几个方面做好工作？
6. 通过现场工作任务实施，列举煤矿机械磨损失效常见形式，总结磨损规律。

课题二　机械设备的润滑

【任务描述】

合理润滑是保证机械设备正常运转和延长机械设备使用寿命的有效方法和必要条件。本课题主要针对设备润滑原理和润滑材料的选择作较详细的介绍。通过本课题的实施，使学生对润滑材料性能及机械设备零件的润滑材料选择有较明确的认识，为矿山机械设备的运行保养打下基础。

【知识学习】

润滑广义地讲就是在相对运动摩擦副表面之间加入某种润滑介质，使相互摩擦的表面间形成一定厚度的润滑膜，将原直接接触的摩擦副表面在某种程度上分隔开，从而减少机械设备的摩擦与磨损，减少相对运动中产生的摩擦热，节省能源，提高效率。润滑及保养工作的质量不仅影响到机械设备的寿命，而且关系到机械设备的安全连续运转，对提高设备的效率和可靠性具有重要的意义。

一、润滑的作用

（1）减少和控制摩擦　对摩擦副进行润滑后，由于润滑剂介于摩擦副表面之间，使摩擦状态改变，减小摩擦因数及摩擦力。

（2）减少磨损　摩擦副的粘着磨损、磨粒磨损、表面疲劳磨损及腐蚀磨损等都与润滑条件有关，在润滑剂中加入不同性质的添加剂有利于抑制不同形式的磨损。

（3）降温冷却　摩擦副运动时必须克服摩擦力而做功，消耗在克服摩擦力上的功转化为热量，其结果将引起摩擦副温度上升，而润滑的减摩作用使摩擦热减少，加之润滑液的流动，可将摩擦副间的热量带走，从而起控温和降温作用。

（4）冲洗作用　润滑材料流动时能将摩擦副表面间的金属屑和其他杂物冲洗掉，从而控制和减少磨粒磨损。

（5）防止腐蚀　吸附在摩擦副表面上润滑剂可阻隔其与周围介质的接触，避免或减少摩擦副金属零件腐蚀。

（6）密封作用　润滑材料在摩擦副间隙中有很大的运动阻力，形成间隙密封，不仅可以防止润滑剂流失，而且可以防止水分和杂质等的侵入。

（7）传递动力和均荷　润滑材料吸附在传动零件的接触表面，有利于其表面载荷的均匀化，起到传递动力和均荷的作用。

（8）减振作用　润滑剂在金属表面有较大的附着力，本身的剪切阻力小，可压缩性大，具有吸振的能力。

二、润滑原理

根据润滑状态的不同，润滑可分为液体润滑、边界润滑、半流体润滑和半干润滑。对于正常运转的机械设备，干摩擦状态通常是不允许的，大多摩擦副的润滑状态是边界润滑，部分摩擦副的润滑状态是液体润滑。

1. 边界润滑原理

摩擦副表面形成的边界润滑膜虽然极薄，但只要润滑剂能得到及时补充，即使局部地方被压破，润滑膜也会很快地恢复。在边界润滑状态下，摩擦因数的大小并不主要取决于润滑油的粘度，而主要与边界润滑膜的特性有关。边界润滑膜大致可划分为吸附膜和化学反应膜两大类。

（1）吸附膜

1）物理吸附膜。润滑油中的极性分子特别是长链极性分子，在静电引力和分子引力的作用下，能够牢固地吸附在金属表面形成一层吸附膜，这种现象称为物理吸附。润滑油是由无数包含大量分子的小分子团组成的，各分子团内部的分子相互平行并有一定的方向性，或者叫做有序排列，而各分子团之间则是无序的，也没有方向性。在润滑油与金属的界面上，这些分子团由于与金属表面的原子之间的原子引力的作用而构成吸附层后，所有极性分子就形成垂直于金属表面定向排列的分子栅结构。图 1-6 所示为单分子层和多分子层吸附后的定向排列结构。当单层吸附饱和后，极性分子在金属表面紧密排列，使分子间的内聚力增大，吸附膜具有一定的承载能力，能有效地防止两摩擦表面直接接触，起到润滑作用。图 1-7 所示为摩擦副对偶表面吸附层相对滑动的模型。当发生相对滑动时，表面吸附的极性分子会朝运动的相反方向倾斜并略呈弯曲。可见，边界润滑时的摩擦发生在两表面吸附的极性分子油膜之间。

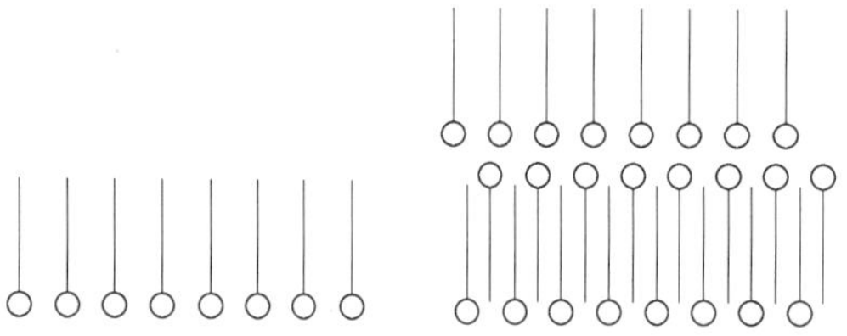

a)　　　　b)

图 1-6　边界层的定向排列结构

a）单分子吸附膜的定向结构　b）多分子吸附膜的定向结构

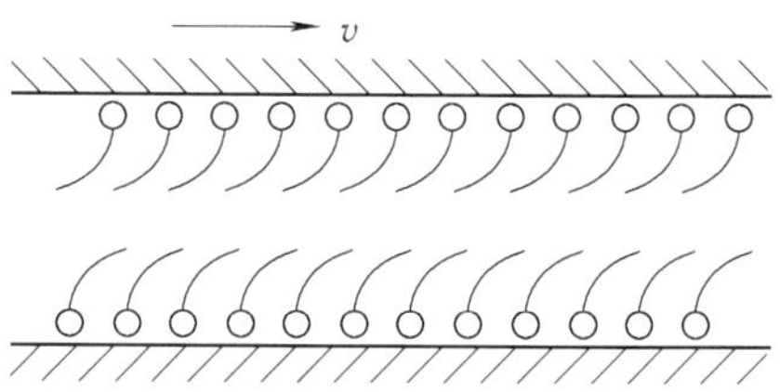

图 1-7　摩擦副对偶表面吸附层相对滑动的模型

润滑过程中，极性分子能在金属表面形成良好吸附膜的性能称为油性。润滑油油性好坏与油中极性分子的含量和极性分子链长短有关。极性分子含量多、分子链长，则油性好。但是，油性并不单纯决定于油中极性分子的种类和数量。不同的金属对极性分子的吸附能力也不同，化学性活泼的金属比不活泼的金属更容易吸附极性分子。

物理吸附对温度很敏感，当温度升高时，分子的活性增加使吸附牢度下降。所以，物理吸附膜只能在摩擦副工作温度较低、相对滑动速度不高的一般载荷条件下起到润滑作用。

2）化学吸附膜。极性分子首先在金属表面形成物理吸附层，然后通过电子价的交换与摩擦副表面的金属或金属氧化物生成金属皂，这个过程称为化学吸附。一方面，金属离子保持在原来的晶格上，仍然保留着一部分原有分子的理物性能；另一方面，皂分子中的有机部分仍保留着原来的类似硬脂酸分子的长链，所以化学吸附同完全的化学反应不一样。而且这种吸附是可逆的，不断有脱附和新的分子吸附上去。由化学吸附生成的不稳定的金属皂是一种具有低剪切力的固体物，在低于皂熔点的温度时具有良好的润滑性能。

化学吸附比物理吸附更牢固。但是化学吸附需要能量，故温度升高，吸附增强，但温度过高时容易脱附。所以化学吸附膜在通常的工作温度、载荷及相对滑动速度条件下，具有良好的润滑性能；在温度较高和重载高速的条件下，皂膜则不易保持。

（2）化学反应膜　摩擦副处于重载、高温、有冲击载荷的工作状态时称为极压状态。在极压状态下，吸附膜的吸附牢度很差，抗压性能也很差，极易被压破。但是，如果油中含有硫、磷等活性元素，在这种温度条件下，这些元素能与金属表层发生化学反应，生成一层金属盐类的薄膜，称为化学反应膜。化学反应膜比化学吸附膜稳定得多，抗重载、高温、高速的性能也好得多。化学反应膜就是在极压条件下，当摩擦副的局部油膜被压破而发生金属表面直接接触时，才起润滑作用，从而避免了局部出现干摩擦。在极压状态下，化学反应膜的摩擦因数小，能有效地防止摩擦副对偶表面局部的直接接触。

负载过高或有冲击载荷作用时，极压膜可能局部被压破。这时，油中的极压添加剂又会在新露出的那部分金属表面上生成新的反应膜。极压润滑的过程就是上述过程的反复循环。在极压润滑时，金属的磨损比物理吸附和化学吸附膜润滑时要大。

在极压润滑过程中，由于反应膜的化学反应是不可逆的，所以油中的极压添加剂不断消耗，对采用油浴或循环方式润滑的润滑油，要定期补充极压添加剂。由于极压添加剂对摩擦副有化学腐蚀作用，因而添加剂的用量要适当，少了达不到预期的效果，过多则会加速金属表面的腐蚀。对于非极压状态，不要随意采用有极压添加剂的润滑油，因为在这种状态下不易生成反应膜，会浪费极压添加剂。

（3）改善边界润滑的措施

1）减小表面粗糙度值。金属表面各处边界膜承受的真实压强的大小与金属表面状态有关。摩擦副对偶表面粗糙度值越大，则真实接触面积越小。在同样的载荷作用下，接触面压强越大，边界膜越易被压破。减小表面粗糙度值，可以增加真实接触面积，降低负荷油膜的压强，使边界油膜不易被压破。

2）合理选用润滑剂。根据边界油膜的工作温度高低、负载的大小和是否工作在极压状态，对润滑油的品种和添加剂的类型进行合理选择，以改善边界膜的润滑特性。

3）采用固体润滑剂等新型润滑材料，改变润滑方式。如对某些振动冲击大的重载摩擦副，可考虑采用添加有固体润滑剂的新型半液体润滑脂进行干油喷溅润滑。

2. 流体动压润滑原理

流体动压可以在曲面及平面摩擦副中形成。在曲面接触的摩擦副中，动压的形成是在一定的压力和速度下，使曲面间形成油楔，油楔作用在轴上的总压力和轴上的负载相平衡时，轴与轴承表面之间完全被油膜隔开，实现了液体润滑。图 1-8 所示为径向滑动轴承摩擦副建立流体动压润滑的过程。

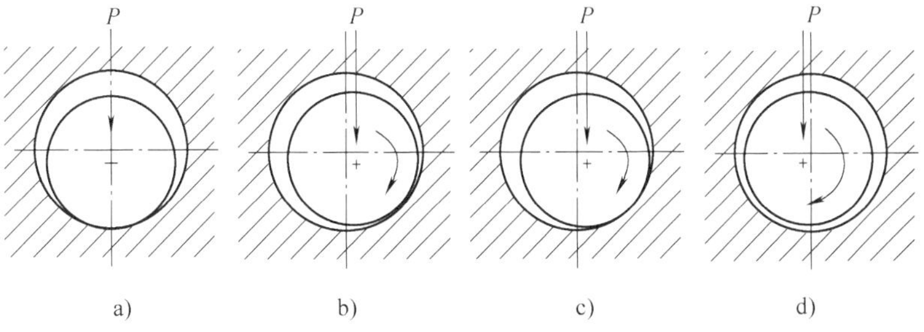

图 1-8　径向滑动轴承摩擦副建立流体动压润滑的过程

动压流体润滑轴承径向及轴向的油膜分布如图 1-9 所示，在楔形间隙出口处油膜厚度最小。根据雷诺方程，经一定简化导出流体动压润滑径向轴承的最小油膜厚度公式为

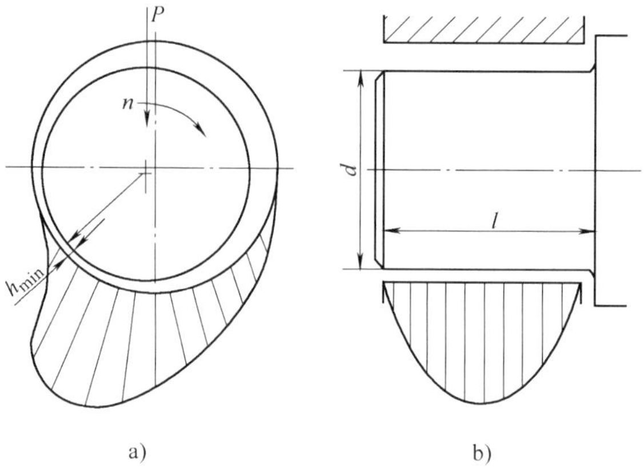

图 1-9　滑动轴承动压流体润滑油膜分布示意图

$$h_{\min}=\frac{d^2 n\mu}{18.36qsc} \tag{1-1}$$

$$c=\frac{d+l}{l} \tag{1-2}$$

式中，μ 为润滑油的动力粘度，单位为 Pa · s；n 为轴的转速，单位为 r/min；d 为轴承名义直径，单位为 m；q 为轴承在与载荷垂直的投影面上的单位载荷，单位为 Pa；s 为轴承的顶间隙，单位为 m；c 为考虑轴颈长度对漏油的影响系数，单位为 m；l 为轴颈有效长度，单位为 m。

实现动压润滑的条件是动压油膜必须将两摩擦表面可靠地隔开，所以必须有

$$h_{\min}>\delta_1+\delta_2 \tag{1-3}$$

式中，δ_1、δ_2 为轴颈与轴承表面的最大表面粗糙度值，单位为 m。

三、润滑材料的分类和特性

1. 润滑材料的分类

凡是本身内摩擦力远远小于摩擦副表面直接接触时的摩擦力，能够减小机械摩擦阻力和磨损，并且具有一定承载能力的物质都可以用作润滑材料。按照润滑材料的形态，可将其分为以下三种类型：

（1）液体润滑剂　如矿物润滑油，动、植物油，合成润滑油，乳化液等。

（2）半固体润滑剂　如矿物润滑脂、动物油脂等。

（3）固体润滑剂　如石墨、二硫化钼，以及某些金属的或塑料制的润滑材料等。

2. 润滑油

（1）润滑油的主要性能指标　润滑油的主要性能指标包括粘度、粘温指数、闪点、凝固点、抗磨性、抗乳化度、抗氧化安定性、热氧化安定性、酸值、机械杂质等。

1）粘度。粘度反映了润滑油的稀稠程度，其实质是油液内摩擦阻力的大小。润滑油粘度越高，流动性越差，不易渗入摩擦副间隙中，但也不易从间隙中被挤出，所以油膜承载能

力也强。粘度是润滑油的一项主要指标，是选用润滑油的依据。粘度可用动力粘度和运动粘度表示，润滑油的牌号一般是按运动粘度大小来划分的。为便于测量，各国采用不同测定条件的粘度计来测量油液粘度，称之为相对粘度，我国采用恩氏粘度。

2）粘温指数。粘温指数是润滑油粘度随温度变化的特性。一般机械设备润滑希望粘温指数大些，使润滑油粘度随温度变化而变化小些，以保证摩擦副表面具有稳定的润滑状态。

3）闪点。闪点是润滑油的一项重要安全指标，润滑油的闪点至少要高出设备工作温度20～30℃才能确保安全。高温下使用的润滑油要求有较高的闪点，如压缩机油和气缸油。

4）凝固点。表示润滑油耐低温的性能，它也是选择润滑油的一项指标，在低温情况下工作的机械设备应该选择低凝点的润滑油。

5）抗磨性。反映边界润滑状态下油膜的承载能力，它包括油性和极压性两个方面。矿山机械中常用润滑油的品种及性能见表1-1。

表1-1　矿山机械中常用润滑油的品种及性能

品种与牌号			粘度等级（GB/T 3141—1994）	运动粘度/（mm^2/s）		粘温指数（不小于）	闪点（开口）/℃（不低于）	倾点/℃（不高于）	主要用途
				（40℃）	（100℃）				
L-AN全损耗系统用油（GB 443—1989）			5	4.14～5.06			80	-5	适用于中小型电动机、风机、水泵等各种机械的变速箱、手动加油转动部位、轴承等一般润滑点或润滑系统及对润滑油无特殊要求的全损耗润滑系统，不适用于循环润滑系统
			7	6.12～7.48			110	-5	
			10	9.00～11.0			130	-5	
			15	13.5～16.5			150	-5	
			22	19.8～24.2			150	-5	
			32	28.8～35.2			150	-5	
			46	41.4～50.6			160	-5	
			68	61.2～74.8			160	-5	
			100	90.0～110			180	-5	
			150	135～165			180	-5	
轴承油（SH/T 0017—1990）	L-FC	一等品	10	9.00～11.0			140	-18	适用于锭子、轴承、液压系统、齿轮等
			15	13.5～16.5			140	-12	
			22	19.8～24.2			140	-12	
			32	28.8～35.2			160	-12	
			46	41.4～50.6			180	-12	
			68	61.2～74.8			180	-12	
			100	90～110			180	-6	
柴油机油（GB 11122—1997）	CC		5W/30		9.3～<12.5		200	-35	适用于中及重载荷下运行的非增压、低增压或增压式柴油机，并包括一些重载荷汽油机
			5W/40		12.5～<16.3		200	-35	
			10W/30		9.3～<12.5		205	-30	
			10W/40		12.5～<16.3		205	-30	
			15W/40		12.5～<16.3		215	-23	
			20W/40		12.5～<16.3		215	-18	
			30		9.3～<12.5		220	-15	
			40		12.5～<16.3		225	-10	
			50		16.3～<21.9		230	-5	
压缩机油（GB 12691—1990）	L-DAB		68	61.2～74.8			195	-9	适用于中等负荷的有润滑油的活塞式和回转式空气压缩机
			100	90.0～110			205	-9	
			150	135～165			215	-3	

（续）

品种与牌号			粘度等级（GB/T 3141—1994）	运动粘度/（mm^2/s）（40℃）	运动粘度/（mm^2/s）（100℃）	粘温指数（不小于）	闪点（开口）/℃（不低于）	倾点/℃（不高于）	主要用途
工业闭式齿轮油（GB 5903—2011）	L-CHC	一等品	68	61.2～74.8		90	180	−8	保持在正常或中等恒定油温和重载荷下运转的闭式齿轮传动装置
			100	90.0～110		90	180	−8	
			150	135～165		90	200	−8	
			220	198～242		90	200	−8	
			320	288～352		90	200	−8	
			460	414～506		90	200	−8	
			680	612～748		90	200	−5	
普通开式齿轮油（SH/T 0363—1992）	相近的原牌号	1号	68		60～75		200		适用于开式齿轮、链条和钢丝绳的润滑
		2号	100		90～100		200		
		3号	150		135～156		200		
		3号	220		200～245		210		
		4号	320		290～350		210		
硫磷型中极压工业齿轮油	50号		100	90～110		70	180		适用于齿面应力在600MPa以上或低速重载并有冲击振动及工作温度较高的齿轮润滑或处于类似极压状态工作条件的机械设备
	70、90号		150	135～165		70	200		
	120号		220	198～242		70	200		
	150号		320	288～352		70	200		
	200、250号		460	414～506		70	200		
	300、350号		680	612～748		70	220		

（2）润滑油的选择原则　润滑油的品种应根据负荷、温度和转速等工作条件进行选择。润滑油选用的一般原则如下：

1）载荷及载荷特性。运动副承受的载荷越大，选用润滑油的粘度越高。粘度高的润滑油，当承受较大载荷时，不易从摩擦表面间隙中挤出。当机械设备运动副处于受冲击、振动、变载荷时，将会形成瞬时的高压，对油膜形成不利，因此应选用粘度较大的润滑油。

2）机械设备的工作温度。高温条件下工作的机械设备，应选用粘度大、闪点高和油性好的润滑油。在低温条件下，应选用粘度较低，并且有低凝固点的润滑油。

3）运动速度。摩擦零件相对运动速度越高，形成油楔的作用也越强，所以在高速运动副上选用低粘度油足以保证油膜的存在。若采用高粘度油会增加运动阻力，产生大量摩擦热。低速运动副大多载荷较大，为了保持油膜不被挤破，应选用高粘度润滑油。高速转动的滚动轴承容易因离心力作用将油甩出，应在温升允许的条件下，选用粘度稍高的润滑油。

4）运动副的间隙和加工精度。运动副表面精度越高，间隙越小，选择的润滑油粘度应越低。而粘度高的润滑油则能承受因表面粗糙、接触不良形成的局部较大的压强。

5）工作环境。在水湿严重的情况下，润滑油易被水湿、冲走或变质，因此应选用抗乳化能力强和油性好的润滑油。

3. 润滑脂

将某种稠化剂均匀地加在润滑油中，得到半流体状的物质就是润滑脂，俗称干油。

（1）润滑脂的特点　润滑脂在常温和静止状态下是半流体，能够附着在摩擦表面上，像固体一样不流动。但在温度较高或运动状态下，润滑脂会因受到热作用而变稀，像润滑油一样润滑摩擦表面。与润滑油相比较，它不容易从摩擦表面上流失或飞溅散失。当零件配合间隙不大时，也可以防止外界尘土侵入。

（2）润滑脂的主要性能指标

1）针入度。是表示润滑脂稠度的一项重要质量指标。它是150g的标准圆锥体在5s内浸入保温在25℃的润滑脂试样的深度值，以0.1mm来计量。针入度越大，表示油脂越稀。针入度大小随温度高低而变化，优良的润滑脂，其针入度的变化较小。润滑脂的牌号是以针入度的大小规定的，是选择润滑脂的一项重要指标。

2）滴点。滴点表示润滑脂的抗热特性，也是润滑脂的一项重要质量指标。测定时，将润滑脂试样装入测定器内加热，以润滑脂液化后的第一滴油滴落下来的温度作为该润滑脂的滴点。普通润滑脂的滴点为75～150℃，选择润滑脂时应使其滴点比摩擦副零件的工作温度高10～20℃。

（3）润滑脂的种类及用途。

1）钙基润滑脂。钙基润滑脂俗称黄油或黄干油，其特点是价廉、抗水性强、不溶解于水、不乳化、适于在潮湿环境中使用，但因使用寿命短需要经常补充新脂。钙基润滑脂因以水为胶溶剂，所以遇到较高温度便会由于水分蒸发而使结构破坏，而在低温下又会由于水结冰而使钙皂硬化，因此一般只能在温度不超过60℃且温度不太低的条件下工作。并且不宜用于高转速部位，否则水分会在离心力作用下被甩掉而使结构破坏产生流失。目前，钙基润滑脂广泛应用于煤矿井下能够经常补充新脂的潮湿环境。

2）复合钙基润滑脂。复合钙基润滑脂不含水分，具有耐高温、抗水性强和化学稳定性好等优点，故适合在高温和潮湿条件下工作。

3）钠基润滑脂。钠基润滑脂的工作特点是耐高温和使用时间较长，适用于工作温度在120℃以下的摩擦部位。但其抗水性极差，遇水即形成乳化液而失去润滑作用，因此不能用于潮湿环境。在煤矿机械中，钠基润滑脂主要应用于工作温度较高、中等载荷、环境干燥、振动较大的滚动轴承、滑动轴承、曲柄机构及制动装置等处。

4）钙钠基润滑脂。钙钠基润滑脂的性能介于钙基润滑脂与钠基润滑脂之间，具有一定的防水性和耐温性，适用于工作温度在100℃左右的摩擦部位，使用中允许与微量水汽或潮气接触，但不能用于低温。在煤矿机械中，可用于工作温度较高的中载和较重载荷的滚动轴承的润滑。

5）锂基润滑脂。锂基润滑脂具有耐水、耐寒、耐高温和化学稳定性好、使用寿命长等优点，适合长期在120℃和短时在150℃的高温和高速条件下工作。在煤矿机械中，它被广泛用于大功率采煤机和运输机的电动机滚动轴承及皮带运输机托辊轴承的润滑。

6）石墨钙基润滑脂。石墨钙基润滑脂可用于开式齿轮传动和钢丝绳等要求不高的粗糙表面润滑。因其中机械杂质较多，不可用于润滑滚动轴承。

7）二硫化钼润滑脂。二硫化钼（MoS_2）是一种黑色稍带银炭光泽的粉末，加入复合钙基润滑脂后成为硫化钼复合钙基润滑脂，加入锂基润滑脂后成为二硫化钼锂基润滑脂。煤矿大型通风机、空压机和某些采煤机的电动机滚动轴承可应用二硫化钼复合钙基润滑脂。但应注意不可与其他润滑脂类混合，更换时要清洗干净。

矿山常用润滑脂的牌号和性能见表1-2。

表 1-2 矿山常用润滑脂的牌号和性能

名称与牌号	稠度等级(NLGI)	外观	滴点/℃(不低于)	工作锥入度/(1/10mm)	水分(%)(不大于)	特性及主要用途
钙基润滑脂(GB/T 491—2008)	1号	淡黄色至暗褐色均匀油膏	80	310~340	1.5	温度低于55℃、轻载荷和有自动给脂的轴承，以及汽车底盘和温度较低的小型机械
	2号		85	265~295	2.0	中小型滚动轴承，冶金、运输、采矿设备中温度不高于55℃的轻载、高速机械摩擦部位
	3号		90	220~250	2.5	中型电动机的滚动轴承，发电机等温度在60℃以下中等载荷、中等转速的机械摩擦部位
	4号		95	175~205	3.0	汽车、水泵的轴承，重载荷自动机械的轴承，发电机等60℃以下重载、低速的机械
石墨钙基润滑脂(SH/T 0369—1992)		黑色均匀油膏	80		2	压延机人字齿轮、汽车弹簧、起重机的齿轮转盘，矿山机械，绞车和钢丝绳等高载荷、低转速的粗糙机械
复合钙基润滑脂(SH/T 0370—1995)	1号	—	200	310~340		具有良好的抗水性、机械稳定性和胶体稳定性。适用于工作温度在-10~150℃范围及潮湿条件下机械设备的润滑
	2号		210	265~295		
	3号		230	220~250		
钠基润滑脂(GB 492—1989)	2号	—	160	265~295		适用于-10~110℃范围内一般中等载荷机械设备的润滑，不适用于与水接触部位的润滑
	3号		160	220~250		
钙钠基润滑脂(SH/T 0368—1992)	2号	由黄到深棕色的均匀软膏	120	250~290	0.7	耐溶、耐水，温度为80~100℃(低温下不适用)的铁路机车和列车，小型电动机和发电机以及其他高温轴承
	3号	—	135	200~240	0.7	
通用锂基润滑脂(GB 7324—2010)	1号	浅黄色到褐色光滑油膏	170	310~340		具有良好的抗水性、机械稳定性、耐蚀性和氧化稳定性。适用于工作温度为-20~120℃的各种机械设备的滚动轴承和滑动轴承及其他摩擦部位的润滑
	2号		175	265~295		
	3号		180	220~250		
二硫化钼极压锂基润滑脂(SH/T 0587—1994)	0号	—	170	355~385		适用于工作温度为-20~120℃的轧钢机械、矿山机械、重型起重机械等重载荷齿轮的润滑，并能用于有冲击载荷的部件
	1号		170	310~340		
	2号		175	265~295		
钢丝绳表面脂(SH 0387—1992)		褐色至深褐色均匀油膏	58	100℃运动动粘度不小于20mm²/s	痕迹	具有良好的化学稳定性、缓蚀性、抗水性和低温性能。适用于钢丝绳封存，同时具有润滑作用
钢丝绳麻芯脂(SH 0388—1992)		褐色至深褐色均匀油膏	45~55	100℃运动粘度不小于25mm²/s	痕迹	具有较好的缓蚀性、抗水性、化学稳定性和润滑性能。主要用于钢丝绳麻芯的浸渍和润滑

（4）润滑脂的选择原则

1）考虑润滑材料的性能。在选择润滑脂时，首先要了解其性能和应用范围。有专用名称的润滑油脂，一般都适用于该种机械或摩擦副的润滑，也可用于其他工作条件类似的摩擦副的润滑。

2）考虑负荷大小及负荷特性。润滑脂的针入度越小，则承载能力越强，重负荷摩擦表面应选用针入度小的润滑脂。

3）考虑运动速度。因离心力作用易将润滑脂甩出而不能保证良好的润滑，所以速度越高，要求润滑脂的针入度越小，速度低针入度应选大。

4）考虑摩擦副工作温度。夏季或高温条件下工作的运动副，应选用滴点高和针入度小的润滑脂。对于工作温度在60℃以下的干燥环境，所有润滑脂可以互相代用；当工作温度在60℃以上时，润滑脂的代用在其他条件相同的情况下按滴点选择。

5）考虑摩擦副工作环境。在潮湿或与水接触的条件下工作的摩擦零件，应选用钙基润滑脂；而在高温条件下工作的摩擦零件，应选用钠基润滑脂。

6）考虑摩擦副的结构特点及润滑方式。摩擦副间隙小时，要求润滑脂的针入度大，以利于进入间隙小的摩擦副；摩擦副表面越粗糙，要求选用润滑脂的针入度越小；对干油集中循环润滑系统，则要求润滑脂具有良好的可泵送性，故应选针入度较大的润滑脂。

4. 固体润滑剂

固体润滑剂的作用是利用固体粉末、薄膜或复合材料等代替润滑油脂，隔离一对摩擦面，以减小摩擦和磨损，它的润滑作用主要依靠晶体沿滑移面的滑移。固体润滑材料的优点：可以在高负荷和低速度下工作；使用温度范围较广；可以在无封闭有尘土的环境中使用；可以简化润滑系统和润滑设备，维护工作简单；和环境介质不发生反应。其缺点是摩擦因数稍高，不易散热，固体膜也容易脱落，在缓蚀、排除磨屑等方面性能也较差。因此在多数情况下，固体润滑剂是作为添加剂来改善润滑油脂性能。煤矿机械常用的固体润滑材料有MoS_2、PbS、PbO、石墨、聚四氟乙烯、氟乙烯丙烯等。

（1）石墨　石墨为呈黑色鳞片状晶体物质，干燥的情况下摩擦因数较大，但当吸附空气特别是潮气后，其摩擦因数大大下降，值为0.05～0.19。石墨具有良好的导热性和热稳定性，速度对摩擦性能影响不大，但随着负荷的增加，摩擦因数变大，故适用于低负荷、高速度的工作条件。石墨具有良好的耐温性能，在426℃下可以长期工作。石墨抗辐射的性能特别好，在强辐射下，其摩擦因数可降低一个数量级。

氟化石墨是氟和碳的无机化合物，呈白色粉末状。它改善了石墨在没有水汽存在时的润滑性能，摩擦因数比石墨低，耐磨性也更好。适于在高负荷、高速度及高温条件下工作，在某些情况下取代了石墨和二硫化钼。

（2）二硫化钼　二硫化钼是从辉钼矿经化学提纯，多级粉碎获得的黑灰色固体粉末，具有良好的粘附性、抗压性和减摩性；其摩擦因数为0.03～0.15，能在高温350℃或低温-180℃温度下使用，对酸、碱、石油和水等不溶解，与金属表面不发生化学反应，也不侵蚀橡胶材料，为良好的固体润滑材料。

（3）聚四氟乙烯　聚四氟乙烯是一种热塑性自润滑材料，由于它软而韧，因此用它制成的轴承即使嵌入硬粒也不会研伤轴颈，而且在深冷温度下仍能保持其韧性。其抗热、抗化学腐蚀性特强，应用温度为-270～260℃，间断高温可达315℃。其摩擦因数对钢为0.04，在高负荷下，其摩擦因数反而更低（为 0.016）。其缺点是热膨胀率高，导热性差，在常温下受负荷作用会发生蠕变。故一般都不单独使用，而是与其他材料组成自润滑复合材料或做表面涂层。

5. 润滑材料种类的选择

1）在各种润滑材料中，润滑油的内摩擦较小，形成的油膜比较均匀，特别是对摩擦副具有冷却和冲洗作用，清洗换油和补充加油又比较方便，废油还能再生利用，所以对多数摩擦副应优先选用润滑油。

2）长期工作，不易经常换油、加油的部位或不易密封的部位，应尽可能选用润滑脂；摩擦面处于垂直或非水平方向要选用高粘度润滑油或润滑脂；摩擦表面粗糙的，特别是矿山的开式齿轮传动应优先选用润滑脂。

3）对不适于采用润滑脂的地方，如负荷过重或有剧烈的冲击、振动，工作温度范围较宽或极高、极低，相对运动速度低而又需要减少爬行现象等这些极端或苛刻的条件，最适合采用固体润滑材料。经验证明，在许多设备上都可以采用固体润滑材料来代替润滑脂而取得更好的润滑效果。

【任务实施】

1. 任务实施前的准备

做好班前安全教育，使学生具有安全生产意识和相关安全生产知识。

2. 知识准备

1）能够口述煤矿机械设备润滑常用润滑材料及其性能、应用等。

2）能够说出基本润滑原理。

3）能够说出润滑油、润滑脂的选择原则。

3. 煤矿机械设备保养工作任务实施

（1）机械设备保养的基本任务

1）熟悉教学矿井大型固定设备润滑管理组织机构及各项润滑管理规章制度。

2）贯彻设备润滑管理的基本方针制度的具体管理办法。

3）了解设备润滑技术资料，包括润滑图表和润滑卡片，润滑清洗换油操作规程；使用润滑剂的种类、定额及代用品；明确换油周期，能根据检测设备润滑油各项指标，确定换油的标准等。正确开展设备润滑工作。

4）组织制订润滑材料消耗定额，及时解决润滑系统存在的问题；配备和更换损坏的润滑零件、装置、工具；对润滑及清洗换油情况进行记录和分析，不断改善润滑管理工作。

5）采取措施防止设备泄漏，在治漏中要抓好“查、治、管”三个环节，达到主管部门规定的治漏标准。

6）组织废油的回收及再生利用。

（2）机械设备保养方法

1）日常保养。设备的日常保养由操作者负责，班前、班后由操作工人认真检查。擦拭设备各处或注油保养，设备经常保持润滑、清洁。班中设备发生故障要及时排除，并认真做好交接班记录。设备日常保养的具体要求：班前认真检查设备，按规定做好点检工作，按规定进行合理润滑和加油；班中遵守设备操作规程，正确使用设备；发现隐患及时排除，自己解决不了的应立即通知机电修理人员处理；班后做好设备清扫、润滑工作，一般设备润滑时间为 15 ~ 30min，大型、关键设备可以适当延长；油毡、油线、油孔、油杯、油池要坚持每周清扫一次；做好交接班工作，将当天设备运转情况详细记录在交接班记录本上。

2）一级保养。以操作工人为主，维护工人参加，对设备进行局部解体和检查，清洗所规定的部位，疏通油路，更换油线、油毡。调整设备各部位配合间隙，紧固设备各个部位，设备运转 600h 后，要进行一次一级保养。

3）二级保养。以维修工人为主，操作工人参加，对设备进行部分解体，检查修理，更换和修复磨损件，局部恢复精度，润滑系统清洗，换油，设备运转 3 000h 要进行一次二级保养。

（3）防止污染

1）采取严格措施防止润滑系统内部污染，以保证设备正常润滑。

2）采取措施防止机械设备润滑材料污染环境。

（4）检修后各部位的注油量

1）许多油箱或油池上有可以直接观察油面高度的透明油标或可以抽出检查油面高度的油标尺。第一次注油时，油面必须接近油标上、下两个刻线中的上限。盘车后应重新检查油位，若由于系统中的管路、元件等充油而使油面低于下限，则必须补足。

2）有的油池侧面设有检查油位的螺塞，注油时应将这个螺塞拧下，到油液从这个螺孔溢出时停止注油，再将螺塞拧紧。

3）没有上述两类装置时，设备说明书中一定规定了限定油量的方法，必须执行。

4）用飞溅润滑的减速器，如对油位没有明确规定，可执行下述规定：大锥齿轮的全部齿宽必须在油面以下，一级减速圆柱齿轮中最大齿轮的浸油深度为齿高的 1 ~ 3 倍，但不小于 10mm，齿轮级数多时中间大齿轮的浸油深度采用上述数值。油位过高搅动时要消耗较大能量，导致油温升高，且会有过多的空气混入油中，反而是不利的。

5）用油圈润滑的滑动轴承没有油标时，油圈渗入油内的深度应为其直径的 1/4 左右。

6）向滚动轴承中装润滑脂时，轴承本身在多处用手把润滑脂推入滚道并填满轴承后，转动轴承内、外圈，到润滑脂不再挤出为止，再抹去轴承端面外的多余润滑脂；轴承座的空腔只要填入其容量的 40% ~ 60% 的润滑脂即可。填脂过多是滚动轴承发热的常见原因之一，出现这种情况时必须停止运转，将熔化的润滑脂全部放出，待轴承温度下降到环境温度后重新按规定注脂。

7）向手动注油（脂）点注油时，应注到摩擦面有油（脂）开始溢出为止。如有条件，应在注油的同时使两摩擦面稍作相对运动。

8）制动轮、闸瓦或闸带表面禁止有油。

【任务考评】

过程考评	配　分	考 评 内 容	考评实施人员
素质考评	12	生产纪律	专职和现场教师结合进行综合考评
	12	遵守生产规程情况、安全生产	
	12	团结协作情况、与现场工程人员交流情况	

（续）

过程考评	配　　分	考 评 内 容	考评实施人员
实操考评	12	理论知识口述：润滑原理，润滑材料性能、适应场合、选择原则	专职和现场教师结合进行综合考评
	12	工具使用或任务实施过程正确	
	12	手指、口述：矿山机械设备润滑系统、润滑结构和方式，矿山机械设备日常保养内容和要求	
	12	完成本次工作任务，效果良好	
	16	按工作任务实施指导书完成学习总结，总结所反映出的工作任务完整、信息量大	

【思考与练习】

1. 机械润滑的作用是什么？
2. 什么是液体润滑？什么是边界润滑？边界润滑的油膜形成机理是什么？改善边界润滑的措施有哪些？
3. 试说明流体动压润滑的形成条件。
4. 什么是润滑油的油性？如何改善润滑油的油性？
5. 什么是润滑油的粘度？常用的粘度单位有哪几种？
6. 润滑油的选择原则是什么？
7. 润滑脂的选择原则是什么？
8. 常用润滑脂的种类有哪些？各有何特性？适用场合是什么？
9. 机械设备日常保养的内容和要求是什么？

【知识拓展】

一、润滑方式

常见的润滑方式如下。

- 润滑
  - 稀油润滑
    - 分散润滑
      - 间歇无压润滑
      - 间歇压力润滑
      - 连续无压润滑
        - 油绳、油垫润滑
        - 滴油润滑
        - 油环、油链、油轮润滑
      - 连续压力润滑
        - 强制润滑
        - 喷射润滑
        - 油雾润滑
        - 油气润滑
    - 集中润滑——连续压力润滑
  - 干油润滑
    - 分散润滑
      - 间歇无压力润滑
      - 连续无压润滑
      - 间歇压力润滑
    - 集中润滑
      - 间歇压力润滑
      - 压力润滑
      - 连续压力润滑
  - 固体润滑
  - 气体润滑

二、典型零部件的润滑

1. 滑动轴承的润滑

（1）润滑方式的确定　滑动轴承可以使用润滑油或润滑脂作为润滑材料，具体选用哪一种应根据轴颈圆周速度、承受载荷、工作温度和环境等条件确定。通常应用下面的经验公式通过计算系数 K 确定。

$$K = \sqrt{10^{-5} p v^{3}} \tag{1-4}$$

式中，p 为轴颈投影面上的平均单位压力，单位为 Pa，$p = P/dL$；P 为轴承的载荷，单位为 N；d 为轴颈直径，单位为 m；L 为轴颈长度，单位为 m；v 为轴颈圆周速度，单位为 m/s。

$K \leqslant 6$，脂润滑，采用干油杯润滑；$K > 6 \sim 50$，油润滑，采用针阀式油杯或油绳润滑；$K > 50 \sim 100$，油润滑，采用油浴或飞溅润滑，但需要对油采取冷却措施；$K > 100$，油润滑，采用集中压力循环润滑。

（2）润滑材料的确定

1）润滑脂的选择。滑动轴承很少采用脂润滑，一般只有在 $K \leqslant 6$ 而又不宜采用油润滑的地方才采用脂润滑。滑动轴承用润滑脂的针入度、牌号选择可参考表 1-3 和表 1-4。

表 1-3　滑动轴承用润滑脂的针入度选择

工作条件	针入度	应用举例
高速轻载	260～300	小水泵、小绞车的高速轴
中速中载	210～250	运输绞车的轴承
低速重载	160～200	回柱绞车卷筒轴轴承

表 1-4　滑动轴承用润滑脂的牌号选择

单位负荷/MPa	圆周速度/(m/s)	最高工作温度/℃	选用的润滑脂牌号
<1	≤1	75	3 号钙基脂
1～6.5	0.5～5	55	2 号钙基脂
>6.5	0.5	75	3 号钙基脂
<6.5	0.5～5	120	2 号锂基脂
>6.5	0.5	110	1 号钙钠基脂
1～6.5	1	50～100	锂基脂
>6.5	0.5	60	2 号延压机脂

2）润滑油的选择。滑动轴承的润滑一般用润滑油，由于通常滑动轴承都处于边界摩擦或半液体摩擦状态，所以在选择润滑油时，除了应有合适的粘度外，还应特别注意油性和抗极压性这两项指标。而液体摩擦滑动轴承对润滑油的抗氧及热氧化稳定性、耐蚀性及粘温性能要求高，故应采用专用的油膜轴承油。润滑油的粘度用图表法确定较为简便。图 1-10 中右边一组曲线分别代表不同的载荷，左边的一组曲线代表不同粘度润滑油的粘温曲线。根据轴承的载荷、转速及工作温度就可以从图中选择出合适的粘度值。例如，某滑动轴承的转速为 750r/min，载荷为 2MPa，工作温度为 55℃。由图 1-10 横坐标上 760r/min 处向上作垂线与 2MPa 的载荷曲线相交，由交点向左作水平线，与由工作温度 55℃ 处向下所作垂线相交，其交点落在 $60\text{mm}^2/\text{s}$ 这条粘温曲线附近，因此所选润滑油在 37.8℃ 时的运动粘度为 $30\text{mm}^2/\text{s}$。将水平线延长与粘度坐标相交，直接读出的运动粘度值约为 $30\text{mm}^2/\text{s}$，此值即是该油在工作温

度 55℃下的真实粘度。得到粘度值后，就可以按粘度参照表 1-1 选择润滑油的牌号。

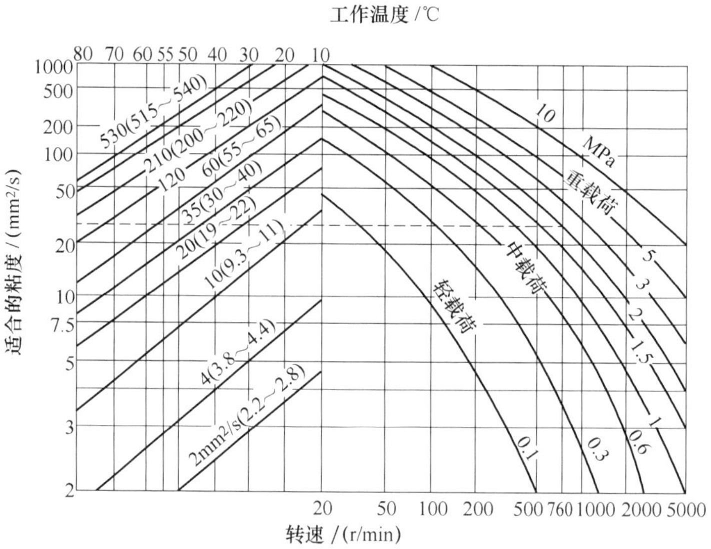

图 1-10　径向轴承适用润滑油的粘度选择

2. 滚动轴承的润滑

滚动轴承是使用十分广泛的一种重要支承部件，属于高副接触。由于滚动轴承中滚动体与内、外圈滚道间的接触面积十分小，接触区内的压力很高，因而对油膜的抗压强度要求很高。在滚动轴承的失效形式中，往往由于润滑不良而引起轴承发热、异常噪声、滚道烧伤及保持架损坏等。因此，必须十分注意选择滚动轴承的润滑方式和润滑剂。

（1）润滑方式的选择　滚动轴承的润滑方式与轴承的类型、尺寸和运转条件有关。一般滚动轴承采用脂润滑或油润滑，特殊条件下也可采用固体润滑。通常低速时选用脂润滑，高速时选用油润滑。具体可按轴承类型和速度因数 dn(mm · r/min) 值由表 1-5 选择。

表 1-5　滚动轴承润滑方式的选择

轴承类型	dn/[(mm · r)/min]				
	脂润滑	浸油、飞溅润滑	滴油润滑	喷油润滑	油雾润滑
深沟球轴承 角接触轴承 圆柱滚子轴承	$\leqslant(2\sim3)\times10^5$	2.5×10^5	4×10^5	6×10^5	$>6\times10^5$
圆锥滚子轴承	1×10^5	1.6×10^5	2.3×10^5	3×10^5	—
推力球轴承	0.4×10^5	0.6×10^5	1.2×10^5	1.5×10^5	—

注：dn = 轴承内径(mm) × 转速(r/min)。

（2）滚动轴承润滑脂的选择　滚动轴承用润滑脂的选择主要是确定针入度、稠化剂和添加剂的类型。

1）针入度的确定。一般转速和载荷的滚动轴承通常选用 2 号脂，针入度为 265 ~ 295；速度较高的可选用 1 号或 0 号脂，针入度分别为 310 ~ 340 和 340 ~ 380；低速重载的可选用 3 号或 4 号脂，针入度分别为 220 ~ 250 和 175 ~ 205。干油集中润滑系统要求脂的泵送性好，应选用针入度较大的脂，通常为 1 号或 2 号脂。

2）润滑脂品种选择。各种类型的通用润滑脂都可用于滚动轴承的润滑。低性能的钙基、钠基脂价格便宜，但润滑效果不好，轴承寿命和换脂周期短，耗脂量大。对于一般转速、低负荷、工作温度低的不重要机械的滚动轴承，可以采用钙基或复合钙基脂；工作温度稍高又无水湿的环境，可以选用钠基脂；有水湿的环境采用钙钠基脂；对一般转速、工作负荷较重的轴承，可采用滚珠轴承脂或锂基脂，它们的机械稳定性和胶体稳定性好。在低速重载，甚至有冲击负荷的条件下，可采用二硫化钼锂基脂。

润滑脂的填充量不宜过多，以填满轴承和轴承壳体空间的 1/3 ~ 1/2 为宜，过多则阻力大，将引起轴承发热。只有在易污染环境中工作的低速轴承，才可以把轴承座内的空间全部填满，以使污染介质不易进入轴承内。

（3）滚动轴承用润滑油的选择　滚动轴承用润滑油不但要有合适的粘度，而且要有良好的抗氧化性和热氧化稳定性，不含机械杂质和水分。另外，滚动体和滚道存在较多滑动摩擦的滚动轴承（如球面滚子轴承），在载荷较重的条件下，可采用带有极压添加剂的润滑油。

1）粘度的确定。润滑油的粘度可根据轴承内径、转速和工作温度，由图 1-11 选择。该图由 SKF 轴承公司提供，图中左边的粘温曲线是按粘温指数Ⅵ = 85 时绘出的。

例如，轴承内径为 60mm，转速为 5000r/min，工作温度为 50℃，由图 1-11 确定润滑油粘度。在图的右边内径为 60mm 处向上作垂线，与转速为 5000r/min 的斜线得一交点 *A*，过交点 *A* 作水平线，与自温度 65℃处向上所作的垂线交于点 *C*，则过点 *C* 的斜线即为该润滑油的粘温曲线，对应于工作温度 65℃时的运动粘度值为 $7mm^2/s$，对应于 40℃时的标准粘度值为 $14.3mm^2/s$。

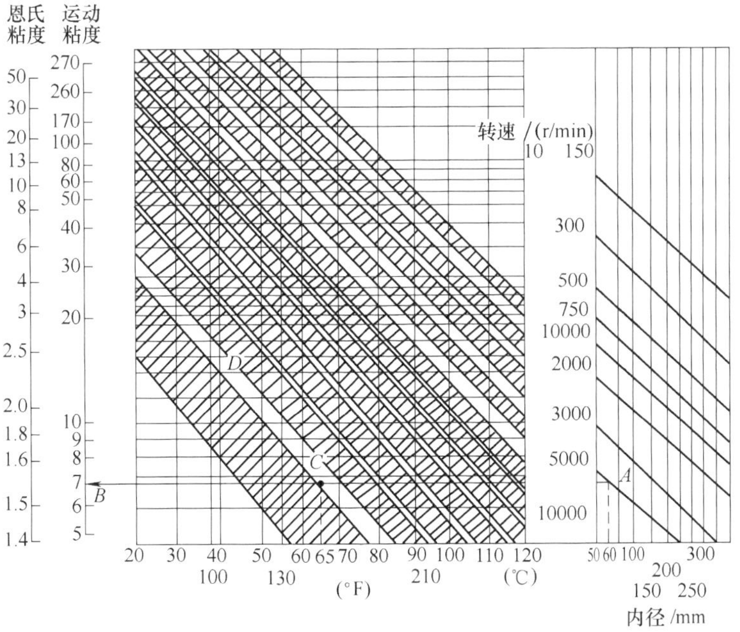

图 1-11　滚动轴承用润滑油粘度选择图

2）润滑油牌号的确定。在粘度值确定后，可根据载荷的大小、性质等选择润滑油的品种和牌号。

3. 开式齿轮传动的润滑

开式齿轮的主要润滑方式是人工涂抹润滑脂。采用的润滑脂有石墨钙基脂、二硫化钼钙基脂。这种方式费时费力，还要停机进行，影响生产，而且涂抹上去的脂大部分被挤压摩擦副的外边而造成浪费。尘土等机械杂质极易粘附于油脂表面而进入摩擦副，引起磨粒磨损。采用二硫化钼半干膜润滑再用干油喷溅润滑保膜，是较好的润滑方式，但不宜用于有水溅入摩擦副的场合。对不适于采用半干膜润滑的场合，可用耐水湿的润滑脂作干油喷溅润滑。

4. 闭式齿轮传动的润滑

（1）润滑方式的选择

1）油浴（浸油）润滑。用于齿轮圆周速度为 12～15m/s 时的油润滑。

2）压力喷淋循环润滑。当齿轮、蜗轮的圆周速度分别大于 12～15m/s 时，以及对于低速重载齿轮传动，如摩擦副发热或现场温度较高，均可采用此种润滑方式。

3）油雾润滑。新型润滑方式，效果良好，有条件的地方也可采用。

4）二硫化钼半干膜润滑并用干油喷溅润滑。用于低速重载齿轮及一般减速器的润滑，效果良好。

（2）润滑油的选择　润滑油的选择包括润滑油粘度和牌号的选择。

1）润滑油粘度的确定。润滑油粘度可用经验公式计算法和查表法确定。对接触应力不太大和非极压状态的一般齿轮可用下式计算

$$E_{50}=\frac{kP}{20} \tag{1-5}$$

$$P=\frac{N}{vL} \tag{1-6}$$

式中，E_{50}为 50℃时的恩氏粘度值；k 为速度系数，齿轮圆周速度为 8m/s、8～16m/s、16～25m/s 时，对应的 k 值分别为 1.6、1.2、0.85；P 为单位齿宽上所承受的负荷，单位为 kN/m；N 为传动功率，单位为 kW；L 为齿宽，单位为 m；v 为齿轮节圆的圆周速度，单位为 m/s。

将 50℃时的恩氏粘度值换算为 50℃时的运动粘度，再换算为 40℃时的运动粘度作为选油的依据。在确定粘度值时，还应考虑所选润滑油的性能和工作特性。如选用抗磨添加剂的润滑油，其粘度值可稍低于计算值。对于承受的负载不均匀，又作可逆运动，经常起动或在高温环境中工作的齿轮，其用油粘度值应比计算值稍高一些。此外，还可以根据推荐的粘度选择标准来确定润滑油的粘度。

2）润滑油牌号的选择。润滑油的粘度确定以后，就可以根据粘度值选择润滑油的牌号。具体选用什么品种的润滑油，要根据齿轮的载荷特性和工作环境来确定。

第二单元

机械零件的断裂、变形分析与防止

【学习目标】

本单元由机械零件的断裂分析与防止、机械零件的变形分析与防止两个课题组成。通过本单元的学习，学生应能够说出机械零件断裂与变形的形式、机理、断口特征等知识；在教学矿井机械设备维修车间能够指出断裂、变形失效零件的类型，能够分析零件断裂和变形的原因，并针对零件断裂和变形原因采取正确的防止措施。

课题一　机械零件的断裂分析与防止

【任务描述】

本课题主要对零件断裂失效的类型、机理、断口特征等作简要介绍，对失效原因作较详细的分析。通过本课题的实施，使学生对现场断裂失效零件的断裂类型有正确认识，能正确分析失效原因，并能够针对零件失效原因采取相应防止措施。

【知识学习】

机械零件在某些因素作用下发生局部开裂或分裂为几部分的现象称为断裂失效。断裂是机械零件失效的主要形式之一，零件断裂后不仅完全失去规定的功能，甚至可能造成严重的事故，所以断裂失效的防止在生产中具有重大意义。零件断裂以后所形成的新表面称为断口，零件断裂失效后的断口一般能够记录零件的断裂过程，对其作出详细正确的分析，能够判断断裂发生的原因和影响因素，为机械零件设计和维修提供有益信息，从而指导机械设备的运行和维护。

一、断裂的分类

导致零件断裂的原因是多方面的，所形成的断口也有着不同的形式和特征，按断裂失效分析的具体需要有着不同的分类方法。

（1）延性断裂和脆性断裂　根据断裂时零件的宏观变形量可将断裂分为延性断裂和脆

性断裂，以零件变形量 5% 为分界点。延性断裂在断裂前发生显著的塑性变形，断口的发展有一定的过程，在断口断面上有暗灰色纤维状特征。脆性断裂则在断裂前不发生明显塑性变形，断口发展速度极快，断口断面平整，有金属光泽，呈冰糖状结晶颗粒。

（2）穿晶断裂和晶间断裂　在显微镜下观察断口微观组织，其微观形态可分为穿晶断裂和晶间断裂。断裂裂纹穿过晶粒内部发生的断裂称为穿晶断裂，多数穿晶断裂为延性断裂；当断裂裂纹沿结晶平面扩散时，断口上的晶粒大多保持完整，这样的断裂称为晶间断裂。晶间断裂时塑性变形量很小，多数为脆性断裂。

（3）过载断裂　当零件外加载荷超过其危险截面所能承受的极限应力时，零件所发生的断裂称为过载断裂。

（4）疲劳断裂　金属零件经过一定次数的循环载荷或交变应力作用后引发的断裂称为疲劳断裂。

（5）脆性断裂　金属零件因制造工艺、有害介质的侵蚀或环境温度等因素，使材料变脆进而使金属零件发生的突然断裂称为脆性断裂。

二、过载断裂

1. 过载断裂断口的主要特征

过载断裂断口的宏观特征与材料拉伸断口的形貌基本相同。当材料塑性较好时，宏观断口显示出较大的塑性变形；而材料较脆时，零件断口则显示出脆性。

在常温时晶界强度大于晶内强度，所以过载断裂通常是穿晶断裂。当断裂断口为晶界断裂时，说明晶界强度受腐蚀、合金偏析、有害气体等因素影响被削弱，晶间断裂应为脆性化断裂与环境断裂。

过载断裂的断口通常分为三个区域。当断口处无应力集中时，三个区域的分布如图 2-1 所示，分别称为纤维区 F、放射区 R 和剪切唇区 S，断口呈杯锥状。

纤维区 F 凹凸起伏，呈明显纤维状。在断裂过程中，纤维区受三向应力作用出现微小空穴，空穴不断扩大、聚集形成所谓的韧窝，留下纤维状特征。截面的断裂首先从纤维区中心开始，当纤维断裂区面积达到一定极限时，断裂裂纹便会迅速扩展。

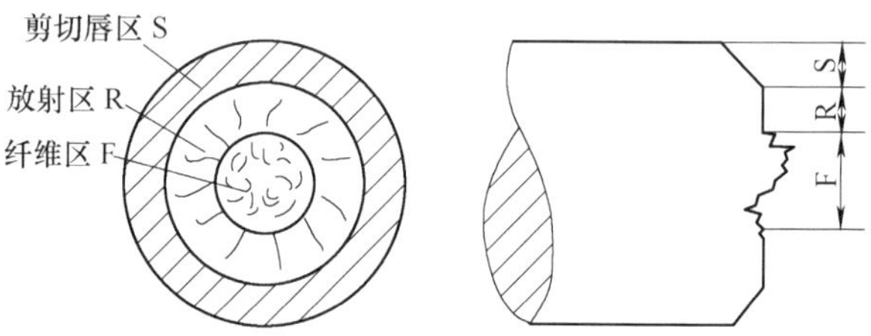

图 2-1　过载断裂断口示意图

放射区 R 是由纤维区断裂裂纹迅速扩展而形成的区域，其主要特征是有放射状径向花纹，材料塑性越大，放射状花纹越粗大。

剪切唇区 S 是断裂最后阶段形成的区域。剪切唇区的表面比较光滑，区域面与拉伸应力成 45°角，是由最大切应力形成的切断型断裂断面。

2. 特殊情况下过载断裂的断口特征

（1）带应力集中槽的过载断裂　当断裂断口发生在应力集中槽部位时，F、S 两区位置互换，如图 2-2 所示。

纤维区 F 分布在外圆周周围，首先破断的是外圆周周围，然后裂纹向中心扩展，产生收敛形放射花纹区 R，最后在中心部位出现剪切唇区 S。

如果零件的切槽为光滑圆弧，无应力集中，则过载断裂断口形貌不发生上述变化，仍如图 2-1 所示。

（2）纯塑性金属过载断裂　纯塑性金属过载断裂时可能出现一种全纤维状断口，没有放射区与剪切区，两对偶的断面均为内凹的杯状，即双杯状断口。

（3）冲击弯曲载荷作用下的过载断裂　这种过载断裂断口的显著特点是剪切唇不完整、宏观的塑性变形缩颈减小。

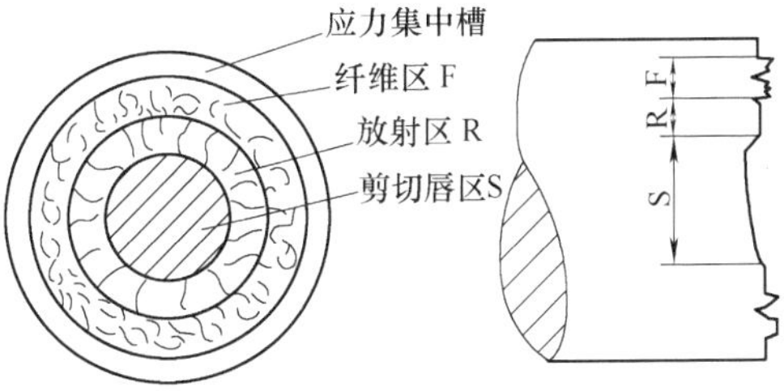

图 2-2　带有尖锐应力集中槽的过载断裂断口

（4）扭转载荷作用下的过载断裂　扭转载荷下过载断裂的断口分两种情况：当断口与扭转轴成 45°角时，为拉断口形貌，如图 2-1 所示；当断口与扭转轴线垂直时为剪断，周向剪应力较大，形成扭转状纤维区 F，中心部位为最后破断区，故其形貌，如图 2-2 所示。

3. 过载断裂的防止

过载断裂发生在零件危险截面上，防止过载断裂的发生可从以下几个方面考虑：

1）零件材料的选择。在零件材料选择上，考虑材质的均匀性、内部缺陷的控制、抗介质侵蚀能力等。

2）零件结构设计。零件结构应尽量简单，形状过渡圆滑无应力集中，充分考虑到相互装配零件的影响，安全系数的确定要合理。

3）采用合理的热处理工艺，适宜的零件精度和表面质量。

4）严格控制设备工作载荷，不得超载、超速，绝对禁止误操作。

5）注意环境介质、温度等的影响。

6）严格检查和保养，发现异常及时维修处理。

三、疲劳断裂

机械疲劳依载荷性质可分为拉压疲劳、振动疲劳、弯曲疲劳、扭转疲劳与复合应力疲劳。按断裂前应力交变次数又可分为高周疲劳和低周疲劳，当应力交变次数为 $10^4 \sim 10^7$ 次时称为高周疲劳，在 10^4 次以下时称为低周疲劳。使用中的零件断裂有 80% 是由疲劳引起的，而疲劳断裂前一般很难检查判断，断裂发生时具有瞬时性，所以危害极大。

1. 疲劳断裂过程与机理

疲劳断裂过程一般有疲劳裂纹的萌生成阶段、疲劳裂纹的扩展阶段和最终断裂（即瞬断阶段）三个阶段。

（1）疲劳裂纹的萌生阶段　金属零件在交变载荷作用下，表层材料局部发生微观滑移。这种滑移积累以后，就会在表面形成微观挤入槽与挤出峰，图 2-3 中的第 I 部分为裂纹萌生与稳态扩展阶段。在峰根槽底，应力高度集中，极易形成微裂纹即疲劳断裂源。因最初的滑移是由最大切应力引起的，故挤入槽与挤出峰及其所形成的原始裂纹源与拉应力成 45°角。

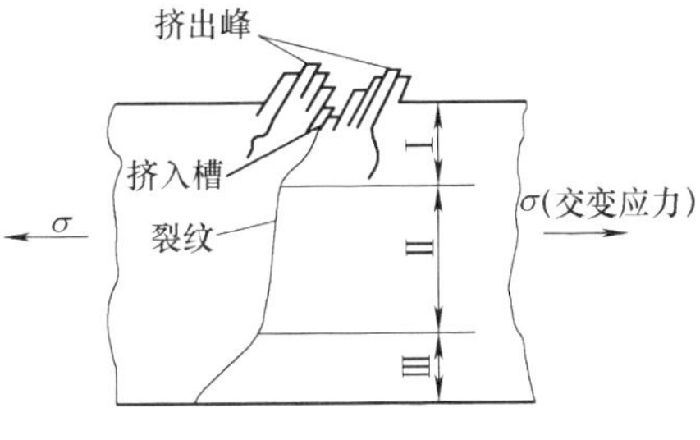

图 2-3　疲劳裂纹的萌生示意图

形成疲劳裂纹源所需的应力循环次数 N_0 与应力大

小成反比，当应力较大接近或超过材料的下屈服点 R_{eL}时，循环次数 N_0 较小为低周疲劳；当应力小于 R_{eL}时，循环次数 N_0增大为高周疲劳。但如果材料表面或内部本身有气孔、夹杂，甚至磕碰、划伤痕迹等缺陷，都可以大大减少循环次数 N_0。

（2）疲劳裂纹的扩展阶段　当疲劳裂纹源在与拉应力成 ±45°角方向达到几微米或几十微米时，裂纹改变方向朝着与拉应力垂直的方向扩展。在交变的拉伸、压缩应力作用下，裂纹不断开启、闭合，裂纹前端出现反复复杂的变形，加之加工硬化与撕裂现象的作用，使裂纹一环接一环地往前扩展推进。图 2-3 中的第Ⅱ部分为亚稳态扩展阶段。

（3）最终断裂（即瞬断阶段）　当裂纹在零件断面上扩展达到一定值，即断面实际所承受的应力大于或等于断面所能承受的临界应力时，零件残余断面不能承受其载荷，裂纹由稳态扩展转化为失稳态扩展，整个断面的残余面积会在瞬间断裂。图 2-3 中的第Ⅲ部分为失稳态扩展阶段。

2. 疲劳断口的主要特征

典型的疲劳断口按照断裂过程有疲劳核心区、疲劳裂纹扩展区和瞬断区三个形貌不同的区域，如图 2-4 所示。

（1）疲劳核心区　用肉眼或低倍放大镜就能找出断口上的疲劳核心位置，它一般靠近零件表面，是疲劳断裂的源区。但如果零件内部有缺陷，则疲劳核心很可能在缺陷处产生。由于载荷的交变作用，裂纹源反复张开、闭合，断口两面反复摩擦，在疲劳核心周围形成以疲劳核心为中心的光滑、细洁、贝纹线不明显的狭小区域。

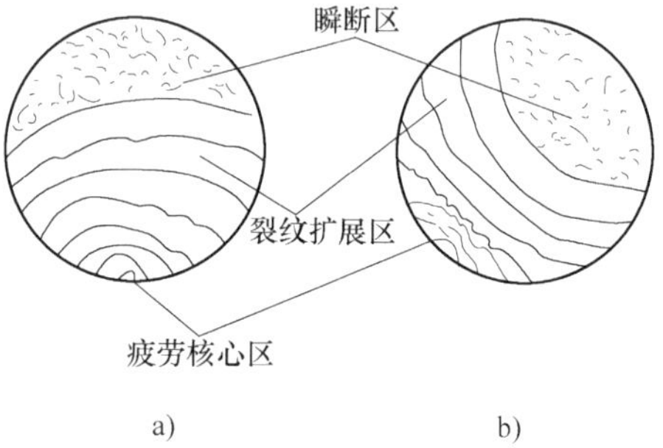

图 2-4　单向弯曲疲劳断口特征示意图
a）低碳钢　b）高碳钢

疲劳核心区是疲劳裂纹的发源区。它总是在强度最低、应力最高的部位产生。承受弯扭载荷的零件，其表面应力最高，一般疲劳核心在靠近表面处。如果表面经过了滚压、喷丸等强化处理，则疲劳核心可能移至表层以下。零件的意外伤痕极有可能成为疲劳核心，因为这些伤痕既有应力集中，又容易被空气及其他介质腐蚀损伤。

疲劳核心的数目与载荷大小有关，特别是对旋转弯曲和扭转交变载荷作用下的断裂，疲劳核心的数目会随着载荷的增大而增多。

（2）疲劳裂纹扩展区　该区是断口上最重要的特征区，常呈贝纹状，每一条纹线标志着载荷变化时裂纹扩展一次所留下的痕迹。这些纹线以疲劳核心为中心与裂纹扩展方向垂直，向四周推进扩展。塑韧性较好、对裂纹不太敏感的低碳钢等的扩展贝纹线呈收敛型，如图 2-4a 所示；脆性较大、对裂纹敏感的高碳钢等的扩展贝纹线则呈发散型，如图 2-4b 所示。

疲劳断口上的裂纹扩展区越光滑，说明零件在断裂前经历的载荷循环次数越多；接近瞬断区的贝纹线越密，说明载荷值越小。如果这一区域比较粗糙，则表明裂纹扩展速度快，因而载荷也比较大。

（3）瞬断区　瞬断区是疲劳裂纹扩展到临界尺寸后，残余断面发生快速断裂而形成的区域。该区域具有过载断裂的特征，即具有放射区与剪切唇区，但有时仅出现剪切唇区而无放射区。对极脆的材料，瞬断区为结晶状脆性断口。

如果瞬断区面积很小，则零件承受的载荷也很小。瞬断区周边如有毛刺，即有塑性变形，则说明材料韧性较好；瞬断区如呈结晶状，并有碎裂现象，则说明材料极脆。

3. 疲劳断裂的防止

（1）控制零件疲劳核心的生成　由于疲劳断裂总是先生成疲劳核心，而疲劳核心总是在强度最低、应力最高的部位出现。所以控制疲劳核心的生成可以从以下几个方面考虑：

1）零件材料的选择。应选择材质均匀、无内部缺陷的材料。

2）选择适宜的加工方法和精度。通过锻造等加工方法获得毛坯，提高零件内部质量；提高表面加工精度，保证一定的表面粗糙度值，减小零件表面的应力集中现象；零件加工各部分做好形状和尺寸的过渡，以减小局部应力集中。

3）尽量减少如键、孔等零件局部结构，以免出现应力集中。

4）进行正确的热处理，保证零件具有适宜的硬度；通过表面渗碳、渗氮、喷丸、表面滚压等可强化和产生残余压应力的方法，提高零件表面的抗疲劳能力。

5）防止零件表面意外伤害和破损。

6）控制载荷和运行速度。

（2）严格维检　对重要零件要定期检查，通过严格的诊断及时发现已疲劳零件，避免疲劳断裂的发生。

四、脆性断裂

零件断裂前无明显的塑性变形，无明显征兆，发展速度极快的一种断裂形式称为脆性断裂。由于脆性断裂发生得很突然，所以危害很大，其危害程度仅次于疲劳断裂。

1. 脆性断裂的主要特征

1）脆性断裂前无征兆，瞬时发生。

2）脆性断裂为低应力脆断。金属材料发生脆性断裂时，一般工作应力并不高，通常不超过材料的屈服强度，甚至不超过由某些规范确定的许用应力。

3）脆性断裂的断口平整光亮，呈粗瓷状，断口断面大体垂直于主应力方向。一般断口边缘有剪切唇，断口上有人字纹或放射状花纹。

4）断口附近没有缩颈现象，截面收缩很小。

5）脆性断裂也有裂纹源。裂纹源出现在表面的应力集中或损伤部位，内部的夹杂、空穴，零件毛坯制造如轧制、锻压而产生的微小裂纹部位。

引起金属零件脆化的原因很多。例如，氢或氢化物渗入金属材料内部可导致“氢脆”，氯离子渗入奥氏体型不锈钢中可导致“氯脆”，硝酸根离子渗入钢材可出现“硝脆”，与碱性物接触的钢材可能出现“碱脆”，与氨接触的铜质零件可发生“氨脆”。此外，在10～15℃的环境温度下，中低强度的碳钢因含磷易发生“冷脆”。含铝的合金如果在热处理时温度控制不严格，则很容易因温度稍高而过烧出现严重脆性。

2. 氢脆断裂

由于氢作用而导致金属材料在低应力状况下的脆性断裂称为氢脆断裂，又称氢损伤，是有代表性的脆性断裂。氢损伤对高强度钢和多种合金在各种环境下都可能发生，它使材料的拉伸延性和强度降低，并使材料在静载荷作用下出现延时断裂。断裂过程在瞬间发生，往往会导致严重的破坏性事故。

氢脆断口的基本特征与一般的脆性断口一样，平齐光亮。但如果仔细观察，氢脆断口上可发现氢或氢化物留下的痕迹白点，白点外围有放射状撕裂裂纹，这是裂纹扩展的痕迹。

根据氢的来源不同氢脆分为两大类。一类是内部氢脆，是由于金属材料在冶炼、锻造、焊接、热处理、电镀、酸洗过程中溶解和吸收了过量的氢而造成的；另一类为环境氢脆，是由零件周围环境中某些含氢或氢化物，如 H_2S 的介质与零件自身的工作应力和残余应力共同作用造成的。内部氢脆与环境氢脆在微观范围内，其本质是相同的，都是由氢或氢化物引起的材料脆化。但宏观上则有差别，因为氢吸收过程中氢与金属的相互作用形态、断裂时的应力状态与温度、断口组织结构等均不相同。

（1）氢压致断　金属材料在冶炼、热处理、锻压、轧制等高温过程中，对氢的溶解度很大，而在温度降低后材料中析出的氢原子和氢分子在内部扩散，并在材料中的微观缺陷或薄弱处聚集形成压力巨大的氢气气泡，使材料在气泡处出现裂纹。随着氢扩散或聚集过程的继续，气泡进一步生长，裂纹进一步扩张，并相互连接、贯通，最后引起材料过早断裂。

（2）晶格脆化致断　材料中的固溶氢和外界渗入的氢，通过晶界扩散，在晶界的薄弱处滞留、聚集，使许多晶界的强度受到破坏。同时，氢原子的电子会挤入金属原子的电子层中，使金属原子之间相互排斥，同样降低了晶格之间的结合力。在较低的工作应力下，甚至在材料自身内应力作用下，材料就会发生脆断。

（3）氢腐蚀致断　当材料处于热轧、锻造或热处理等200℃以上的温度时，固溶氢与环境气体中渗入的氢会与金属材料中的夹杂物及合金添加剂起反应生成高压气体。例如与C起化学反应生成 CH_4，使钢出现脱碳现象，而且这些气体在材料内部扩散转移，不断破坏晶界，最终导致脆性断裂。

3. 脆性断裂的防止

1）合理选择零件材料，保证零件材料无内部脆化现象和内部缺陷。

2）设备零件在工作中避免与引起零件材料脆性的介质接触，防止环境脆化现象的发生。

3）严格维检，及早发现零件材料的脆化缺陷。

【任务实施】

1. 任务实施前的准备

做好班前安全教育，使学生具有安全生产意识和相关安全生产知识。

2. 知识要求

1）能够说出零件断裂失效的类型及特点。

2）能够说出过载断裂、疲劳断裂的机理和断口特征，以及疲劳断裂的防止措施。

3）能够说出脆性断裂的原因、断口特征及其防止措施。

3. 矿山机械设备零件断裂失效分析的方法和步骤

在生产实践中一旦发生零件断裂失效事故，要通过对零件断口形貌的分析研究，了解断裂的类型、过程，判断出断裂的原因，探讨有效防止断裂的途径。分析步骤如下：

（1）现场记录与拍照　重大设备事故发生后，要迅速调查了解事故前后的各种情况，尽可能保护好现场，记录完成后才能开始清理。

（2）分析主导失效件　关键零件发生断裂失效后往往会造成其他关联零件的断裂。所以出现这种情况要理清次序，准确找出起主导作用的断裂件。

（3）找出主导失效件上的主导裂纹　断裂失效的主导失效件可能已经破碎，应将破碎的残件搜集起来，分析找到最先发生的主导裂纹。所采用的方法如下：

1）排除法。如图 2-5 所示，如果对偶的断件上有被碰撞的连续痕迹，则该处的裂纹可能是碰撞所致，不是主导裂纹。

2）T 形法。如图 2-6 所示，将断件拼凑后如果出现 T 形裂纹，则 T 形的头裂纹应该发生在前，分叉的裂纹产生在后。

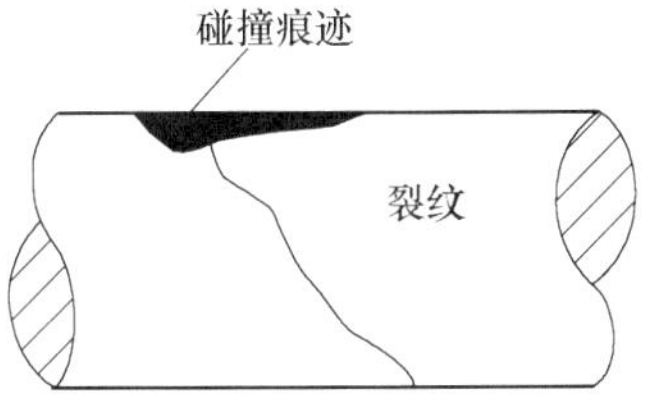

图 2-5　用排除法搜索主导裂纹

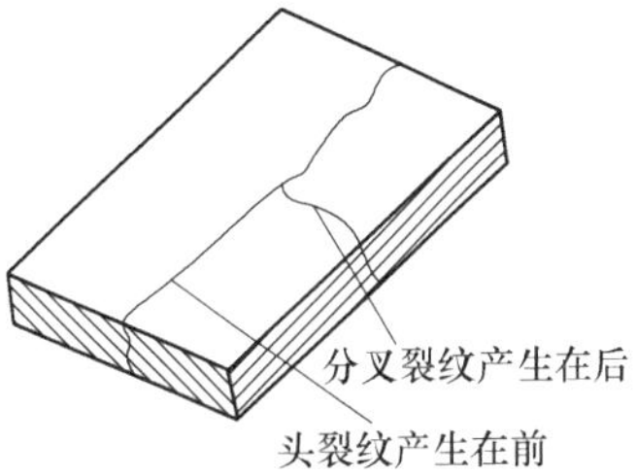

图 2-6　T 形法搜索主导裂纹

3）分叉法。拼凑残件时如果发现如图 2-7 所示的裂纹分叉情况，则主干裂纹应该在前，分叉裂纹在后。

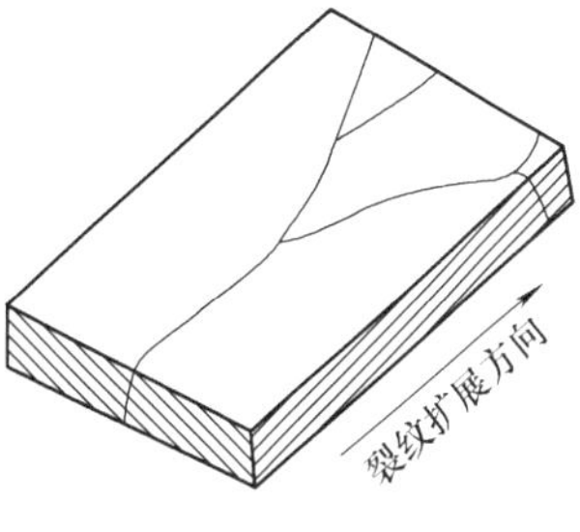

图 2-7　用分叉法搜索主导裂纹

（4）寻找失效源区　找到主导裂纹后，在对应的断口上查找裂纹源区。疲劳断口如图 2-8 所示。当断口有放射棱线时，断口源在放射中心，如图 2-8a 所示；当断口有人字形纹路时，断口源区在两组人字汇合处，如图 2-8b 所示；断口周边的剪切唇不连续的部位，就可能是断口源区，如图 2-8c所示。

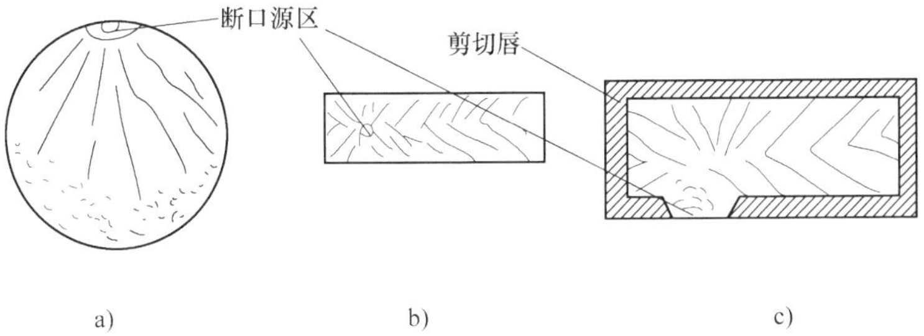

图 2-8　断口源区确定示意图

a）放射纹断口　b）人字纹断口　c）有剪切唇的断口

（5）断口处理　如果需要对断口作进一步的微观分析，应对断口进行清洗烘干。如果需要保存较长时间，可涂防锈油脂，存放在有干燥剂的密闭箱内。

（6）确定失效原因　确定零件的失效原因时，应对零件的材质，制造工艺，载荷状况，装配质量，使用年限，工作环境中的介质、温度，同类零件的使用情况等作详细的了解和分析，再结合断口的宏观特征和微观特征，作出准确的判断，确定断裂失效的主要原因和次要原因。

（7）确定防止失效对策　断裂失效的原因找出以后，防止断裂失效的对策可从以下几个方面考虑：

1）设计方面。设计零件结构时，应尽量减少应力集中。选择材料时应有针对性，不能认为高强度材料就是好材料，应根据环境介质、温度、负载性质作适当选择。

2）工艺方面。表面强化处理可大大提高零件的疲劳寿命。表面加适当的涂层可防止有害物质造成的脆性断裂。某些材料热处理时，在加热炉中充入保护气体可大大改善其性能。

3）安装使用方面。第一要正确安装，防止产生附加应力与振动。对重要零件，应防止碰伤、拉伤，因为每一个伤痕都可能成为一个断裂源。例如，不允许在矿井提升机提升钢丝绳上作任何标记，因为一个小的标记就可能造成断绳事故。第二应注意保护设备的运行环境，防止腐蚀性介质的侵蚀，防止零件各部分温差过大。第三应防止设备过载，严格遵循设备的操作规程。设备只允许空载起动的就不得负载起动，以防止过大的冲击载荷。

【任务考评】

过程考评	配　　分	考 评 内 容	考评实施人员
素质考评	12	生产纪律	专职教师和现场教师结合进行综合考评
	12	遵守生产规程情况、安全生产	
	12	团结协作情况、与现场工程人员交流情况	
实操考评	12	理论知识口述：零件断裂的类型、机理、断口特征、原因分析及防止措施。要求以上内容口述正确	
	12	任务实施过程注意观察和记录，注意教学过程的原始资料积累	
	12	手指、口述各零件断裂失效形式，对常用零件失效形式指认准确	
	12	完成本次工作任务，效果良好	
	16	按工作任务实施指导书完成学习总结，总结所反映出的工作任务完整，信息量大	

【思考与练习】

1. 断裂失效的类型有哪些？它们各有何特点？
2. 简述过载断裂的过程、机理、断口特征。
3. 简述疲劳断裂的过程、机理、断口特征。分析防止疲劳断裂的方法和措施。
4. 简述脆性断裂的过程、机理、断口特征。分析防止脆性断裂的方法和措施？
5. 简述现场断裂分析的方法和步骤。

课题二　机械零件的变形分析与防止

【任务描述】

本课题主要对零件变形失效的类型、机理等作简要介绍和分析。通过本课题的实施，使学生能够对现场变形失效有正确的分析和认识，能够针对失效零件采取相应的防止措施。

【知识学习】

机械零件在机械载荷或热载荷作用下，零件的尺寸或形态改变的现象称为变形。零件的变形分为弹性变形、塑性变形和翘曲变形。

判断零件是否变形失效可用刚度准则，满足不等式为不失效，否则为失效。

$$y \leq [y] \tag{2-1}$$

式中，y 为广义的变形量（弯曲量、扭转角等），由理论计算、实测、试验或工程估算而定；$[y]$ 为广义的许用变形量，根据不同条件，由计算法、类比法或试验法确定。

一、弹性变形及其防止

1. 弹性变形

弹性变形失效是在弹性范围内的失效，一般与零件的强度无关，是刚度问题。轴类零件弹性变形失效时，会使轴上零件工作失常及支承过载。对箱体类零件而言，会造成系统的振动。如果失效件的固有频率与载荷频率相等或成整数倍关系，则会引起共振而使设备无法工作。

2. 弹性变形的防止

防止弹性变形可从以下几方面考虑。

（1）结构因素　零件截面的结构对其刚度影响最大。在焊接构件上增加几根加强肋，其刚度就会大为改观。对型钢来说，在材料截面积相等的情况下，工字钢的刚度最大，槽钢次之，方形钢最小。如果载荷是扭转载荷，则环形截面优于实心截面。在支承件结构中，在材料截面面积相同的条件下，空心结构的刚度比实心结构好，封闭式结构的刚度大于开式结构的刚度，方形截面的抗弯刚度大于圆形截面的抗弯刚度。根据受力情况，选择好截面形状，能提高支承件的刚度。配置好加强肋板和加强肋，能显著地提高支承件的刚度。肋板连接了支承件的两壁，纵向肋板主要提高抗弯刚度，横向肋板主要提高抗扭刚度，斜向肋板兼有提高抗弯刚度和抗扭刚度的作用。肋条被制在支承件的内壁上，主要是为了提高局部刚度，减少局部变形和薄壁振动。肋条也有纵向、横向和斜向之分，如图 2-9 所示，口字形肋条最简单；纵横肋条直角相交容易制造，但容易产生内应力；三角形肋条能够保证足够的刚度；肋条交叉布置能提高刚度；蜂窝形肋条用于平板，由于各方面能均匀收缩，所以内应力小；井字形肋条单元壁板的抗弯刚度接近米字形肋条，但抗扭刚度是米字形肋条的 50%。米字形肋条铸造困难，所以一般铸铁件采用井字形肋条，焊接件采用米字形肋条。肋条的高度一般不得大于支承件壁厚的 5 倍，肋条的厚度一般是支承件壁厚的 70% ~80%。

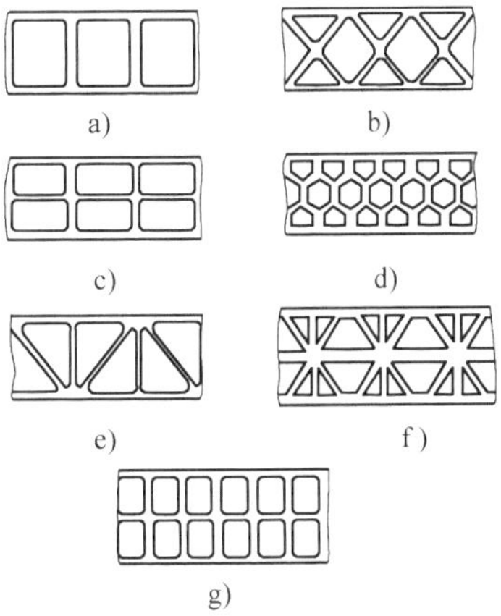

图 2-9　肋条形式

a）口字形肋条　b）肋条交叉　c）纵横肋条　d）蜂窝形肋条　e）三角形肋条　f）米字形肋条　g）井字形肋条

（2）弹性模量 E 的影响　材料的弹性模量 E 越大，则抗弹性变形的能力越强。

（3）温度的影响　在通常情况下，弹性变形量与温度成正比，因为温度升高时，弹性

模量 E 也随着降低。但温度过高时，材料屈服强度降低，在载荷作用下，材料会发生显著的塑性变形。

二、塑性变形及其防止

塑性变形是指外力去除后不能恢复的变形。当零件在宏观上出现了明显的塑性变形，并超过了允许值时，即为塑性变形失效。塑性变形的产生可由弹性变形的塑性积累、恒定应力长期作用的蠕变、不均匀应力、温度变化等产生。

1. 塑性变形的类型

（1）体积变形　金属在温度变化过程中，由于金相组织转变引起的质量热容变化，导致零件体积变化。

（2）翘曲变形　指零件翘曲或歪扭的塑性变形。多发生在细长轴类、薄板类和套类等结构复杂零件。

（3）实效变形　由应力变化引起的变形。

2. 塑性变形的特点

机械零件发生塑性变形后具有以下特点：

1）引起材料组织结构和性能的变化，使金属产生加工硬化现象，塑性、韧性下降。

2）由于材料各晶粒内部变形不均匀，外力去除后晶粒的弹性恢复也不一样，因而有应力产生。

3）塑性变形使原子活动能力提高，造成金属的耐蚀性下降。

3. 塑性变形的防止

为防止或减小塑性变形，减轻其对零件的危害，可从以下几方面考虑：

（1）合理选择零件材料　合理选择零件材料，避免材质缺陷，是防止塑性变形的有效方法。材质缺陷主要是指因热处理不良造成的组织缺陷。对合金结构钢，淬火温度过高或过低，都不能获得所需的力学性能。加热不均匀也会造成铁素体组织与马氏体组织共存的现象。

（2）合理设计零件结构和有效尺寸　零件结构简洁、尺寸变化平滑，尽量避免应力集中；合理地设计零件精度；充分考虑设备载荷、速度和工作温度，确保零件在制造、装配和使用中各种因素的影响。

（3）正确安装、使用和维护　设备要合理安装，使设备零件受力均匀，运转平稳；设备操作符合规范，严格控制设备载荷；设备检修时零件的拆装、存放、修配等方法正确合理。

【任务实施】

1. 任务实施前的准备

做好班前安全教育，使学生具有安全生产意识和相关安全生产知识。

2. 知识要求

1）能够说出零件变形失效的类型及特点。

2）能够说出变形失效的防止措施。

3. 矿山机械设备零件变形失效分析及防止

变形失效分析过程如下：

1）分析的目标。找出零件不能正常工作的原因，确定变形失效的类型及主导原因。

2）变形失效件失效状态调查。通过对变形失效零件的材料、热处理、受力状态、环境条件等进行分析，查找导致变形的主要原因。

3）零件材料显微组织等细节分析。

4）结论。通过分析确定导致零件变形失效的主要原因。

5）对策。针对导致零件变形失效的主要原因，采取相应措施防止零件变形。

【任务考评】

过程考评	配　分	考评内容	考评实施人员
素质考评	12	生产纪律	专职教师和现场教师结合进行综合考评
	12	遵守生产规程情况、安全生产	
	12	团结协作情况、与现场工程人员交流情况	
实操考评	12	理论知识口述：零件变形失效的类型、原因、防止措施	
	12	工具使用或任务实施过程正确	
	12	手指、口述：变形类型正确，原因分析正确	
	12	完成本次工作任务，效果良好	
	16	按工作任务实施指导书完成学习总结，总结所反映出的工作任务完整、信息量大	

【思考与练习】

1. 变形失效的类型有哪些？各有何特点？
2. 简述变形失效的过程、机理。
3. 简述防止各种变形失效的方法和措施。
4. 简述变形失效现场分析的方法和步骤。

第三单元

机械零件的腐蚀与防腐

【学习目标】

本单元由机械零件的腐蚀分析和机械零件的防腐两个课题组成。通过本单元的学习，学生应能够说出金属零件腐蚀的基本原理和常见形式，对零件腐蚀失效的危害有较深刻的认识；通过矿井现场教学机械设备零件或构件的防腐知识，认识、掌握常用防腐方法及措施。

课题一　机械零件的腐蚀分析

【任务描述】

本课题主要对机械设备零件的腐蚀原理及主要形式作简要介绍，通过本课题的实施，使学生明确金属机件的腐蚀原理，对腐蚀形式有明确的认识，为金属机件的防腐打下知识基础。

【知识学习】

金属零件在某些特定的环境中会发生化学反应与电化学反应，造成表面材料损耗、表面质量破坏、内部晶体结构损伤，最终导致零件失效，这一过程称为腐蚀失效。金属腐蚀给人类带来的损失是巨大的。所以研究腐蚀失效，进行有效防护，对安全生产和经济建设都有着非常重要的意义。

一、金属的化学腐蚀与电化学腐蚀

1. 化学腐蚀

零件表面的金属材料与周围干燥气体或非电解质液体中的有害成分直接接触，发生化学反应造成金属零件的腐蚀称为化学腐蚀。与机械零件发生化学反应的有害物质主要是空气中的 O_2、H_2S、SO_2 等及润滑油中的某些腐蚀性物质。铁与氧的化学反应是最普遍的化学腐蚀，其反应式为

$$4Fe + 3O_2 \longrightarrow 2Fe_2O_3$$

$$3Fe + 2O_2 \longrightarrow Fe_3O_4$$

腐蚀产物 Fe_2O_3 或 Fe_3O_4 使零件表面形成一层覆盖膜，这层覆盖膜如果致密，会使化学反应逐渐减弱甚至终止；这层覆盖膜如果疏松，则化学反应就会持续进行，腐蚀将继续。

2. 电化学腐蚀

电化学腐蚀是具有电位差的两个金属极在电解质溶液中发生的，具有电荷流动特点的连续不断的化学腐蚀，是一种复杂的物理与化学腐蚀过程。

电解质溶液是存在于金属表面的电化学腐蚀介质，包括水、酸碱盐物质的水溶液，熔化状态的盐液等。一般来说，金属零件表面如果没有得到专门的保护，空气中的水分就会吸附在零件上形成电解质溶液。电解质溶液中含有的极性分子在电场力的作用下可以分解为阳离子与阴离子

$$H_2O \longrightarrow H^+ + OH^-$$

$$HCl \longrightarrow H^+ + Cl^-$$

H_2O 与 HCl 都是极性分子，但 HCl 的离子化趋势比 H_2O 强得多，其离子对金属的腐蚀也就更强。

（1）腐蚀电池原理　当具有电位差的两个金属紧靠在一起并处于电解质溶液中时，就构成了所谓的腐蚀电池。腐蚀电池的原理如图 3-1 所示，在 H_2SO_4 电解质溶液中插入两个紧靠在一起的锌板与铜板，由于锌板表面锌离子活跃易逸出与硫酸根结合，锌板内就存在多余的自由电子成为低电位的一极，自由电子会迅速流向电位较高的铜板，再由铜板释放到电解液中。低电位的锌板在电解液中释放出来的是金属阳离子，称为阳极；较高电位的铜板在电解液中释放出来的是金属阴离子，称为阴极。在阳极锌板表面发生腐蚀

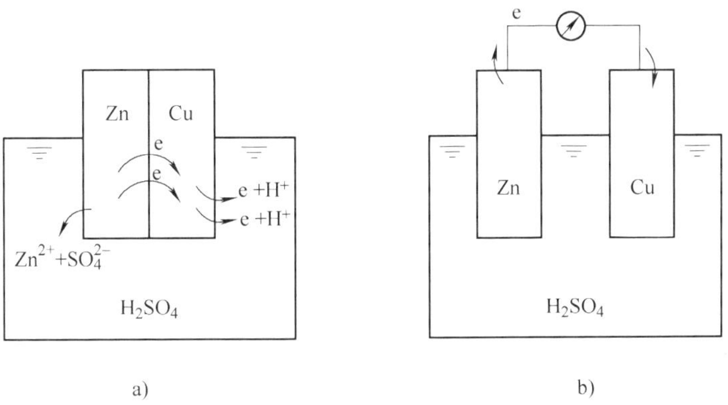

图 3-1　腐蚀电池原理
a）腐蚀过程　b）电池效应

$$Zn \longrightarrow Zn^{2+} + 2e$$

$$Zn^{2+} + SO_4^{2-} \longrightarrow ZnSO_4$$

在阴极铜板表面因为得到锌板上的自由电子，不形成铜离子而受到保护，铜板上得到的自由电子释放到电解质溶液中，使电解质溶液中的 H^+ 还原

$$2H^+ + 2e \longrightarrow H_2\uparrow$$

上述电化学腐蚀过程与电池原理完全相同，正是因为两极之间有电荷流动，才使腐蚀过程得以持续进行，电流越大腐蚀越强，以电池的形态腐蚀是电化学腐蚀的最大特点。金属发

生电化学腐蚀的基本条件是：存在电位不同的两种金属，有电解质溶液存在，腐蚀区电流可以自由流动。

（2）宏电池与微电池　能够用肉眼分辨两极的电池称为宏电池。当金属零件表面上相邻的两个微观区域存在电位差且零件表面存在电解质溶液时，电化学腐蚀同样可以在这两个微观区域表面进行，这种电池称为微电池或局部电池。如晶体与晶界可以构成两极，使晶界（低电位极）受到腐蚀；微裂纹壁面与周围组织可以构成两极，使裂纹遭受腐蚀而扩展；表面不同合金元素可以构成两极，使其中的一极受到腐蚀等。宏电池与微电池的腐蚀原理是完全一样的，微电池在金属零件的腐蚀中更普遍。

实际的金属零件的腐蚀是化学腐蚀与电化学腐蚀共同作用的结果。

二、腐蚀失效的主要形式

1. 均匀腐蚀

在被腐蚀的金属零件或构件表面形成均匀腐蚀组织的腐蚀称为均匀腐蚀。均匀腐蚀可在液体、大气或土壤中产生。机械设备最常见的均匀腐蚀是大气腐蚀。工业区大气中含有较多的 CO_2、SO_2、H_2S、NO_2 和 Cl_2 等腐蚀性气体，特别是 SO_2 会被氧化为 SO_3，然后与空气中的水作用生成 H_2SO_4，被吸附在零件表面引起强烈的电化学腐蚀。另外，空气中含有酸、碱、盐类微粒的灰尘，粘附在金属零件表面吸收空气的水分后形成电解液会造成零件表面均匀腐蚀。

2. 小孔腐蚀

金属零件表面的腐蚀集中在局部，出现腐蚀小孔并向深处发展的腐蚀现象称为小孔腐蚀。当金属零件表面局部凝聚电解液或金属表面防腐层局部遭到破坏时，就会产生小孔腐蚀。小孔腐蚀与均匀腐蚀共同发生时，小孔腐蚀穴易被均匀腐蚀产生的疏松组织所掩盖，加之小孔腐蚀直径很小但深度可以贯穿零件大部，直到事故发生后才能发现小孔腐蚀的破坏性。所以小孔腐蚀在发展过程中不易检测与发现，是最危险的腐蚀形式之一。

3. 缝隙腐蚀

金属零件缝隙中进入腐蚀介质，往往处于常留状态，引发缝隙处的局部腐蚀。如果腐蚀介质是水，则水会溶解空气中的氧，缝隙外的水氧含量高，而缝隙内的水氧含量低。由于缝隙内外电解液浓度不一样，就使得这两个区域的金属出现电位差，形成所谓的“浓差电池”，如图 3-2 所示。缝隙外为阴极逸出电子，缝隙内为阳极出现铁离子而在水中被腐蚀，腐蚀产物 $Fe(OH)_2$、$Fe(OH)_3$ 即是铁锈。反应过程为

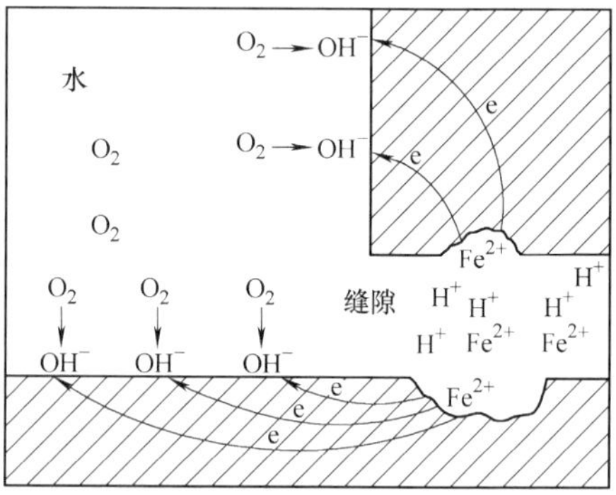

图 3-2　铁的缝隙腐蚀

$$O_2 + 2H_2O + 4e \longrightarrow 4OH^-$$

$$2OH^- + Fe^{2+} \longrightarrow Fe(OH)_2$$

$$4Fe(OH)_2 + O_2 + 2H_2O \longrightarrow 4Fe(OH)_3$$

4. 晶间腐蚀

晶间腐蚀是晶界及晶界附近组织与晶粒之间通过微电池的形式发生的电化学腐蚀，这种腐蚀具有隐蔽性，腐蚀发生后没有明显的宏观形貌特征。晶间腐蚀使金属的力学性能下降，

严重时可使机械零件突然脆断而酿成事故。

金属结晶时，晶界处的原子排列得较疏松且紊乱，因而晶界区域容易聚集杂质原子而形成晶界沉淀。如不锈钢的晶间腐蚀，常常因为碳化铬在晶界析出，使晶界成为阳极、晶粒成为阴极，接触电解质溶液后形成异类电池，使晶界严重腐蚀。如果腐蚀产物为可溶性金属盐类，晶界腐蚀就会不断向零件内部发展，削弱金属机件的强度而导致腐蚀性脆断。当金属机件本身受有较大应力时，断裂的速度就会大大加快，这一过程称为应力腐蚀开裂。容易发生晶间腐蚀的材料主要有不锈钢、镍合金、铝镁合金及钛合金等。

5. 氢损伤

大多数电化学腐蚀都会电离出氢离子，析出氢分子。氢的渗透与扩散能力极强，当它沿晶界进入金属内部以后，会产生氢脆效应而发生氢脆致断。

6. 腐蚀疲劳

承受较低交变应力的金属机件在腐蚀环境下发生的断裂破坏称为腐蚀疲劳或腐蚀疲劳断裂。当机件表面在交变应力作用下出现挤出峰与挤入槽时腐蚀介质会乘虚而入，在这些微观部位出现化学腐蚀与电化学腐蚀。腐蚀加速了裂纹源的形成，加快了裂纹的扩展速度，也在一定程度上损坏了金属组织，最终导致机件瞬间断裂。发生腐蚀疲劳机件的寿命比机械疲劳机件的寿命小很多，介质的腐蚀性越强、温度越高，腐蚀作用越强，产生腐蚀疲劳机件的寿命越短。在腐蚀疲劳的断口上，疲劳源区有严重的腐蚀锈斑等痕迹，疲劳裂纹扩展区因受到腐蚀而失去光泽，终断区的腐蚀比较轻微。不具有耐蚀性的材料都可能发生腐蚀疲劳。

7. 腐蚀磨损

腐蚀磨损是指在腐蚀性介质中工作的摩擦副受到腐蚀与摩擦的综合作用所造成的表面磨损。腐蚀介质侵蚀摩擦表面形成腐蚀产物，在摩擦过程中腐蚀物脱落露出新的金属表面，而又被迅速腐蚀生成新的腐蚀层，如此反复，表层不断磨损。在腐蚀磨损的过程中腐蚀与磨损交互作用，使摩擦副磨损加快。

（1）腐蚀对磨损的影响　在腐蚀磨损过程中，腐蚀会使材料的力学性能受到影响，降低材料的耐磨性。如果发生晶间腐蚀导致表层材料变脆，则在磨损过程中容易碎裂。碎裂脱落的颗粒和腐蚀产物成为磨料，加速了磨损过程。

（2）磨损对腐蚀的影响　摩擦副表面磨损使表面氧化膜破坏，局部露出新的金属，加上温度效应、变形效应、电极效应使腐蚀速度剧增。摩擦表面与非摩擦表面相比，腐蚀速度可增加2～4个数量级，最大可达6～8个数量级。大多数耐蚀金属之所以能抵抗腐蚀，是因为其表层具有一层致密氧化膜的钝化作用，将腐蚀介质与金属表面隔离开。但在腐蚀磨损过程中，最耐蚀的表面钝化膜会受到不同程度的破坏，使金属暴露出来而不断受到介质的腐蚀。机械设备摩擦副间的腐蚀性介质可来自空气中的有害成分、环境中的腐蚀性液体、变质的润滑油等，因此应重视对设备的环境保护和日常保养。

【任务实施】

1. 任务实施前的准备

做好班前安全教育，使学生具有安全生产意识和相关安全生产知识。

2. 知识要求

1）能够说出机件腐蚀原理。

2）能够说出机件主要腐蚀形式、特点及危害。

3. 机械设备零件腐蚀失效分析

1）针对现场腐蚀零件的腐蚀现象，分析腐蚀原因，确定主要腐蚀原因。

2）通过对零件工作环境、结构等进行分析，确定零件腐蚀的机理和危害。

3）通过对现场各种腐蚀零件的分析，对零件的腐蚀失效有较充分的认识和理解。

【任务考评】

过程考评	配　分	考评内容	考评实施人员
素质考评	12	生产纪律	专职教师和现场教师结合进行综合考评
	12	遵守生产规程情况、安全生产	
	12	团结协作情况、与现场工程人员交流情况	
实操考评	12	理论知识口述：腐蚀原理、腐蚀形式及特点	
	12	任务实施过程注意观察和记录，注意教学过程的原始资料积累	
	12	手指、口述各零件腐蚀失效形式，对常用件腐蚀失效形式指认准确	
	12	完成本次工作任务，效果良好	
	16	按工作任务实施指导书完成学习总结，总结所反映出的工作任务完整、信息量大	

【思考与练习】

1. 简述化学腐蚀的原理。
2. 简述电化学腐蚀的原理。
3. 简述腐蚀失效的形式、机理和特点。

课题二　机械零件的防腐

【任务描述】

为了防止或减缓金属机件的腐蚀失效，在设备维修过程中需要采取经济实用的防腐措施。防腐措施很多，应针对零件工作环境、介质性质、结构特点、材料性质等因素，采用适当的方法，达到防腐效果。

【知识学习】

一、防腐蚀结构

设计和使用机械零件或构件时，应根据零件工作环境等情况，从防腐角度适当考虑来取得预期效果。防腐蚀结构可从以下几个方面考虑：

1）应防止电位差很大的金属零件互相接触，否则容易产生电化学腐蚀。例如，铝镁合金不应和铜镍钢铁等材料接触，如必须接触，则须用绝缘材料隔开以阻断腐蚀电流。

2）钢结构中不应有积液、积尘结构，对不可避免的沟槽应有排泄孔，以随时清除腐蚀性介质。

3）尽量不用铆接结构、单面焊接结构和断续焊接结构，以防产生缝隙腐蚀。

4）输送腐蚀性介质的管道应尽量防止流速、压力的突变，防止产生涡流，以防产生局部腐蚀和气蚀。

5）某些防腐涂层如果容易破裂，可不涂保护层，因为小孔腐蚀的危害大于均匀而缓慢的全面腐蚀。

二、表面覆盖防腐

所谓表面覆盖防腐就是在需要保护的零件表面覆盖耐蚀非金属层、金属层、化学或电化学钝化层等，使金属表面与周围腐蚀介质隔离，以达到金属机件的防腐目的。

1. 表面覆盖非金属层

常用的非金属保护层材料有油漆、塑料、橡胶、沥青、搪瓷、玻璃、玻璃钢等，工艺方法有刷涂、喷涂、粘贴、压贴、缠绕等。

2. 表面覆盖金属层

通过电镀、热喷漆、热镀等方法，可以将耐蚀性较好的金属结合在需要保护的零件表面，形成防腐的金属膜或金属层。用电镀的方法可以镀锌、镀铬、镀镍、镀铜及其他合金。热喷涂几乎可以喷涂所有的材料。

3. 表面氧化与磷化

表层氧化又称发蓝处理，与磷化处理均是采用化学处理的方法使金属表面形成保护性氧化膜，其优点是设备简单、易操作。

（1）氧化处理　钢铁零件的氧化处理通常是在苛性钠（约650g/L）及氧化剂硝酸钠、硝酸钠的沸腾溶液中进行，其处理温度为135～145℃。表面经这种处理后生成一层黑色的氧化膜，主要成分是微小的Fe_3O_4晶体颗粒，其厚度为0.6～0.8μm。这种氧化膜的硬度低，抗磨蚀性差，耐蚀性较弱，通常用于较干燥的大气中。

（2）磷化处理　将钢铁零件置于96～98℃的磷酸锰盐溶液中，经35～50min的处理，能在零件表面形成一层磷酸盐膜，呈暗灰色，有极细的结晶构造，厚度为7～50μm，有良好的耐蚀性和电绝缘性，可耐600℃的高温，在大气或水中均能起到有效保护作用，在酸碱溶液中会遭到破坏。

三、缓蚀剂防腐

在腐蚀介质中加少量能消除或降低介质对金属腐蚀的某些物质，这些物质就叫做缓蚀剂。缓蚀剂防腐主要适用于静态或循环介质系统、如循环冷却系统、蒸汽锅炉、化工容器等。

1. 无机缓蚀剂

无机缓蚀剂分氧化型和非氧化型两种。氧化型缓蚀剂在介质中无氧存在时也能起缓蚀作用，如硝酸钠、铬酸盐等；非氧化型缓蚀剂在介质中无氧时不能起缓蚀作用，如硅酸盐、磷酸盐等。无机缓蚀剂的保护机理是使介质中的金属表面生成一层致密的钝化膜，从而阻止介质对金属表面的腐蚀。

2. 有机缓蚀剂

常见的有机缓蚀剂有氨与甲醛聚合而成的化合物乌洛托品、二甲苯基硫脲、炔醇类化合物等。有机缓蚀剂的保护机理是缓蚀剂在金属表面通过物理吸附与化学吸附，形成连续的吸附层，将介质与金属隔离。

在使用缓蚀剂防腐时，应特别注意其类型、浓度及有效时间。特别是氧化型缓蚀剂，如果用量不足，则金属表面不能生成完整的钝化膜，反而会使腐蚀加速。

四、电化学保护

由电化学腐蚀原理可知，在电化学腐蚀过程中，低电位的阳极金属表层出现阳离子受到腐蚀，高电位的阴极吸收了自由电子而受到保护。电化学保护就是利用这一原理来实现对金属的保护的。

1. 阴极保护

阴极保护是使被保护对象成为阴极，通过外加一个阳极来达到保护的目的。这种方法广泛应用于各种地下金属管道、海水与淡水中的金属设备、工业冷凝器与热交换器等。

（1）牺牲一个阳极的阴极保护　这种方法也称为护屏保护，其原理如图 3-3 所示。图中 A 与 B 是发生电化学腐蚀的两个极，是要保护的对象，C 是加入的第三极。第三极的金属离子要更活跃、更容易被电解液腐蚀，电位比 A、B 两极电位要更低，连成图示的回路后，其电子同时向 A、B 转移，使 A、B 同时成为阴极而受到保护。

潮湿环境或腐蚀介质中的钢结构与锌板连接，使锌板与钢结构件面积比为 1/150 ~ 1/1000，这样就可使重要的钢结构免遭腐蚀。锌板腐蚀后要适时补充或更换。

（2）利用外加电流的阴极保护　这种方法是把需要保护的金属构件用导线连接在外加电源的负极，把另一辅助极接到电源的正极，如图 3-4 所示。图中 A 是被保护的钢结构件，B 是直流电源，C 是外加阳极。由于大量电子输送给钢结构件，作为阴极而受到保护。这种方法适用于介质具有良好导电性的条件，外加阳极的材料可以用废钢。

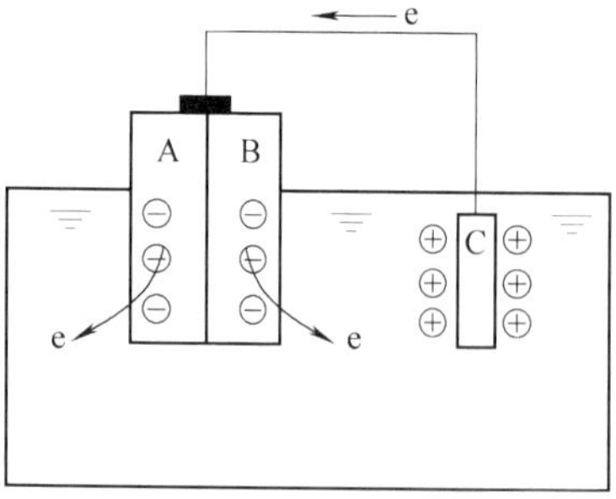

图 3-3　牺牲阳极的阴极保护原理图

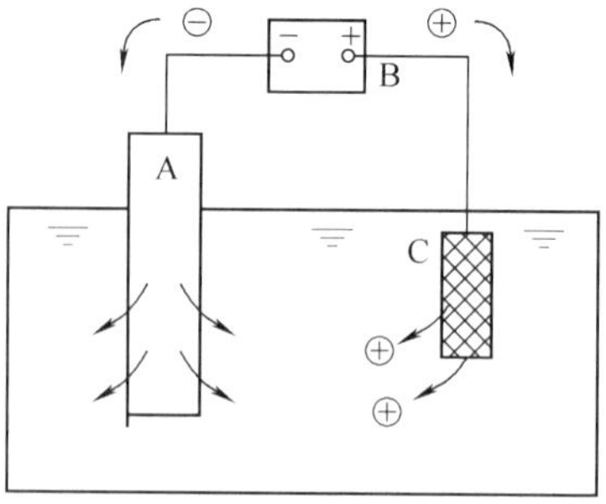

图 3-4　外加电流的阴极保护原理图

2. 阳极保护

将图 3-4 中的电源反接，被保护的金属钢构件作为阳极，当阳极电位足够高时，要保护的钢铁表面即生成均匀的 $Fe(OH)_3$或 Fe_2O_3腐蚀层而使钢构件隔离开腐蚀介质，这就是钝化过程。只有在阳极电流作用下能建立钝化层的金属才适合采用阳极保护。实践证明，碳钢、不锈钢制件在硫酸、磷酸、有机酸等氧化性介质中工作时采用阳极保护效果较好。

【任务实施】

1. 任务实施前的准备

做好班前安全教育，使学生具有安全生产意识和相关安全生产知识。

2. 知识要求

能够说出不同条件下零件的防腐措施。

3. 矿山机械设备零件防腐工作任务实施

1）明确防腐蚀结构可从哪几个方面考虑。

2）调研矿山机械零件和结构件中，最常用的表面覆盖措施及覆盖材料。

3）现场调研缓蚀剂防腐的应用，了解其应用条件、场合及防腐效果。

4）调研矿山现场电化学防腐的应用实例。

5）汇总并分析矿山现场各类金属机件的防腐措施及特点，调研防腐效果。

【任务考评】

过程考评	配　分	考评内容	考评实施人员
素质考评	12	生产纪律	专职教师和现场教师结合进行综合考评
	12	遵守生产规程情况、安全生产	
	12	团结协作情况、与现场工程人员交流情况	
实操考评	12	理论知识口述：金属机件的防腐措施	
	12	任务实施过程注意观察和记录，注意教学过程的原始资料积累	
	12	手指、口述各零件防腐措施及特点，了解防腐效果	
	12	完成本次工作任务，效果良好	
	16	按工作任务实施指导书完成学习总结，总结所反映出的工作任务完整、信息量大	

【思考与练习】

1. 从机件结构考虑如何进行防腐？
2. 覆盖表面防腐方法有哪些？
3. 简述电化学防腐的方法及原理。

第四单元

机械设备故障诊断

【学习目标】

本单元由机械设备故障的简易诊断与实施、机械设备故障的振动诊断与实施、机械设备故障的温度诊断与实施、油样分析技术及应用、无损探伤技术及其应用和转子现场平衡技术六个课题组成。通过本单元的学习，学生应能够说出上述诊断方法的基本诊断原理、诊断范围及应用场合；在教学矿井现场能够明确各类诊断方法的应用及诊断过程。

课题一　机械设备故障的简易诊断与实施

【任务描述】

简易诊断是靠人的感官功能，作经验性和粗略性的定性诊断。本课题主要对机械零部件简易诊断方法作间接性地分析介绍，使学生对简易诊断方法有一定的认识和了解，通过现场工作任务实施，基本掌握简易诊断方法在矿山机械设备诊断中的应用。

【知识学习】

一、机械设备故障诊断的内容和方法

1. 机械设备故障诊断的内容

机械设备故障诊断技术的实质是了解和掌握设备在运行过程中的状态，评价或预测机械设备的可靠性，早期发现故障，并对其原因、部位、危险程度等进行识别和评价，据此决定修理方法。机械设备故障诊断的内容如下：

（1）机械设备运行状态的监测　机械设备运行状态的监测就是根据机械设备运行时产生的信息判断设备运行是否正常，以及早发现设备故障。

（2）机械设备运行状态趋势预测　在机械设备状态监测的基础上，进一步预测机械设备运行状态的发展趋势，来预知机械设备劣化的速度，以便安排维修计划等。

（3）机械设备故障类型、程度、部位、原因等的确定　在状态监测的基础上，确认机械设备故障的类型、部位等，为修理决策提供依据。

2. 机械设备故障诊断的基本方法

机械设备故障诊断的基本方法有直接观察法、振动噪声测定法、无损检测法、磨损残余

物测定法、力学性能参数测定法等。

二、简易诊断方法

简易诊断法就是利用人的“看、听、摸、嗅”感官功能或再借助简单的仪器和简单的工具对机械设备运行状态进行检测和诊断的过程。由于主要依靠人的感觉和经验，该方法有较大的局限性，但人的感官监测技术具有经济、直接、快速的特点，所以简易诊断有着重要的现实意义。

1. 听诊法

在机械设备正常运转时，不可避免地会发出不同的声响，这些声响有一定的内在规律性和发展变化趋势。如果熟悉和掌握这些规律及发展变化趋势，通过人的听觉功能就能对比出机械设备是否出现了重、杂、怪、乱的异常噪声，从而判断机械设备内部可能出现的松动、润滑不良、撞击、不平衡等隐患。对单个零件可通过锤子敲打，听其所发出的声音来判断是否有裂纹等产生。

2. 触测法

用人手的触摸可感觉判断机械设备相关部位的温度、振动，通过人手的晃动可以判断机械设备零件间的间隙大小及变化情况。

人手的触觉对温度比较敏感，可以比较准确地分辨出80℃以内的温度。当机件温度在0℃左右时手感冰凉，若触摸时间较长会产生冰冷的刺痛感。10℃左右时手感较凉，无刺痛的冰冷感觉，能够忍受。20℃左右时手感稍凉，持续接触可随手的温暖而感觉渐温。30℃左右时手感微温且有舒适感。40℃左右时手感较热且舒适。50℃左右时手感较烫，用掌心按的时间较长，会略有汗感。60℃左右时手感很烫，一般可忍受10s长的时间。70℃左右时，手感烫且有痛感，只能忍受3s长的时间，手的触摸处会很快变红。触摸时，应以较快的手法试触后再作较精确的测温触测，以估计机件的温升情况。切忌在80℃以上的温度下采用触测法，以免烫伤。

零件间的间隙可通过晃动的方法来检查判断，采用晃动机件的方法可以感觉出0.1～0.3mm的间隙大小。

用手触摸机械设备可以感觉振动的强弱及其变化，感觉是否产生冲击，感觉相对运动件的爬行情况。

3. 观察法

观察法是利用人的视觉，观察机械设备系统及其相关部分的外在现象，并通过其外在的现象进行故障诊断。通过人的直接观察可以判断机械设备机件有无松动、裂纹及其他损伤等；检查判断润滑是否正常，有无干摩擦和润滑油的跑、冒、滴、漏等现象；查看油箱沉积物中金属磨粒的多少、大小及特点，以判断运动副或相关机件的磨损情况；监测机械设备运行是否正常；查看机械设备上安装的各种反映设备工作状态的仪表，了解数据的变化情况，判断机械设备的工作状况；通过测量工具的直接测量检测产品质量。

各种简易诊断方法及现象、数据等不是孤立的，应将所得到的各类信息汇总分析，综合判断机械设备是否存在故障及故障部位、程度及原因等，从而对机械设备的状态作出评估。

三、简易诊断法的应用

1. 滚动轴承的简易诊断

（1）用听诊法对滚动轴承进行监测　用听诊法对滚动轴承工作状态进行监测的常用工

具是木柄长螺钉旋具，也可以使用适合的硬塑料管，如果使用电子听诊器，则更有利于提高监测的可靠性。

滚动轴承正常工作状态的声响特点是运转平稳、轻快，无停滞现象，发出的声响和悦而无杂音，听到是均匀而连续的“哗哗”声或较低的“轰轰”声，总体噪声强度不大。

滚动轴承出现异常时，运转中一定会伴随有异常声响，通过听诊法可正确、快速判断出故障现象。

1）轴承发出均匀而连续的“咝咝”声。这种声音由滚动体在内、外圈中旋转而产生，含有与转速无关的不规则的金属振动声响，一般表现为轴承润滑材料量不足。设备停机时间过长，特别是在冬季低温情况下，轴承运转中有时会发出“咝咝沙沙”的声音，这与轴承径向间隙变小且润滑脂工作针入度小有关。此时应及时调整轴承间隙，更换针入度大的润滑脂。

2）轴承在连续的“哗哗”声中发出均匀的周期性“嗬啰”声。这种声音是由于滚动体和内外圈滚道出现伤痕、沟槽、锈蚀斑而引起的，声响的周期与轴承的转速成正比。此时应及时更换轴承。

3）轴承发出不连续的“哽哽”声。这种声音是由保持架或内、外圈破裂引起的。此时须立即停机更换轴承。

4）轴承发出不规律、不均匀的“嚓嚓”声。这种声音是由轴承内落入铁屑、砂粒等杂质引起的。此时应及时对轴承进行清洗，之后重新加脂或换油。

5）轴承发出连续而不规则的“啲啲”声。这种声音一般与轴承的内圈与轴配合过松或外圈与轴承孔配合过松有关系。声响强度较大时，应对轴承的配合关系进行检查，发现问题要及时修理。

6）轴承发出连续且刺耳的啸叫。发出这种声音的原因是轴承润滑不良或缺油造成干摩擦或由于滚动体局部接触过紧，轴承内、外圈配合过紧等情况所致。此时应及时检查轴承，针对问题正确处理。

（2）用温度测量法对滚动轴承进行监测　对于新安装或重新调整的滚动轴承，通过测温法，监测其在规定时间内的温升情况，可以判断轴承的安装与调整质量，尤其间隙过紧时会出现温升过高的现象。发现问题及时调整，有利于延长滚动轴承的使用寿命。

对长期正常运转的轴承，当出现温度升高现象时，一般问题已经相当严重且会迅速发展，造成轴承损坏故障。监测中如果发现轴承的温度超过 70～80℃，应立即停机检查。

2. 齿轮传动的简易诊断

（1）用直接观察法对齿轮进行监测

1）齿轮磨损状况的估计。通过测量间隔一段较长时间后的齿侧间隙及其增大情况，就可以确定被测齿轮的磨损程度。

如果监测对象为齿轮数较少的开式齿轮，可用塞尺直接测量齿轮的侧间隙数值，记录并比较监测间隙的增大速度。如果监测对象为齿轮数量较多的闭式齿轮，可以将主轴箱的输出轴固定，扳动输入轴由一个极限位到另一个极限位，其所反映的是齿轮侧间隙总和。可用千分表测量并折算出齿轮侧间隙总和的数值大小，然后按下面所述的方法估计齿轮磨损状况。

假设齿轮箱中有 n 级齿轮减速，转速比为 i_1、i_2、…、i_n。从输入轴到输出轴的各级齿轮因磨损产生的侧间隙，在被动齿轮固定扳动主动齿轮的条件下，所产生的角度值依次为 δ_1、δ_2、…、δ_n。则各级齿轮因磨损产生的侧间隙反映在输入轴或带轮上的总角度值为

$$\Delta = \delta_1 + \delta_2 i_1 + \cdots + \delta_n (i_1 i_2 \cdots i_{n-1}) \tag{4-1}$$

为了便于处理问题，在齿轮结构、材料及热处理条件相同的情况下，可以认为各级齿轮因磨损所产生的侧间隙角度值近似相同，所以有

$$\delta_n \approx \frac{\Delta}{1 + i_1 + i_1 i_2 + \cdots + (i_1 i_2 \cdots i_{n-1})} \tag{4-2}$$

上式估算的齿轮磨损量角度值是一个平均值，尽管与每个齿轮的实际情况相比有时误差较大，但对普通机械中的齿轮磨损状况进行基本估计具有简单可行、实用的特点。在估计齿轮的磨损状况时，可以先将输入轴处测量的各级齿轮侧间隙总和相对初始状态时的变化值换算成角度值，再根据上式进行近似计算，求出各级齿轮因磨损所产生的侧隙游移量角度平均值，通过对比就可以判断出磨损的发展速度。为了估计磨损层厚度，可根据主动齿轮节圆直径的大小，将侧隙游移量角度平均值换算成线性值，这样就可估计出齿轮副的磨损层厚度，然后根据速比大小，按比例进行分配就可估算出单个齿轮的磨损。

2）轮齿表面的检查。通过对齿轮轮齿表面的检查，可及时发现所出现的齿轮失效形式及其发展情况，从而采取合适的措施以防止突发性事故发生。

① 疲劳点蚀的形态特点。疲劳点蚀是闭式齿轮最为常见的齿面失效形式，主要发生在靠近节线处齿根侧的部位。它是由于齿面在交变接触应力的反复作用下，发生接触疲劳造成表层金属的剥落，形成麻点状破坏。

② 齿面粘着的形态特点。齿面粘着主要发生在高速或重载齿轮传动中。当轮齿在啮合处发生粘着现象的时候，沿滑动方向形成粘着后撕裂划伤的沟槽。轮齿间的相对滑动速度越大，越容易发生粘着现象，所以这种失效形式通常都出现在靠近齿顶的齿面部位。

③ 轮齿折断的形态特点。轮齿承受载荷时，齿根处的弯曲应力最大且有应力集中。反复承受载荷后，轮齿的齿根部位有时会产生疲劳裂纹，扩展后造成轮齿断裂。有时还会由于短期过载或受到过大的冲击载荷，而使轮齿突然发生断裂现象。

（2）用听诊法对齿轮进行监测　普通机械设备中正常运行的齿轮副一般在低速下无明显声响，随着转速增高会发出一定频率的轰鸣声，音色和悦纯正。由听诊法可以听到平稳的“哗哗”声，声响强度较低，没有异常噪声。

当轮齿严重均匀磨损时，轮齿的弯曲强度会明显下降。在相同工作情况下，必然使一对轮齿啮合与两对轮齿啮合之间的弯曲差增大，由于轮齿的弯曲增大，还会导致周节误差增大。这时如果通过听诊法进行监测，虽然仍然是平稳的“哗哗”声，但是与未磨损时的状况相比，声响强度增大，音色要清亮一些。

当齿轮出现疲劳点蚀、齿面粘着、轮齿折断等不均匀性缺陷时，齿轮产生的振动就会受到失效轮齿变形量发生变化的影响。通过听诊法就可明显听到在“哗哗”声中带有周期性的“嗬啰”声或“咯噔”声。

【任务实施】

1. 任务实施前的准备

做好班前安全教育，使学生具有安全生产意识和相关安全生产知识。

2. 知识准备

1）口述简易听诊法、触测法、观察法诊断方法和诊断内容。

2）能够说出滚动轴承采用听诊法、测温法的经验感受。

3）能够说出齿轮或齿轮减速箱简易诊断的内容、经验感受。

3. 煤矿机械设备中常见简易诊断方法工作任务实施

1）到教学矿井各运行车间和机修车间，与工人师傅一起对正常运转的滚动轴承进行简易诊断，明确正常运转轴承的听诊感受，记录并描述；与工人师傅一起对故障滚动轴承进行简易诊断，明确故障轴承听诊、外观观察诊断的经验感受，记录并描述。

2）与工人师傅一起对正常运转的齿轮或齿轮减速箱进行简易诊断，明确正常运转的齿轮和齿轮减速箱的听诊感受，记录并描述；与工人师傅一起对故障齿轮和齿轮减速箱进行简易诊断，明确故障齿轮和齿轮减速箱听诊、外观观察诊断的经验感受，记录并描述。

3）总结现场简易诊断工作任务实施的经验，形成经验感受。

【任务考评】

过程考评	配　　分	考 评 内 容	考评实施人员
素质考评	12	生产纪律	专职教师和现场教师结合进行综合考评
	12	遵守生产规程情况、安全生产	
	12	团结协作情况、与现场工程人员交流情况	
实操考评	12	理论知识口述：简易诊断方法及其应用范围，描述滚动轴承简易诊断的经验感受；描述齿轮和齿轮减速箱的简易诊断感受	
	12	任务实施过程中注意观察和记录，注意教学过程的原始资料积累	
	12	手指、口述简易诊断的经验感受	
	12	完成本次工作任务，效果良好	
	16	按工作任务实施指导书完成学习总结，总结所反映出的工作任务完整、信息量大	

【思考与练习】

1. 简易诊断方法有哪些？分别能够对哪些故障现象进行经验诊断？
2. 描述滚动轴承简易诊断的经验感受。
3. 描述齿轮和齿轮减速箱简易诊断的经验感受。
4. 总结矿山现场机械设备故障简易诊断的直接经验感受。

课题二　机械设备故障的振动诊断与实施

【任务描述】

机械设备运转时总是伴随着振动，当机械设备出现故障时，振动必然增强且性质会改变，振动信号中携带着大量有关机械设备运行的信号。本课题主要介绍振动诊断的信号测取、分析处理及典型零部件的振动诊断和分析方法，使学生对振动诊断方法有一定的了解和认识，通过现场工作任务实施，基本掌握振动诊断方法在矿山机械设备诊断中的应用。

【知识学习】

一、振动诊断技术概述

机械设备的作用是传递力和运动，机械设备的任何一个运动的零部件或与之相关联的零件出现故障，必然会破坏或打破机械运动的平稳性，在传递力的作用下产生振动或噪声，所以机械设备的运行总是产生一定的振动和噪声。机械设备处于完好状态运行时，其振动强度是在一定的允许范围内，遵循其内在的振动规律；当机械设备出现故障时，其振动强度必然增强，振动规律也会随故障而变化。因此，振动信号中携带着大量的机械设备运行状态信息，振动分析及测量在机械故障诊断中有着重要地位。通过测量并分析机械振动信号，可以在机械设备不解体的情况下，检测其工作状态和诊断机械故障的程度、部位等，从而实现预知维修。

振动诊断一般分为两个步骤：简易诊断和精密诊断。振动的简易诊断是测定总的振动强度，即测量机械振动参数（位移、速度和加速度）的幅值（如有效值、峰值等），将它与标准值或经验值比较，可初步判断机械有无故障。若有故障，则需进行精密诊断，进一步判明故障的原因、部位及危险程度等。

1. 机械振动类型

机械振动根据其在时间历程内的变化特征，分为周期振动、准周期振动、窄带随机振动、宽带随机振动和某些随机振动的组合；按振动的动力学特征分为自由振动、强迫振动和自激振动；按振动频率分为低频振动（<10Hz）、中频振动（<10~1000Hz）和高频振动（>1000Hz）。机械设备在实际运行中表现的周期信号往往淹没在随机振动信号中，设备故障程度加剧，随机振动的周期成分加强，从而整台设备的振动增大。从某种意义上讲，设备振动诊断的过程就是从随机信号中提取周期成分的过程。

2. 机械振动描述

构成一个确定的振动有三个基本要素，即振幅、频率和相位。简谐振动的函数式为

$$x(t)=A\sin\left(\frac{2\pi}{T}t+\varphi\right)=A\sin(2\pi ft+\varphi)=A\sin(\omega t+\varphi) \tag{4-3}$$

式中，A 为振幅，单位为 μm 或 mm；T 为振动周期，单位为 s；f 为振动的频率，单位为 Hz；ω 为振动的角频率，单位为 rad/s；φ 为振动的初相位，单位为 rad。

简谐振动的速度和加速度表达式为

$$v(t)=\frac{\mathrm{d}x(t)}{\mathrm{d}t}=A\omega\cos\left(\omega+\frac{\pi}{2}+\varphi\right) \tag{4-4}$$

$$a(t)=\frac{\mathrm{d}v(t)}{\mathrm{d}t}=-A\omega^2\sin(\omega t+\varphi)=A\sin(\omega t+\pi+\varphi) \tag{4-5}$$

二、振动信号的测取

1. 测量参数及测量传感器的选择

（1）测量参数的选择　测量参数的选择要能最敏感地反映设备故障。一般按下列原则

选用：低频振动（<10Hz）采用位移测量；中频振动（<10~1000Hz）采用速度测量；高频振动（>1000Hz）采用加速度测量。因为速度是反映振动强度的理想参数，所以对于大多数机械设备，最佳诊断参数是速度。

（2）测量传感器的选择　传感器的选择应根据安装要求、振幅范围、频率范围等合理选择。

对小振幅的振动（0.1g 左右）宜采用磁电式、伺服式传感器；一般大小的振幅（10g以下）采用各种传感器均可；较大振幅的振动（10~1000g 左右），可采用压电式加速度传感器；对更大振动或冲击振动，宜采用压电式传感器。

从被测对象的频率范围来核对传感器的固有频率，从静态到400Hz 可采用应变式、伺服式等传感器，0~3.5Hz 可采用应变式、涡流式等传感器，2~1000Hz 可采用磁电式传感器，0.03~20000Hz 或更高频率可采用压电式传感器。

2. 测量监测点的确定

确定测量监测点的数量及方向时应考虑的原则是：应为机械设备振动的敏感点，为距离机械设备核心部位最近的关键点，为容易产生劣化现象的易损点。测点采集的信号应能对设备状态作出全面的描述，应尽量避开高温、高湿等位置。

根据机械容易产生的异常情况来确定重点测量方向。从信号频段的角度考虑，对低频振动，应在水平和垂直两个方向同时进行测量，必要时还要在轴向进行测量；对高频振动，一般只需在一个方向进行测量。

3. 振动监测周期的确定

对不同种类的机械设备在不同的工况下其振动监测周期是不同的，通常有下述类型：

（1）定期巡检　每隔一定的时间对设备检测一次。运转速度高、大型的关键设备周期要短些；振动状态变化明显的设备检测周期要短些；新安装或新维修设备应检测至正常运行。

（2）随机点检　对一般不太重要设备，只在发现异常时进行检测。

（3）长期连续检测　对大型关键设备应进行在线检测，以及时掌握设备状态，发现问题及时报警以便采取措施。

三、振动信号的分析及应用

1. 幅值信号的分析及应用

信号的幅值是从总体上反映信号大小（即强弱）的特征参数。由于实测的机械设备振动往往是随机信号，因此用均值、方差、有效值等统计平均值来表示其幅值。

（1）信号幅值参数

1）平均值。表示振幅的平均值，用于描述信号的稳定分量，其表达式为

$$\bar{x} = \frac{1}{N}\sum_{i=1}^{N} x_i(t) \tag{4-6}$$

2）均方值、有效值。均方值与有效值用于描述振动信号的能量。

均方值为

$$X_{\mathrm{rms}}^2 = \frac{1}{N}\sum_{i=1}^{N} x_i^2(t) \tag{4-7}$$

有效值为

$$X_{\mathrm{rms}} = \sqrt{\frac{1}{N}\sum_{i=1}^{N} x_i^2(t)} \tag{4-8}$$

因为有效值描述振动信号的能量，且稳定性、重复性好，因而当这项指标超出正常值较多时，可以肯定机械存在故障隐患或故障。所以有效值是机械故障诊断系统中用于判别运转状态是否正常的重要指标。若有效值的物理参数是速度（mm/s），就成为用于判定机械状态等级的振动烈度指标。

3）峰值、峰值指标。通常峰值 X_p 是指振动波形的单峰最大值。由于它是一个不稳定参数，不同的时刻变动很大。因此，在机械故障诊断系统中采取如下方式，以提高峰值指标的稳定性：在一个信号样本的总长中找出绝对值最大的 10 个数，用这 10 个数的算术平均值作为峰值 X_p。

峰值指标为

$$I_p = \frac{X_p}{X_{rms}} \tag{4-9}$$

4）脉冲指标。脉冲指标为

$$C_f = \frac{X_p}{\bar{x}} \tag{4-10}$$

脉冲指标 C_f和峰值指标 I_p都是用来检测信号中是否存在冲击的统计指标。

5）裕度指标。裕度指标 C_e用于检测机械设备的磨损情况。裕度指标为

$$C_e = \frac{X_{rms}}{\bar{x}} \tag{4-11}$$

在不存在摩擦碰撞的情况下，即歪度指标变化不大的条件下，以加速度、速度为测量传感器的系统，其平均值反映了测量系统的温飘、时飘等参数变化。使用涡流传感器的故障诊断系统的平均值则与磨损量有关。

若歪度指标变化不大，有效值 X_{rms}与平均值的比值增大，则说明由于磨损导致间隙增大，因而振动的能量指标——有效值 X_{rms}比平均值增加快，其裕度指标 C_e也增大了。

6）歪度指标。歪度指标 C_w反映振动信号的非对称性。歪度指标为

$$C_w = \frac{\frac{1}{N}\sum_{i=1}^{N}(|x_i| - \bar{x})^3}{X_{rms}^3} \tag{4-12}$$

有急回特性的机械设备，由于存在着某一方向的摩擦或碰撞，造成振动波形的不对称，使歪度指标 C_w增大。

7）峭度指标。峭度指标 C_q反映振动信号中的冲击特征，峭度指标为

$$C_q = \frac{\frac{1}{N}\sum_{i=1}^{N}(|x_i| - \bar{x})^4}{X_{rms}^4} \tag{4-13}$$

峭度指标 C_q对信号中的冲击特征很敏感，正常情况下其值应该在 3 左右。如果这个值接近 4 或超过 4，则说明机械的运动状况中存在冲击性振动，一般情况下是间隙过大、滑动副表面存在破碎等原因造成的。

以上的各种时域统计特征指标在故障诊断中不能孤立地看，需要相互印证。同时，还要注意和历史数据进行比较，根据趋势曲线作出判别。

（2）状态判定标准的分类

1）绝对判定标准。绝对判定标准由某些权威机构颁布实施。由国家颁布的国家标准又称为法定标准，具有强制执行的法律效力。此外还有行业标准、国际标准和企业标准等。在使用这些标准时，必须按规定的适用范围和测定方法操作。

2）相对判定标准。相对判定标准是对同一设备，在同一部位定期测试，将某个时刻的正常值作为判定基准，而根据实测值与基准值的倍数，进行设备状态判定的方法。

3）类比判定标准。类比判定标准是多台同样设备在相同条件下运行时，通过对各设备的同一部位的测量值进行相互对比，来判定设备状态的方法。若某个设备运行时间不长或没有建立长期测量数据的基础，则对设备进行状态判定时，可以采用类比判定标准。

（3）振动判定标准应用　以下介绍几类有代表性的诊断标准，供现场诊断参考或查用。

1）旋转机械振动绝对判定标准。适应于旋转机械振动的标准有国际标准化组织颁布的ISO 2372、ISO 3945，见表4-1。支承基础分刚性与柔性两类，机械行业标准中规定：当支承系统的一阶固有频率低于机组主激振频率（指轴的转动频率）时，属于柔性基础；反之则属于刚性基础。

表4-1　机械振动诊断标准（摘自ISO 2372和ISO 3945）

<table>
<tr><td colspan="2">振动强度</td><td colspan="4">ISO 2372</td><td colspan="2">ISO 3945</td></tr>
<tr><td colspan="2" rowspan="2">速度有效值/（mm/s）</td><td colspan="4">分级范围</td><td rowspan="2">刚性基础</td><td rowspan="2">柔性基础</td></tr>
<tr><td>Ⅰ级</td><td>Ⅱ级</td><td>Ⅲ级</td><td>Ⅳ级</td></tr>
<tr><td>0.28</td><td></td><td rowspan="3">A</td><td rowspan="4">A</td><td rowspan="5">A</td><td rowspan="6">A</td><td rowspan="5">优</td><td rowspan="6">优</td></tr>
<tr><td>0.45</td><td>0.28</td></tr>
<tr><td>0.71</td><td>0.45</td></tr>
<tr><td>1.12</td><td>0.71</td><td rowspan="2">B</td></tr>
<tr><td>1.80</td><td>1.12</td><td rowspan="2">B</td></tr>
<tr><td>2.80</td><td>1.80</td><td rowspan="2">C</td><td rowspan="2">B</td><td rowspan="2">良</td></tr>
<tr><td>4.50</td><td>2.80</td><td rowspan="2">C</td><td rowspan="2">B</td><td rowspan="2">良</td></tr>
<tr><td>7.10</td><td>4.50</td><td rowspan="6">D</td><td rowspan="2">C</td><td rowspan="2">可</td></tr>
<tr><td>11.20</td><td>7.10</td><td rowspan="5">D</td><td rowspan="2">C</td><td rowspan="2">可</td></tr>
<tr><td>18</td><td>11.20</td><td rowspan="4">D</td><td rowspan="4">不可</td></tr>
<tr><td>28</td><td>18</td><td rowspan="3">D</td><td rowspan="3">不可</td></tr>
<tr><td>45</td><td>28</td></tr>
<tr><td>71</td><td>45</td></tr>
</table>

注：1. ISO 2372中，把诊断对象分为四个等级：Ⅰ级——小型机械，包括15kW以下的电动机等；Ⅱ级——中型机械，如15～75kW的电动机等；Ⅲ级——刚性安装的大型机械（600～12000 r/min）；Ⅳ级——柔性安装的大型机械（600～12000 r/min）。

2. A、B、C、D及优、良、可、不可代表对设备状态的评价等级，A为良好，B为允许，c为较差，D为不允许。

3. 采用ISO 2372时，要考虑被诊断设备的功率大小、基础形式、转速范围等约束条件；采用ISO 3945时，要考虑基础特性。

4. 标准ISO 2372和ISO 3945所采用的诊断参数均为速度有效值。

2）旋转机械振动相对判定标准。旋转机械振动相对判定标准见表4-2，电动机振动标准见表4-3。

3）往复机械振动标准。往复式机械振动标准见表4-4。

4）行业设备判断标准。表4-5所列为化工行业制定的几种设备振幅标准，供参考。

表 4-2　旋转机械振动诊断相对判定标准

振动频率/Hz	实测值与初值之比						
	1	2	3	4	5	6	7
≤1000（低频振动）	良好	注意			危险		
>1000（高频振动）	良好			注意			危险

注：1. 本标准的判断依据：①实际测量值与初值之比；②所测振动信号的频率范围。

2. 标准将设备状态的评判分为三个等级：良好、注意和危险。

表 4-3　电动机振动标准（摘自 ISO 2373）

质量等级	转速/(r/min)	允许最大 v_{rms}/(mm/s)（电动机中心高 H = 80 ~ 400mm）		
		$S \leqslant H \leqslant 132$mm	132mm < $H \leqslant 225$mm	225mm < $H \leqslant 400$mm
N（正常值）	600 ~ 3600	1. 8	2. 8	4. 5
H（良好值）	600 ~ 1800	0. 71	1. 12	1. 8
	1800 ~ 3600	1. 12	1. 8	2. 8
S（特佳级）	600 ~ 1800	0. 45	0. 71	1. 12
	1800 ~ 3600	0. 71	1. 12	1. 8

注：1. 本标准把电动机按其中心高度（H）分为三个类型，中心高度越大振动阈值越大。

2. 电动机状态判别分为三个等级：正常、良好和特佳。

3. 本标准是指电动机在空转（不带负荷）条件下的阈值。

表 4-4　往复式机械振动标准（摘自 GB/T 7777—2003）

压缩机类别	压缩机结构形式	振动烈度 v_{rms}/(mm/s) ≤
Ⅰ	对称平衡式	18. 0
Ⅱ	角度式(L 形、V 形、W 形、扇形、对置)	28. 0
Ⅲ	其他卧式	45. 0
Ⅳ	微型，无基础	45. 0
Ⅴ	移动式，直联便携式	71. 0

表 4-5　部分化工设备的振幅标准

序　号	设备类型	设备转速/(r/min)	允许位移全振幅/mm
1	活塞式压缩机基础振动	<200 200 ~ 400 >400	0. 25 0. 15 0. 10
2	螺杆式压缩机		0. 05
3	离心式通（鼓）风机	1000 1500 2000 2500 3000 4000	0. 12 0. 11 0. 10 0. 09 0. 06 0. 05
4	轴流式通风机		0. 15

（续）

序　　号	设 备 类 型	设备转速/(r/min)	允许位移全振幅/mm
5	柱塞泵	<200 200~400 >400	0.20 0.15 0.10
6	高速泵		0.03
7	潜水泵、金属耐蚀泵	<750 1500 3000	0.24 0.12 0.06
8	多级离心泵	1500 3000	0.09 0.06
9	齿轮减速机		0.08

注：1. 影响振动的因素除考虑设备转速外，少数机型还考虑了载荷的影响。这些标准适用于现场设备巡检或普查测试时参考。

2. 测量参数为位移全振幅（峰峰值）。

（4）类比判断标准　对数台机型相同、规格一致的设备，在相同的条件下对它们进行同等测量时，一般按下列标准判断：在低频段（≤1000Hz）测量，某台设备振动值大于其他大多数设备振动值的 1 倍以上时，判为异常；在高频段（>1000 Hz）实测振动值大于正常值的 2 倍以上时，判为异常。

在低频段测量，某台设备振动值大于其他设备的 2 倍以上，或高频段的振动测值大于其他设备 4 倍以上时，一般判为故障严重，应考虑停机修理。

（5）设备状态劣化趋势分析　设备诊断的实质就是识别设备运行状态。一类是在线故障监测诊断系统，它依靠复杂的测试分析系统对重要设备进行 24h 的连续监测分析；另一类是采用便携式仪器对设备进行定期的巡检，记录所测定的参数，根据时间历程的数据进行故障判断、劣化趋势分析。

这两类设备诊断模式都在使用过程中产生大量的具有时间序列特征的数据，是设备状态劣化趋势分析的基础。趋势分析属于预测技术，其目标是从过去和现在的已知情况出发，利用一定技术手段，去分析设备的正常、异常和故障三种状态，推测故障的发展过程，以便进行维修决策和过程控制。设备劣化趋势分析的作用：检查设备状态是否处于控制范围以内；观测设备状态的变化趋向或现实状况；预测设备状态发展到危险水平的时间；早期发现设备异常，及时采取对策；及时找出有问题的设备（提交精密诊断）。

2. 时域信号分析及应用

（1）概率密度函数　概率密度函数表示信号幅值落在指定区间内的概率。对于图 4-1a 所示的信号，$x(t)$ 值落在 $(x, x+\Delta x)$ 区间内的时间 T_x 为

$$T_x = \Delta t_1 + \Delta t_2 + \cdots + \Delta t_n = \sum_{i=1}^{n} \Delta t \tag{4-14}$$

当样本记录的观察时间 T 趋于无穷大时，T_x/T 的比值就是幅值落在 $(x, x+\Delta x)$ 区间内的概率，幅值概率密度函数 $p(x)$ 为

$$p(x) = \lim_{\Delta x \to 0} \frac{P[x < x(t) \leqslant x + \Delta x]}{\Delta x} \tag{4-15}$$

概率密度函数提供了信号沿幅值域分布的信息。如图 4-1b 所示，坐标 x 表示信号 $x(t)$ 值的大小，而阴影部分的面积则表示信号 $x(t)$ 的值落在 $(x, x+\Delta x)$ 区间内的概率，因而概率密度函数曲线与 x 轴所包围的面积是 1（即概率是 100%）。不同信号有不同的概率密度函数图形，可以借此识别信号的性质。图 4-2 所示是四种常见信号的概率密度函数图形。概率密度函数可以直接用于机械设备的故障诊断。图 4-3 所示是某机械设备变速箱的噪声分布规律。由图可见，新、旧两台变速箱的分布规律有着明显的差异，新设备的概率密度函数图形呈“窄而高”的形态，而旧设备的图形呈“宽而矮”的形态。显然，旧设备噪声的幅值大于新设备的幅值，当其幅值大到一定程度时就需要进行修理。

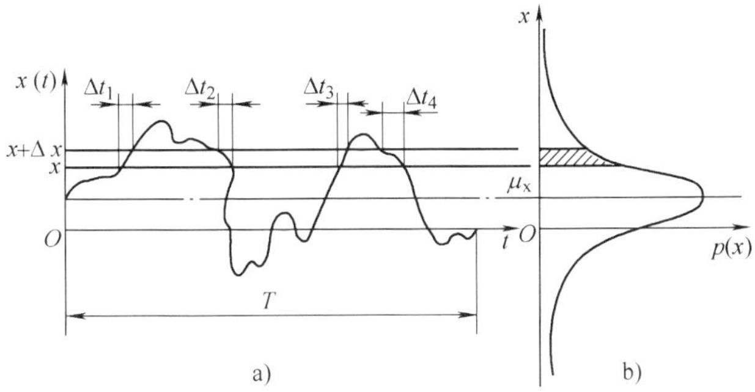

图 4-1　概率密度函数

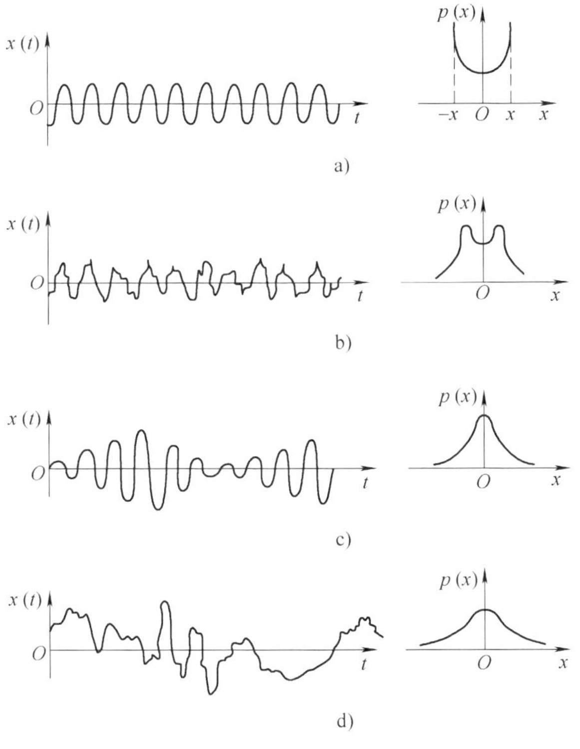

图 4-2　四种常见信号的概率密度函数
a）正弦信号　b）正弦信号加随机信号
c）窄带随机信号　d）宽带随机信号

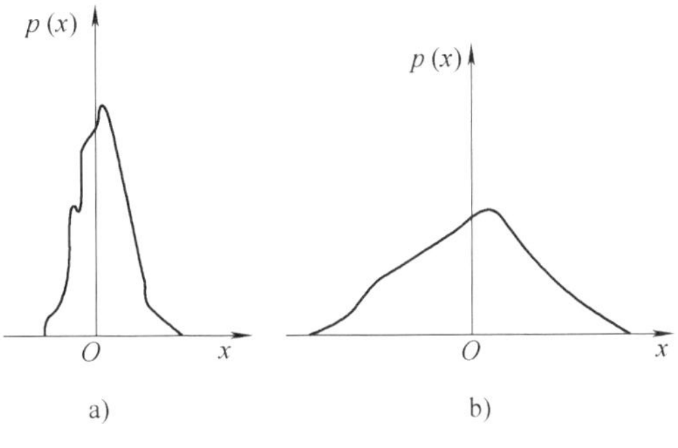

图 4-3　某机械设备变速箱噪声的概率密度函数图
a）新设备　　b）旧设备

（2）自相关函数　设 $x(t)$ 是信号的一个样本函数，$x(t+\tau)$ 是 $x(t)$ 前移 τ 后的样本，则自相关函数为

$$R_{x}(\tau)=\lim_{T\to\infty}\frac{1}{2T}\int_{-T}^{T}x(t)x(t+\tau)\mathrm{d}t \tag{4-16}$$

自相关函数表示信号幅值变化的剧烈程度。如果时间间隔 τ 很小时幅值之间的差异就很大，则这一信号的变化就很剧烈，自相关函数 R_x（τ）的值就小；反之，即使时间间隔 τ 很大时幅值一般仍很接近，则信号的变化就很缓慢，R_x（τ）的值就比较大。

不同信号具有不同的自相关函数。图 4-4 所示是四种典型信号的自相关函数的图形。稍加对比就可以看到，自相关函数是区别信号类型的一种非常有效的手段。只要信号中含有周期成分，其自相关函数在 τ 很大时都不衰减，并具有明显的周期性；不包含周期成分的随机信号，当 τ 稍大时自相关函数就将趋于零。宽带随机信号的自相关函数很快衰减到零，窄带随机信号的自相关函数则有较慢的衰减特性。当用振动或噪声来诊断机械设备状态时，正常运行时，其振动或噪声是大量的、无秩序的、大小接近相等的随机信号；当运行状态不正常时，在随机信号中将出现有规则的、周期性的脉冲，其大小要比随机成分大得多。因此，采用自相关分析法可有效地诊断机械设备故障。不仅可以判断出信号中有无隐藏的周期成分，而且通过对自相关函数的幅值和波动频率的进一步分析，可以查出机械设备缺陷之所在。

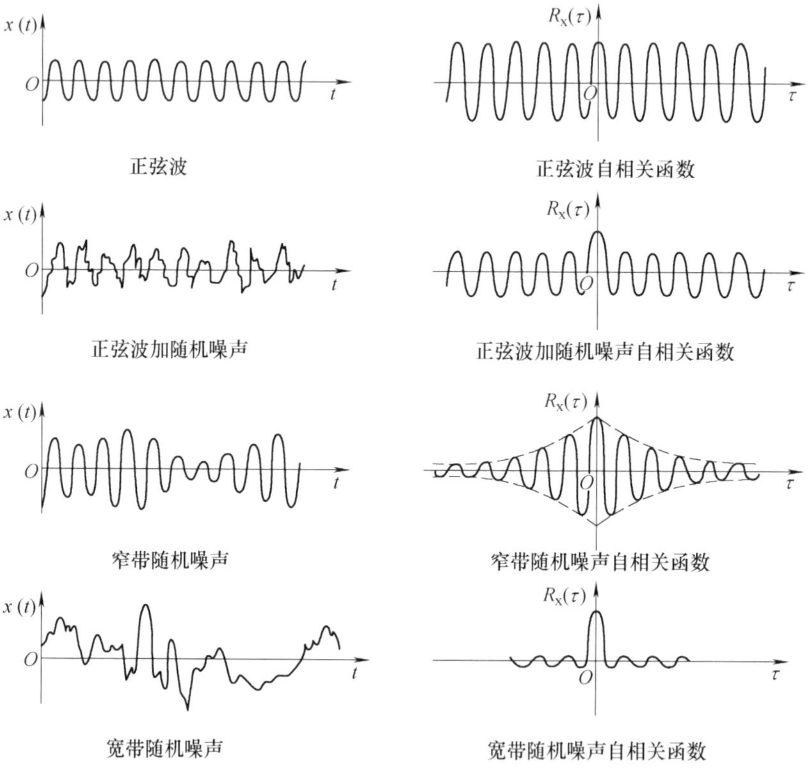

图 4-4　四种典型信号的自相关函数的图形

图 4-5 所示是某运输设备变速箱噪声的自相关曲线。图 4-5a 所示是正常状态下的自相关函数，当 $\tau=0$ 时，R_x（τ）有一峰值；随着 τ 的增大，其自相关函数迅速趋近横坐标。这说明变速箱的振动是随机振动。在图 4-5b 中，变速箱的随机振动中夹杂有周期振动，当 τ 增大时，自相关曲线并不向横坐标衰减，这种情况标志着运动状态不正常。

3. 频域信号分析

自相关函数分析从时域的角度提供了在噪声背景下提取有用信息的途径。自功率谱密度函数则从频域角度提供有关信息，在多频振动信号与噪声干扰叠加的情况下，它能有效地剔除噪声干扰，并清晰地反映何种频率成分的功率最强，以便查出关键的振动频率。

自功率谱密度函数 $S_x(f)$ 和自相关函数 $R_x(\tau)$ 是一个傅里叶变换对，即

$$S_x(f) = \int_{-\infty}^{+\infty} R_x(\tau) e^{-j2\pi f\tau} dt \tag{4-17}$$

$$R_x(\tau) = \int_{-\infty}^{+\infty} S_x(f) e^{j2\pi f\tau} df \tag{4-18}$$

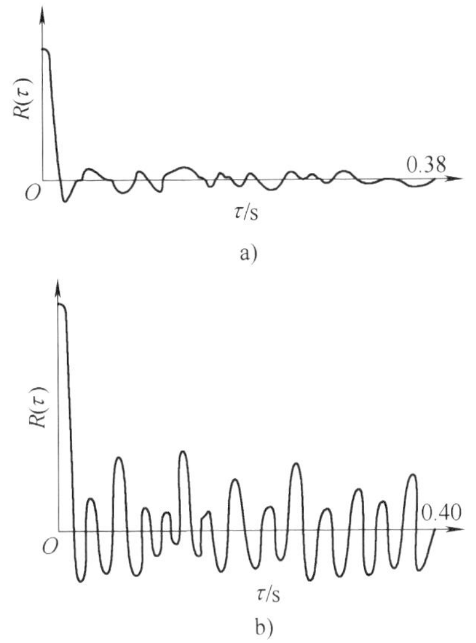

图 4-5 某运输设备变速箱噪声的自相关曲线
a）正常状态 b）异常状态

自功率谱密度函数是实偶函数，其物理意义可理解为 $S_x(f)$ 曲线下和频率轴所包围的面积是信号的平均功率，表示信号的功率密度沿频率轴的分布情况。在实测的自功率谱密度函数图形中，周期的频率成分有很陡峭峰值的形态出现，而周期的频率成分是与机械设备的故障相对应的。因此，在用自功率谱密度函数分析故障时，往往特别关心峰值及其对应的频率，以此作为判断故障原因的依据。自功率谱密度函数是用得最多、最普遍的一种频域分析方法，是振动分析和故障诊断的重要方法，在机械故障诊断中有着广泛的用途。

四、典型零部件故障的振动诊断

1. 转轴组件的故障诊断

转轴组件是旋转机械系统中的重要基础件，包括齿轮、叶轮、联轴器及支承轴承在内的组合。其常见故障现象有不平衡、不同轴、机械松动、自激振动及电磁力激振等。用振动方法诊断转轴组件的故障，是基于对各类激振频率及其振动波形的识别。下面分别对这些常见的故障现象进行讨论。

（1）不平衡　不平衡就是由于旋转体轴心周围的质量分布不均，使之在旋转过程中产生离心力而引起的振动现象。由不平衡引发的振动，其重要的特点就是发生与旋转同步的基本振动，其振动的特性见表 4-6。不平衡故障的频谱特性如图 4-6 所示。

表 4-6 不平衡故障的振动特性

项　目	性　质
振动方向	以径向为主
振动频率	以旋转频率 f_r 为主要频率成分
相位	与旋转标记经常保持一定的角度（同步）
振幅	随着转速的升高，振幅增长得很快；转速降低时，振幅可趋近于零（共振范围外）

图4-7所示是一台转速为800r/min（13.6Hz）的大型水泵的振动谱。谱图上出了两个明显的谱峰，其中$f_0=13.6$Hz是由叶轮不平衡引起的。由叶轮失衡引起的振动，其激振频率等于转频的2倍，由此可以判断叶轮失衡的严重程度。频率$4f_0=54.4$Hz是由叶片（叶轮上有四个叶片）与水撞击形成的。

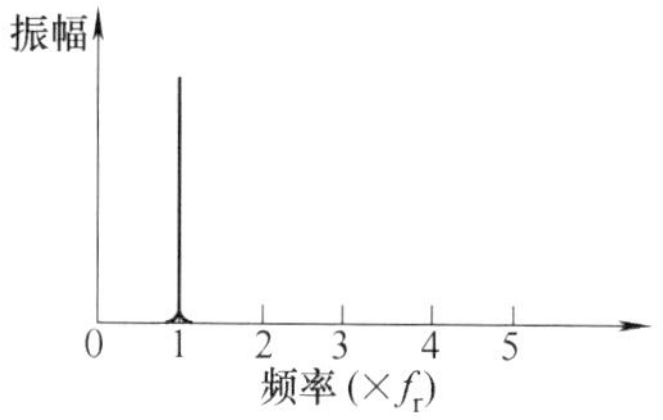

图4-6　不平衡的振动频谱

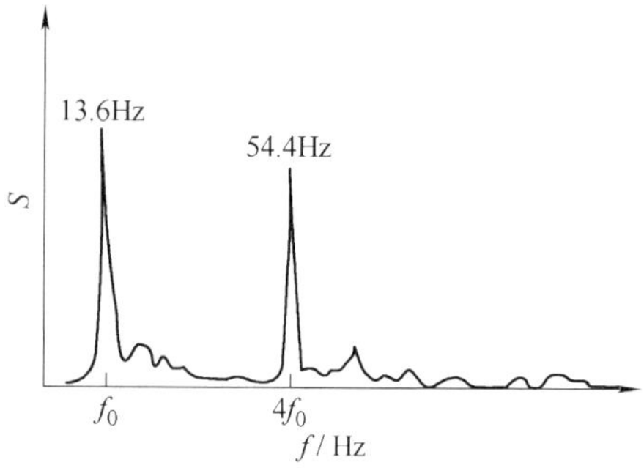

图4-7　某大型水泵的振动谱

（2）不同轴　不同轴是指用联轴器连接起来的两根轴的轴线不重合的现象，又称不对中。不同轴现象可进一步细分为如图4-8所示的多种情形。

存在不同轴时，除产生径向振动外，还易发生轴向振动。不同轴不严重时，其频率成分为旋转基频；不同轴严重时，则产生高次谐波成分。这样，仅从频率方面考虑，有时很难区分不同轴与不平衡故障。两者的重要区别在于振动随转速的变化特性不同，两者的差别如图4-9所示。对于不平衡故障，振幅随转速的升高增长得很快；而对于不同轴故障，振幅大体固定，随转速升高稍有增大。不同轴故障的振动特性见表4-7。

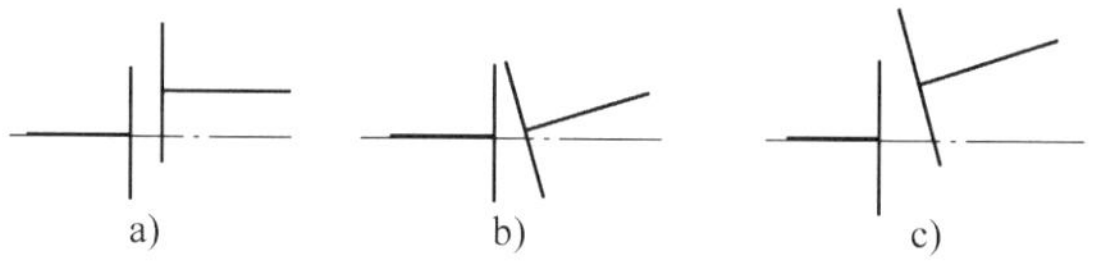

图4-8　不同轴的主要情形
a）位置不对中　b）角度不对中　c）位置和角度不对中

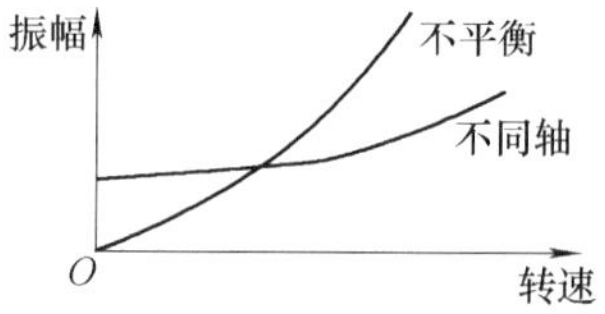

图4-9　不平衡与不同轴故障的振幅随转速的变化情形

表4-7　不同轴故障的振动特性

项　目	性　质
振动方向	易发生轴向振动，如发生的轴向振动在径向振动的50%以上，则存在不同轴
振动频率	普通的联轴器以$1f_r$为主，如不同轴剧烈，则发生$2f_r$、$3f_r$等谐频成分
相位	与旋转标记经常保持一定的角度（同步）
振幅	振幅与转速关系不大

（3）机械松动　机械松动现象是因紧固不牢引发的，通常其特征是在旋转频率的一系列谐频上有较大振幅。机械松动的特性见表4-8。

（4）自激振动　润滑油起泡、喘振、蠕动以及气穴、摩擦等都会引起自激振动。自激振动的最基本特点是振动的频率为相关振动体的固有频率，见表4-9。

表 4-8　机械松动的振动特性

项　　目	性　　质
振动方向	虽无特别容易出现的方向，但垂直方向的振动出现的可能性较大
振动频率	除基本频率f_r外，可发现高次谐波（$2f_r$、$3f_r$ 等）成分，也会发生$f_r/2$、$f_r/3$ 等
相位	与旋转标记同步
振幅	如使转速增减，振幅会突然变大或减小（跳跃现象）

表 4-9　自激振动的振动特性

项　　目	性　　质
振动方向	无特殊方向性
振动频率	与转速无关的固有振动频率
相位	无变化（非同步）
振幅	转速的变化对振幅的影响较小

（5）电磁力引起的振动　引起旋转机械振动的因素除机械力外还有电磁力，电磁力作用下产生的振动，其基本频率就是电源的频率。

以上五种典型故障形式的特征频率一般都处在小于 1kHz 的低频段。

2. 滚动轴承的故障诊断

滚动轴承是机械设备中用量最多的零件之一，也是最易损坏的零件。其工作状态复杂，转速范围大，故障诊断困难。滚动轴承的失效形式主要有磨损失效、疲劳失效、腐蚀失效、断裂失效、胶合失效等。引起滚动轴承振动的因素有与部件有关的振动、与制造质量有关的振动，以及与轴承装配和工作状态有关的振动。在运动状态下出现随机性的机械故障时，运转所产生的随机振动的振幅相应增加。

（1）轴承刚度变化引起的振动　滚动轴承在恒定载荷下运转时，其结构决定了轴承系统内的载荷分布状况呈现周期性变化，便产生了与刚度变化周期相应的多阶谐波振动。在滚动轴承运转时，由于刚度参数形成的周期变化和滚动体产生的激振力及系统存在非线性，便产生多次谐波振动并含有分谐波成分，不管滚动轴承正常与否，这种振动都要发生。

（2）由滚动轴承的运动副引起的振动　当轴承运转时，滚动体便在内、外圈之间滚动，产生交变的激振力。所产生的振动既是随机的，又含有滚动体的传输振动，其主要频率成分为滚动轴承的特征频率。

1）内圈旋转频率f_1。内圈旋转频率为

$$f_1 = \frac{n}{60} \tag{4-19}$$

式中，n 为内圈转速，单位为 r/min。

2）保持架旋转频率f_2。保持架旋转频率为

$$f_2 = \frac{1}{2}\left(1 - \frac{d}{D}\cos\beta\right)f_1 \tag{4-20}$$

式中，β 为接触角，单位为 rad；d 为滚动体直径，单位为 mm；D 为轴承节径，单位为 mm。

3）滚动体自转频率f_3。滚动体自转频率为

$$f_3 = \frac{1}{2}\frac{D}{d\cos\beta}\left[1-\left(\frac{d\cos\beta}{D}\right)^2\right]f_1 \tag{4-21}$$

4）保持架通过内圈频率 f_4。保持架通过内圈频率为

$$f_4 = f_1 - f_2 = \frac{1}{2}\left(1+\frac{d}{D}\cos\beta\right)f_1 \tag{4-22}$$

5）滚动体通过内圈频率 f_5。滚动体通过内圈频率为

$$f_5 = zf_4 = \frac{z}{2}\left(1+\frac{d}{D}\cos\beta\right)f_1 \tag{4-23}$$

式中　z——滚动体个数。

6）滚动体通过外圈频率 f_6。滚动体通过外圈频率为

$$f_6 = zf_2 = \frac{z}{2}\left(1-\frac{d}{D}\cos\beta\right)f_1 \tag{4-24}$$

在上述滚动轴承特征频率中，内圈旋转频率 f_1、滚动体通过内圈频率 f_5、滚动体通过外圈频率 f_6 对表面缺陷有较高的敏感度，是故障诊断的重要参照指标。

（3）滚动轴承早期缺陷激发的振动特征　滚动轴承内出现剥落等缺陷，滚动体以较高的速度从缺陷上通过时，必然激发两种性质的振动。第一类振动是以结构和运动关系为特征的振动，表现为冲击振动的周期性；第二类振动是被激发的以轴承元件固有频率为特征的衰减振荡，表现为每一个脉冲的衰减振荡波，如图 4-10 所示。

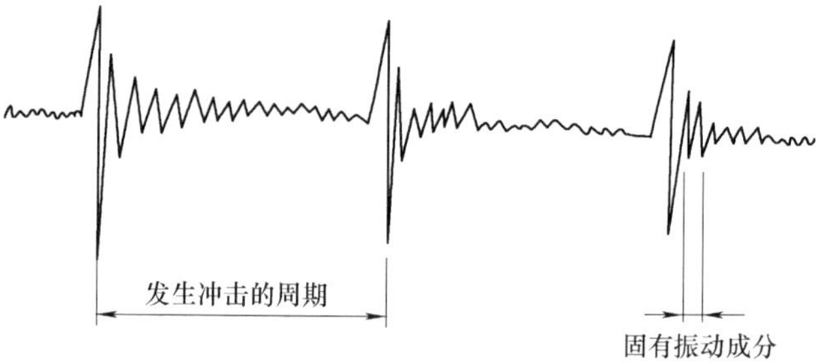

图 4-10　滚动轴承内缺陷所激发的振动波形

滚动轴承故障所激发的振动必然会对其所支承的轴及轴上的零件产生影响。对于转轴上的零件为齿轮等非转子类零件的轴而言，其动不平衡量是不随时间变化的。滚动轴承影响到轴的空间定位，轴承故障使轴的空间定位出现波动，当轴的工作状态处于非重载时，轴转动频率的振幅升高，有时还表现为转动频率的 2 倍频、3 倍频、…、5 倍频的振幅升高。这种情况往往预示着滚动轴承出现早期故障。当轴转动频率的振幅再次降低时，滚动轴承故障已进入晚期，到了必须更换的程度。

（4）由滚动轴承构造引起的振动　由滚动轴承的构造引起的振动如下：

1）轴承元件的受力变形引起的振动。

2）旋转轴弯曲时引起的振动。

3）滚动体直径不一致引起的振动。

（5）滚动轴承的非线性引发的振动　当轴承的润滑状态不良时，就会出现非线性弹性，由此而引发振动。其振动的频率为轴的旋转频率 f_r 及其谐波 $2f_r$、$3f_r$…和分频 $f_r/2$、$f_r/3$…。

（6）精加工波纹引起的振动　如在滚道或滚动体的精加工面上留有波纹，当凸起部数目达到某一值时，就会发生特有的振动。

（7）滚动轴承损伤（缺陷）引起的振动

1）轴承严重磨损引起偏心时的振动。

2）内环有缺陷时的振动。

3）外环有缺陷时的振动。

4）滚动体有缺陷时的振动。

（8）滚动轴承信号分析方法　轴承故障信号检测时传感器的安装部位往往选择轴承座部位，并按信号传动的方向选择垂直、水平或轴向布置。该部位距故障信号源最近，传输损失最小，也是轴、齿轮等故障信号传输路径必经的最近位置。

图 4-11 所示为某滚动轴承作故障试验时得到的频谱图。轴承的故障信号分布在图中阴影部分的三个频段。低频段在 8kHz 以下，滚动轴承中与结构和运动关系相联系的故障信号在这个频率段，少数高速滚动轴承的信号频段能延展到 *B* 点或更远。因为轴的故障信号、齿轮的故障信号也在这个频段，因而这也是绝大部分在线故障监测与诊断系统所监测的频段。高频段在Ⅱ区，这个频段的信号是轴承故障所激发的轴承自振频率的振动。超高频段位于Ⅲ区，它们是轴承内微裂纹扩张所产生的声发射超声波信号。监测低频段的信号时，通常采用加速度传感器。监测高频段信号的目的是获取唯一的轴承故障信号，采用自振频率在 25～30kHz 的加速度传感器，利用加速度传感器的共振效应，将这个频段的轴承故障信号放大，滤除其他频率的信号，获得唯一的轴承故障信号。监测超高频段则采用超声波传感器，将声发射信号检出并放大。

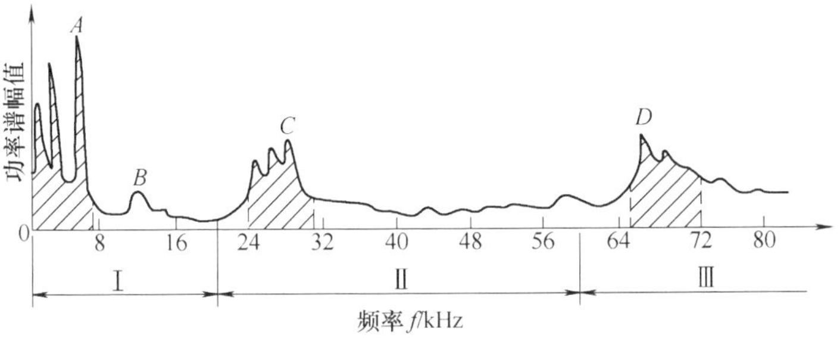

图 4-11　滚动轴承的振动频谱

由于信号的类别多，因而分析处理的方法也比较多。

1）有效值与峰值判别法。滚动轴承振动信号的有效值反映了振动能量的大小，当轴承产生异常后，其振动必然增大。因而可以用有效值作为轴承异常的判断指标。但这对具有瞬间冲击振动的异常状况是不适用的，因为冲击波峰的振幅大且持续时间短。用有效值来表示故障特征，其特征并不明显，对于这种形态异常的故障特征，用峰值比有效值更适用。

2）峰值系数法。峰值系数是峰值与有效值之比。用峰值系数法进行诊断的最大特点是它的值不受轴承尺寸、转速及载荷的影响。正常时，滚动轴承的波峰系数约为 5；当轴承有故障时，可达到几十。轴承正常或异常可以很方便地判别出来。

3）峭度指标法。正常情况下，峭度指标 C_q 的值应该在 3 左右，如果这个值接近 4 或超过 4，则说明机械的运动状况中存在冲击性振动。当轴承出现初期故障时，有效值变化不大，但峭度指标值已经明显增加，达到数十甚至上百。它的优势在于能提供早期的故障预报。当轴承故障进入晚期时，由于剥落斑点充满整个滚道，峭度指标反而下降，故对晚期故障不适用。

4）冲击脉冲法。冲击脉冲法是利用轴承故障所激发的轴承元件固有频率的振动信号振幅正比于冲击力大小这一原理。

5）共振解调法。共振解调法也称为包络检波频谱分析法，是目前滚动轴承故障诊断中最常用的方法之一。图4-12所示的信号变换过程说明了共振解调法的基本原理。从信号变换过程中可以看出，信号经过共振放大和包络检波处理后，与原始脉冲波比较，它的振幅已得到了放大，波形在时域上已得到了展宽，不再是一个包含频率无限多的尖脉冲。包络波低阶频率成分具有的能量较原始脉冲波低阶频率成分的能量有了极大增强，最终获得的故障信号信噪比提高了几个数量级。共振解调技术的良好效果可做到没有故障就没有共振解调波和它的故障频谱。

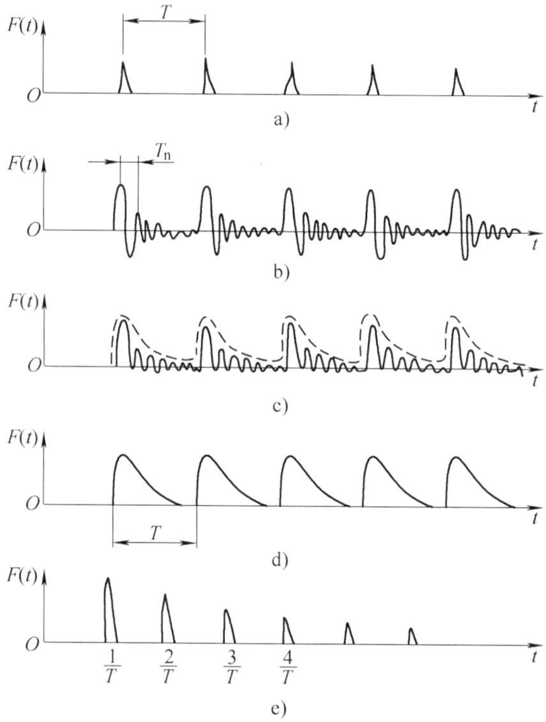

图4-12　共振解调法的信号变换过程

a）原始脉冲波　b）共振响应波

c）绝对值处理　d）包络检波　e）频谱分析

6）频谱分析法。将低频段测得的振动信号进行快速傅里叶变换（FFT），得到频谱图。根据滚动轴承的运动关系式计算得到各项特征频率，对应频谱图观察其变化，从而判别故障的存在与部位。图4-13a所示是一个外圈有划伤的轴承频谱图，明显看出其频谱中有较大的周期成分，其基频为184.2Hz。通过比较图4-13b所示的同型号的完好轴承的频谱图可以看出，出现故障后频谱图上有较高阶谐波。在此例中出现了184.2Hz的5阶谐波，且在736.9Hz时出现了谐波共振现象。

7）倒频谱分析法。对于一个复杂的振动情况，其谐波成分更加复杂而密集，由于各运动件在力的相互作用下各自形成特有的特征频率，且相互叠加与调制，因此在频谱图上会形成多族谐波成分，故障信号无从分辨，如用倒频谱则较易于识别。

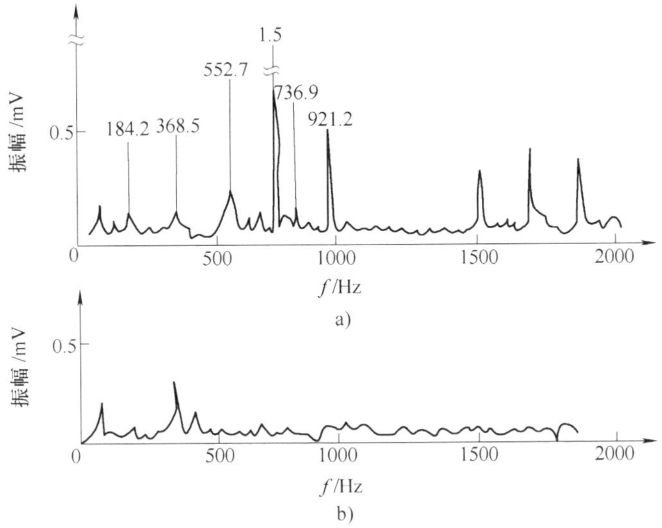

图 4-13　故障轴承与完好轴承的频谱图对比

a）故障轴承　b）完好轴承

图 4-14a 所示为内圈轨道上有疲劳损伤和滚子有凹坑缺陷的轴承的频谱图，该图不便识别。而图 4-14b 所示为其倒频谱，明显看出有 106Hz 及 26.39Hz 成分，理论计算上滚子故障频率为 106.35Hz 及内圈故障频率为 26.35Hz。由此看出，倒频谱反映出的故障频率与理论几乎完全一样。

在滚动轴承故障信号分析中，由于存在着明显的调制现象，并在频谱图中形成不同族的调制边带。当内圈有故障时是由内圈故障频率构成调制边带；当滚子有故障时，则以滚子故障频率构成另一族调制边带。因此，轴承故障的倒频谱诊断方法可以提供有效的预报信息。

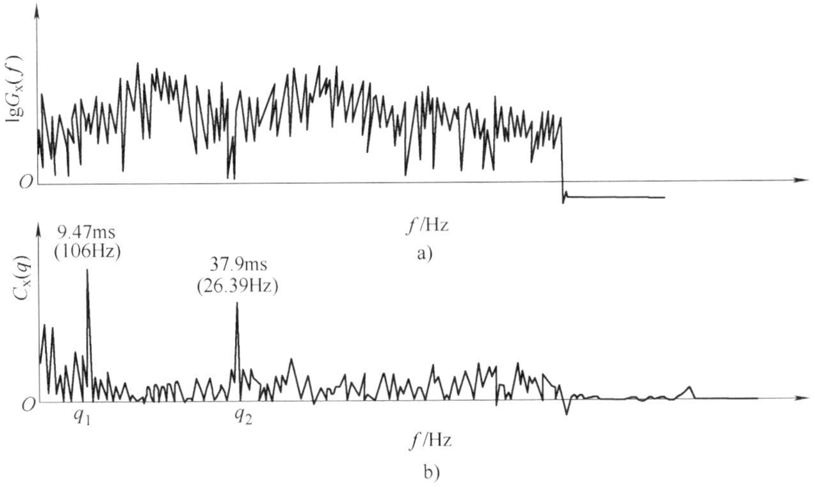

图 4-14　倒频谱分析示意图

3. 齿轮箱的故障诊断

（1）齿轮失效形式　齿轮失效形式通常分为齿的断裂、齿面疲劳（点蚀、剥落、龟裂）、齿面磨损或划痕、塑性变形四类。据统计，齿轮的各种损伤发生的概率如下：齿的断裂占41%，齿面疲劳占31%，齿面磨损占10%，齿面划痕占10%，其他故障如塑性变形、化学腐蚀、异物嵌入等占8%。

（2）齿轮的振动信号特征

1）齿轮啮合频率。齿轮啮合频率就是齿轮的特征频率。齿轮一阶啮合频率为

$$f_{c0}=\frac{n}{60}z \tag{4-25}$$

齿轮一阶啮合频率的高次谐波频率为

$$f_{ci}=if_{c0}\ (i=2,\ 3,\ 4,\ \cdots,\ n)$$

式中，n 为齿轮轴的转速，单位为 r/min；z 为齿轮的齿数。

2）边频带。边频带也是齿轮振动的特征频率。传递的转矩随着啮合而改变，其作用到转轴上使转轴发生扭振。由于键槽等非均布结构的存在，轴的各向刚度不同，刚度变动的周期与轴的周转时间一致，激发的扭振振幅也就按转轴的转动频率变动。这个扭振对齿轮的啮合振动产生了调制作用，从而在齿轮啮合频率的两边产生了以轴频为间隔的边频带。齿轮啮合的异常状况反映到边频带，造成边频带的分布和形态都发生改变，因此边频带包含了齿轮故障的丰富信息。

（3）齿轮故障的振动特征

1）齿面损伤。

2）齿轮偏心。

3）齿轮回转质量不平衡。

4）齿轮局部缺陷。

5）齿距误差。

6）高速旋转齿轮的振动。

（4）齿轮的故障分析方法

1）功率谱分析法。功率谱分析法可确定齿轮振动信号的频率构成和振动能量在各频率成分上的分布，对齿轮箱是一种重要的频域分析方法。应用功率谱分析法时，可采取线性坐标或对数坐标。图4-15所示为某齿轮箱的功率谱，分别用两种坐标绘出，可见，使用线性

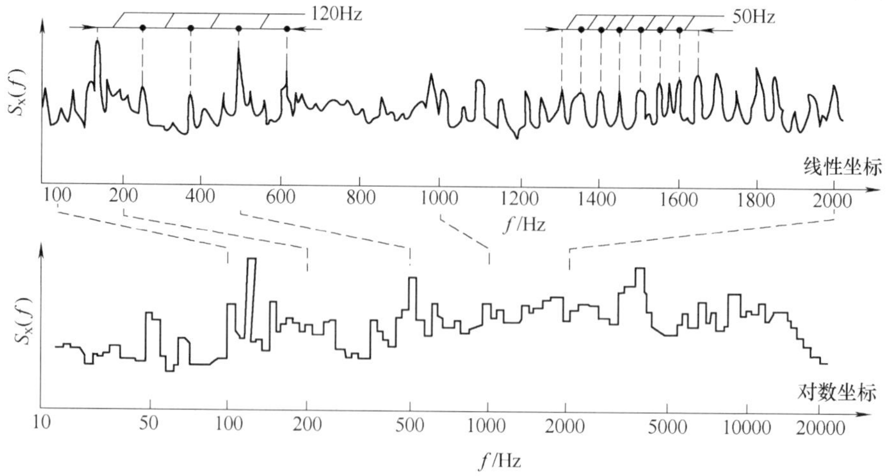

图4-15　某齿轮箱的功率谱

坐标效果要好得多。功率谱分析作为目前振动监测和故障诊断中应用最广的信号处理技术，在齿轮箱的故障诊断中发挥了较大的作用。它对齿轮的大面积磨损、点蚀等均匀故障有比较明显的分析效果，但对齿轮的早期故障和局部故障不敏感。

2）边频带分析法。边频带成分包含丰富的齿轮故障信息，要提取边频带信息，在频谱分析时必须有足够高的频率分辨率。当边频带谱线的间隔小于频率分辨率或谱线间隔不均匀时，都会阻碍边频带的分析，必要时应对某频段进行频率细化分析，以准确测定边频带间隔，如图 4-16 所示。边频带出现的机理是齿轮啮合频率 f_z 的振动受到了齿轮旋转频率的调制，边频带的形状和分布包含了丰富的齿面状态信息。一般从两方面进行边频带分析：一是利用边频带的频率对称性找出 $f_z \pm f_r$（$n=1, 2, 3, \cdots$）的频率关系，确定是否为一组边频带，如果是边频带，则可知道啮合频率 f_z 和旋转频率 f_r；二是比较各次测量中边频带振幅的变化趋势。

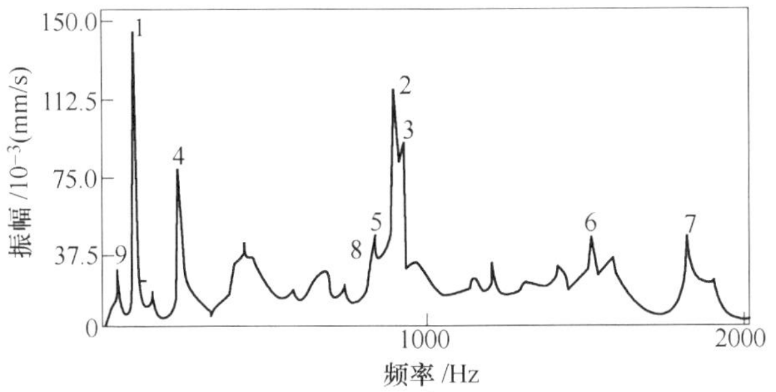

a)

序号	1	2	3	4	5	6	7	8	9
频率 /Hz	97.66	917.07	932.02	234.38	849.61	1523.44	1831.03	834.98	42.95
振幅 /10^{-3}(mm/s)	146.92	114.81	92.53	77.69	45.02	43.77	43.12	36.97	29.38

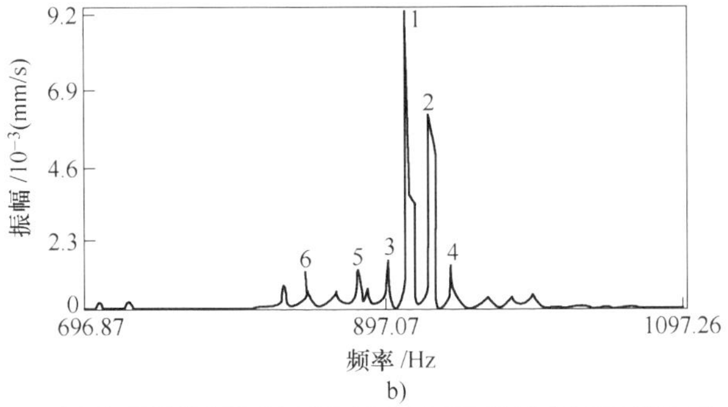

b)

序号	1	2	3	4	5	6
频率 /Hz	916.60	931.25	901.95	944.92	882.42	848.24
振幅 /10^{-3}(mm/s)	9.18	5.38	1.49	1.19	1.16	1.10

图 4-16　工程实际应用的频谱图

a）振幅谱　b）细化后的边频带

根据边频带呈现的形式和间隔，有可能得到以下信息：当边频带间隔为旋转频率 f_r 时，可能有齿轮偏心、齿距的缓慢周期变化及载荷的周期波动等缺陷存在，齿轮每旋转一周，这些缺陷就重复作用一次，即这些缺陷的重复频率与该齿轮的旋转频率一致，根据旋转频率 f_r 可判断出问题齿轮所在的轴；齿轮的点蚀等分布故障会在频谱上形成类似上述的边频带，但其边频阶数少，且集中在啮合频率及其谐频的两侧；齿轮的剥落、齿根裂纹及部分断齿等局部故障会产生特有的瞬态冲击调制，在啮合频率及其谐频两侧产生一系列边频带，其特点是边频带阶数多而谱线分散，由于高阶边频的互相叠加而使边频带族形状各异。严重的局部故障还会使旋转频率及其谐波成分的振幅增高。

3）倒频谱分析法。对于同时有数对齿轮啮合的齿轮箱振动频谱图，由于每对齿轮啮合时都将产生边频带，几个边频带交叉分布在一起，仅进行频率细化分析识别边频特征是不够的。由于倒频谱处理算法将功率谱图中的谐波族变换为倒频谱图中的单根谱线，其位置代表功率谱中相应谐波族的频率间隔时间，因此可解决上述问题。

图 4-17 所示是某齿轮箱振动信号的频谱，图 4-17a 所示的频率范围为 0 ~ 20kHz，频率分辨率为 50Hz，能观察到啮合频率为 4.3kHz 及其二次、三次谐波，但很难分辨出边频带。图 4-17b 中的频率范围为 3.5 ~ 13.5kHz，频率分辨率为 5Hz，能观察到很多边频带，但仍很难分辨出边频带。图 4-17c 中的频率范围进一步细化为 7.5 ~ 9.5kHz，频率分辨率不变，可分辨出边频带，但还是有些乱。若进行倒频谱分析，如图 4-17d 所示，则能很清楚地表明对应于两个齿轮副的旋转频率（85Hz 和 50Hz）的两个倒频分量（A_i 和 B_i）。

倒频谱的另一个主要优点是对传感器的测点位置或信号传输途径不敏感，以及对幅值和频率调制的相位关系不敏感。因为倒频谱图中的幅值不是振幅而是相同频率间隔的谱线（即多阶谐振频率）的平均高度，这种不敏感反而有利于监测故障信号的有无，因而在观察时不看重某测点振幅的大小（可能由于传输途径而被过分放大），而侧重于观察是否存在某个特征频率及其谐振频率。这个特征频率及其谐振频率的数量越多，平均高度越高，则倒频谱图中反映它的那根谱线越突出。

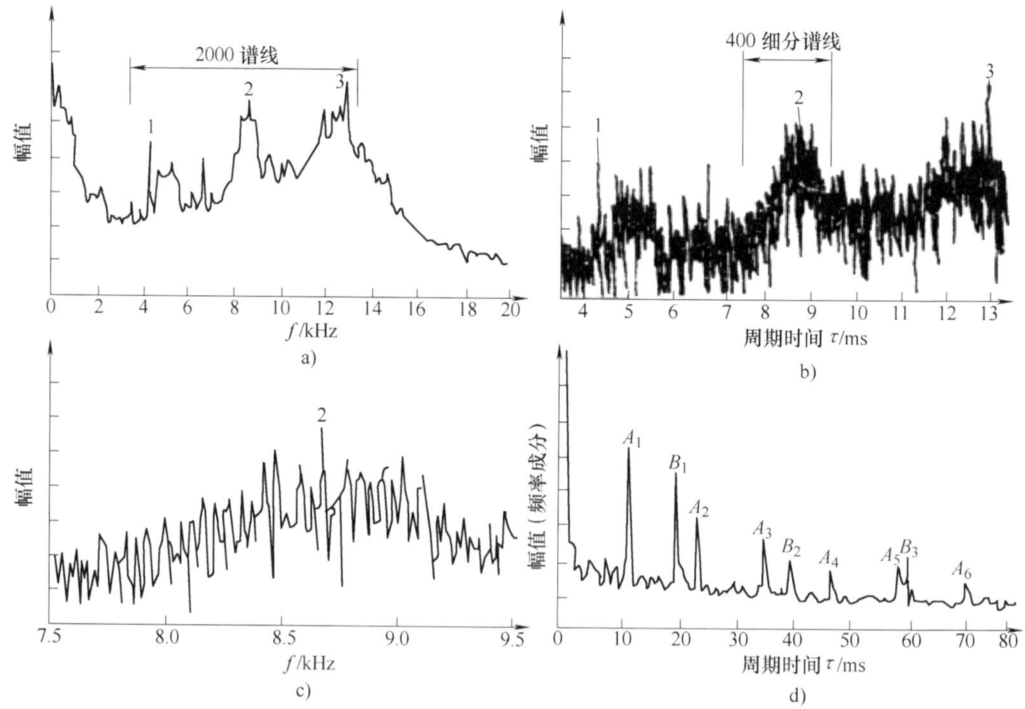

图 4-17 用倒频谱分析齿轮箱振动信号中的边频带

【任务实施】

1. 任务实施前的准备

做好班前安全教育，使学生具有安全生产意识和相关安全生产知识。

2. 知识要求

1）能够说出机械设备振动信号的测取方法。

2）能够说出振动信号分析方法及其应用。

3）能够说出时域信号分析方法及其应用。

4）能够说出频域信号分析方法及其应用。

3. 矿山机械设备典型零部件的振动诊断方法和步骤

到矿山提升设备运行车间与工作人员一起对矿井提升设备轴承、减速箱等进行现场振动测量，测量振动信号，分析振动诊断结果或结论。通过振动诊断工作任务的实施，了解诊断过程和分析方法。

【任务考评】

过程考评	配　分	考 评 内 容	考评实施人员
素质考评	12	生产纪律	专职教师和现场教师结合进行综合考评
	12	遵守生产规程情况、安全生产	
	12	团结协作情况、与现场工程人员交流情况	
实操考评	12	理论知识口述：信号采取方法，信号参数及诊断应用，时域信号分析及应用，频域信号分析及应用，典型零部件的振动诊断方法	
	12	任务实施过程中注意观察和记录，注意教学过程的原始资料积累	
	12	手指、口述各诊断方法、过程正确	
	12	完成本次工作任务，效果良好	
	16	按工作任务实施指导书完成学习总结，总结所反映出的工作任务完整、信息量大	

【思考与练习】

1. 振动诊断参数有哪些？作为故障诊断的标准是什么？

2. 正常情况滚动轴承的波峰系数和峭度值约为多少？当峭度值下降时，轴承可能出现的问题是什么？

3. 应用较多的滚动轴承故障信号分析方法有哪几种？

4. 滚动轴承有哪些特征频率？其计算公式分别是什么？

5. 齿轮故障诊断方法有哪些？

6. 边频带分析一般从哪两方面进行？

7. 齿轮的特征频率计算公式是什么？

8. 应用功率谱分析齿轮故障时，频率轴横坐标采用线性坐标还是对数坐标比较好？

课题三　机械设备故障的温度诊断与实施

【任务描述】

温度是机械设备故障诊断与工况监测的重要参量。本课题主要介绍机械设备故障诊断的温度诊断技术，使学生了解机械设备温度诊断的方法及原理，通过现场温度诊断的工作任务实施，基本掌握温度诊断技术在矿山机械设备诊断中的应用。

【知识学习】

一、接触式测温

温度是表征机电设备故障的一个特征参量，润滑不良造成的机件异常磨损、发动机的排气管阻塞、电气触点烧坏等故障都会造成相应部位的温度升高。

材料的力学性能与温度有密切的关系，温度过高，机械零件会发生软化等异常现象，使性能下降，严重时还会造成零件的烧损。例如，很多重载轴承就经常因温度过高而烧坏。因此，温度监测在机电设备故障诊断中占有重要地位。

1. 热电偶法测温

热电偶法由于感温元件结构简单、质量小、响应速度快，而且测量范围大（4～3000K）、测量精度高、性能稳定、测量电路简单，到目前为止，热电偶法仍然是工业领域及科研单位应用最广泛的测温方法。

（1）热电偶测温的基本原理及基本定律　将两种不同的导体组成闭合回路，当两端的温度不同时，闭合回路中将会有一电动势产生，这就是所谓的热电效应。热电偶的基本定律有中间导体定律、标准电极定律和中间温度定律。

（2）热电偶的结构　热电偶广泛应用于各种条件下的温度测量，因此它的结构形式多种多样，按热电偶本身结构划分，有普通热电偶、铠装热电偶及薄膜热电偶等。

普通热电偶一般由感温元件（热电极）、绝缘管、保护管和接线盒等组成，其结构如图4-18所示。

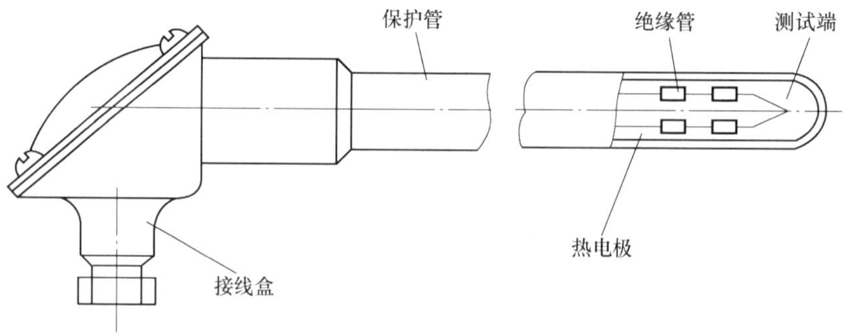

图4-18　普通热电偶

这种热电偶主要用于气体、蒸汽、液体等介质的温度测量。为了防止有害介质对热电极的侵蚀，工业用的热电偶一般都有保护套。热电偶的外形有棒形、三角形、锥形等，其外部和设备的固定方式有螺纹、法兰盘等。

（3）热电偶冷端的温度补偿 热电偶冷端温度的处理方法主要有四种：冰点槽法、冷端温度测量计算法、冷端补偿法、仪表机械零点调整法。

2. 热电阻法测温

热电阻是中低温区最常用的一种温度检测器。它的主要优点是测量精度高、性能稳定；缺点是不适于某点温度的测量。

（1）热电阻法测温原理及材料 纯金属和大多数合金的电阻率都随温度升高而增加。热电阻温度计就是利用金属导体的电阻值随温度变化而改变的特性来进行温度测量的。常用的热电阻材料有铜、铂、铁、镍和半导体热敏电阻。铂和铜应用得最多，其中铂热电阻的测量精确度是最高的，不仅广泛应用于工业测温，而且被制成了标准的基准仪。

（2）热电阻的种类 常用的热电阻主要有金属热电阻和半导体热电阻。

1）金属热电阻。对于金属来说，温度上升时，金属的电阻值将增大。在一定温度范围内，可以通过测量电阻值变化而得知温度的变化。金属材料铂、铜等，其电阻与温度的关系可近似表示为

$$R_{\mathrm{T}}=R_0[1+\alpha(T-T_0)]=\alpha R_0(1+T) \tag{4-26}$$

式中，R_{T} 为温度 T 时的电阻值；R_0 为温度 T_0 时的电阻值；α 为电阻温度系数，约为 $\pm4.24\times10^{-4}/℃$。

用金属温度计测温时，一般先把温度变化引起的电阻变化量通过电桥转换为电压的变化，再经放大或直接由显示仪表显示补充测温度值。常用的显示仪表有测温比率计、动圈式温度指示器、手动或自动平衡桥和数字仪表等。

金属热电阻也有普通和铠装两种结构，图 4-19 所示为普通型金属热电阻的结构，其外形与热电偶非常相似，使用时应加以注意。

2）半导体热电阻 半导体热敏电阻的材料是一种由锰、镍、铜、钴、铁等金属氧化物按一定比例混合烧结而成的半导体，一般称为半导体热敏电阻，或简称热敏电阻。它具有负的电阻温度系数，随温度上升而阻值下降。根据半导体理论，在一定的温度范围内，热敏电阻在温度 T 时的电阻为

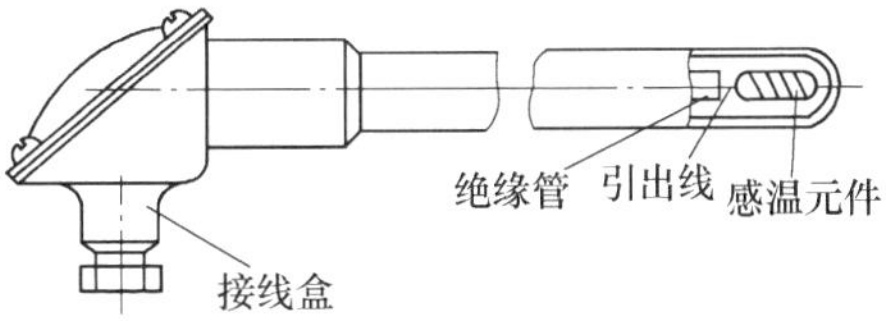

图 4-19 金属热电阻的结构

$$R_{\mathrm{T}}=R_0\mathrm{e}^{B\left(\frac{1}{T}-\frac{1}{T_0}\right)} \tag{4-27}$$

式中，R_{T}为温度 T 时的电阻值；R_0为温度 T_0时的电阻值；B 为材料的特性系数，常用的半导体热敏电阻的 B 值在 1500～5000K 之间。

半导体热敏电阻常用于测量 −100～300℃范围的温度，与金属热电阻相比，半导体热敏电阻的性能特点如下：灵敏度高，可测量微小的温度变化值；体积小，热惯性小，响应快；元件本身的电阻值可达 3～700kΩ，当远距离测量时导线电阻的影响可以不考虑；互换性差、稳定性差、测温精度较低，常用于实验室的恒温设备和仪器仪表的恒温部件。

半导体热电阻可根据需要做成圆盘形、圆柱形和玻璃封壳的珠形等，其结构如图 4-20 所示。

3. 集成温度传感器

集成温度传感器具有测温精度较高、互换性好、体积小、使用方便、可靠性高、成本低等性能特点而获得了广泛的应用，是机械故障诊断领域最为常用的一种温度传感器。

根据实际测温范围和测温精度的要求，选用合适的型号。表4-10列出了几种常见的集成温度传感器，供选择时参考。

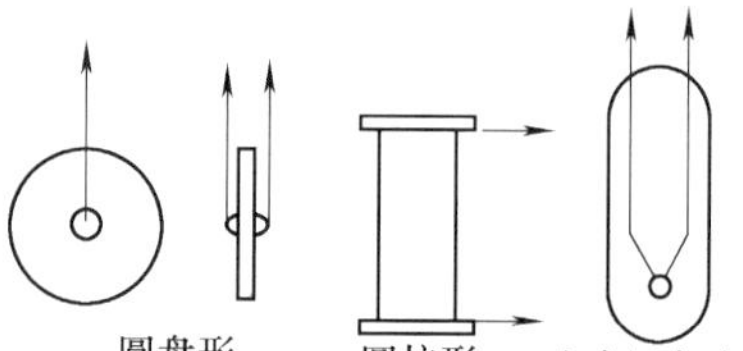

图4-20　半导体热电阻的几种结构

表4-10　几种常见的集成温度传感器

型　号	测温范围/℃	测温精度/℃	时间常数/s	灵敏度（μA/K）	备　注
MTS102	-40~150	±2	3~8	—	Motorola
MTS103		±3		—	
MTS105		±5		—	
AD590	-55~150	≤±5	—	—	ADI
AD592	-25~85	≤±3.5	—	1μA/K	

二、非接触式测温

在某些特殊场合测温时，难以用接触式测温方法来实现，而只能采用非接触式测温方法。非接触式测温方法主要是采用物体热辐射（红外辐射）的原理进行的，因此又称为辐射测温或红外测温。

1. 辐射测温的基本原理

一切温度高于绝对零度的物体都在不停地向周围空间发出红外辐射能量。红外辐射也称热辐射，它是一种电磁波，简单的电磁波谱见表4-11。

表4-11　简单的电磁波谱

波　段	γ射线	X射线	紫　外　线	可　见　光	红　外　线	微波和无线电波
波长/μm	<0.0001	0.0001~0.01	0.01~0.38	0.38~0.76	0.76~1000	>1000

物体的热状态是用“温度”这个物理参量来表征的，温度不同，其热辐射能也不同，辐射温度计就是利用物体的辐射能随温度的变化而变化的原理制作而成的。

2. 红外测温仪

根据测温仪的工作原理及其检测波段的不同，一般将红外测温仪分为单色辐射测温仪、辐射测温仪和比色测温仪三大类。

（1）单色辐射测温仪　单色辐射测温仪是以测量单色波长的辐射能来实现温度测量的一类红外测温仪，由于其对辐射能的检测是基于对物体辐射亮度的检测而实现的，因此，这类检测方法常称为亮温法，单色辐射测温仪也被称为亮温仪。

根据亮度平衡具体实现方法的不同，单色辐射测温仪又可分为光学高温计和光电高温计等类型。

1）光学高温计。图 4-21 所示是隐丝式工业用光学高温计的原理图。其工作原理是：将光学高温计对准被测对象时，被测对象即由物镜成像于高温计小灯泡的灯丝平面上，观察者通过目镜和红色滤光片比较灯丝和被测对象的亮度，通过调节流过灯丝的电流大小，使两者达到亮度平衡（即灯丝刚好从被测对象的背景中消失），此时灯泡的电流或电压大小即表征了被测物体的温度高低。工业用光学高温计均在电流表上直接刻以温度，这样即可直接读出被测物体的温度。

2）单色光电高温计。前述光学高温计用人眼来分辨亮度并使两者亮度达到平衡，这显然会带来较大的误差，为了克服这一人为因素造成的测量误差，人们研究出了用光电元件代替人眼进行亮度平衡的单色高温计。其中，利用硅光电池作为检测元件进行亮度测量的辐射温度计称为硅单色高温计，图 4-22 所示就是这种单色高温计的原理图。

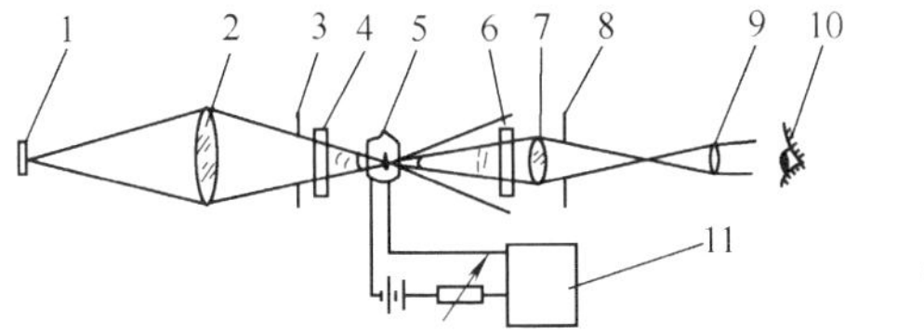

图 4-21　隐丝式工业用光学高温计原理图

1—被测物或辐射源　2—物镜　3—物镜光阑　4—吸收玻璃　5—高温计小灯泡　6—红色滤光片　7—显微镜物镜　8—目镜光阑　9—显微镜目镜　10—人眼　11—电测仪器

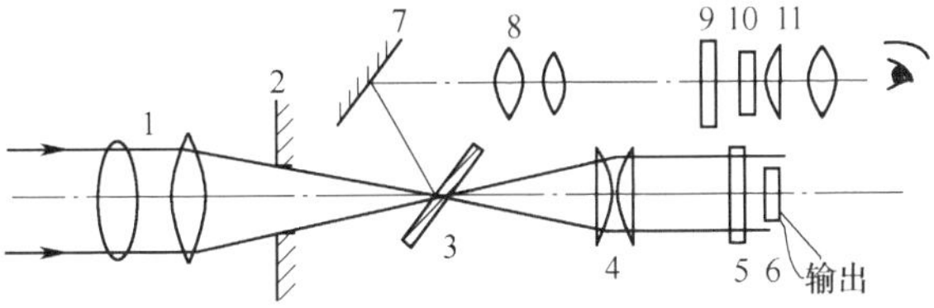

图 4-22　硅单色光电高温计原理图

1—物镜组　2、7—固定光阑　3—通孔反射镜　4、8—聚光镜　5—干涉滤光片　6—硅光电池　9—减弱玻璃钢　10—分化板　11—目镜

（2）辐射测温仪　辐射测温仪是通过检测被测物体入射到探测元件上的辐射能来实现温度测量的。如果测温仪的探测元件接收到的是物体沿整个波长范围（0 ~ +∞）内的总辐射能，那么这种辐射测温仪称为全辐射测温仪；如果测温仪的探测元件只接收物体所辐射出的某一波段内的辐射能，那么这种辐射测温仪称为部分辐射测温仪。辐射测温仪光学系统的工作原理如图 4-23 所示。

图 4-23a 所示为反射镜式的辐射测温仪，检测元件只能是对全部波长无选择性的热电型检测器（如热电堆等），而且在光路中不能有任何吸收辐射能的镜片等，这两点在实际中都是很难实现的，因此真正的全辐射测温仪是不存在的。

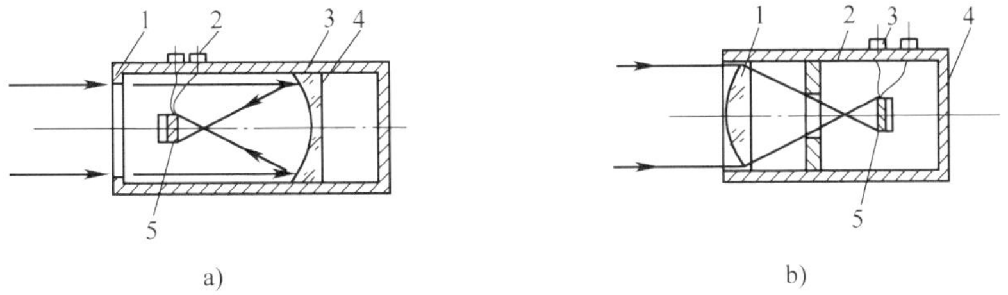

图 4-23　辐射测温仪光学系统的工作原理

a）反射镜系统的辐射测温仪

1—光阑　2—输出端子　3—外壳　4—反射聚光镜　5—检测元件

b）透射镜系统的辐射测温仪

1—透镜　2—光阑　3— 输出端子　4—外壳　5—检测元件

图 4-23b 所示为透镜式测温仪，由于透镜材料对光谱具有选择性，加之检测元件的光谱选择性，使得这种类型的测温仪只能检测某一波段的辐射能，因而常用在部分辐射测温仪上。

常用的辐射测温仪有以下四种类型：

1）辐射感温仪。辐射感温仪是一种常见的测温仪，它用热电堆作为辐射检测元件，具有结构简单、使用方便、价格便宜等优点。

2）高温辐射测温仪。高温辐射测温仪的显著特点是结构比较简单，在 700 ~ 2000℃ 的测温范围内不需要电源和放大器。加上放大器，可将测温范围扩大到 600 ~ 3500℃。

3）低温辐射测温仪。这种仪表属于试验用类型，是专门为测量高压输电线路的电缆接头温度而设计的，由于其测量距离为 4 ~ 50m，故也称为远程红外测温仪。其有关特性参数如下：测温范围为 0 ~ 200℃，基本误差为 ±1.0% +0.5℃，响应时间为 2s，干电池供电，可在野外使用。

4）光电辐射测温仪。表 4-12 所列是两种常见光电辐射测温仪的测量范围和误差。

表 4-12　WDH 型光电辐射测温仪的测量范围和误差

指标 \ 型号	WDH-Ⅰ型				WDH-Ⅱ型			
测量范围/℃	700 ~ 1000	800 ~ 1200	900 ~ 1400	1000 ~ 1500	100 ~ 250	250 ~ 500	400 ~ 800	700 ~ 1100
基本误差/℃	±14	±16	±18	±19	±3.5	±6	±9	±12

3. 比色测温仪

比色法测温是利用被测物体在两个不同波段内的光辐射之比来实现对温度的测量，即

$$R(T) = E_{\varepsilon_{\lambda_1}}(\lambda_1, T)/E_{\varepsilon_{\lambda_2}}(\lambda_2, T) \tag{4-28}$$

上式说明，物体在两个不同波段内的光谱辐射能之比 $R(T)$ 与其温度 T 之间有一确定对应关系，通过测量 $R(T)$ 的大小，即可推知被测物体的温度 T，这就是比色法测温的基本原理。几种常用比色测温仪的性能参数见表 4-13。

表 4-13　几种常用比色测温仪的性能参数

类型	测温范围/℃	温度精度	距离系数	测量距离/m	响应时间/s	工作波段/μm	输出方式
HWSS	800 ~ 1700	≤1%	—	≥1.5	—	$\lambda_1 = 1.65$ $\lambda_2 = 2.35$ $\Delta\lambda = 0.25$	1mV/℃线性电压输出，四位 BCD 码直接温度显示
WBH	分三挡 400 ~ 900 800 ~ 1300 1200 ~ 1700	≤1%	1000∶3	>0.5	1	$\lambda_1 = 1.5$ $\lambda_2 = 2.3$ $\Delta\lambda = 0.25$	—
光电	分三挡 800 ~ 1400 1100 ~ 1600 1300 ~ 1900	≤测量上限的 1%	25 和 50	1 ~ 10	取决于显示仪表	$\lambda_1 = 0.8$ $\lambda_2 = 1$	—
WDS	分三挡 1200 ~ 1800 1800 ~ 2400 2400 ~ 3000	≤测量上限的 1%	200	>0.5	—	$\lambda_1 = 0.6 \sim 1$ $\lambda_2 = 1 \sim 1.2$	直流 0 ~ 10mA，0 ~ 10mV 和 0 ~ 5V

【任务实施】

1. 任务实施前的准备

做好班前安全教育，使学生具有安全生产意识和相关安全生产知识。

2. 知识要求

1）能够说出接触式测温的方法。

2）能够说出热电偶测温和热电阻测温的基本原理。

3）能够说出辐射测温的基本原理。

4）能够说出红外测温的基本原理。

3. 矿山机械设备温度检测工作任务实施

到教学矿井参观大型固定设备，如提升机、通风机等的轴承温度监测方法、结构形式，了解温度测定范围及测温设备结构特点。

【任务考评】

过程考评	配　　分	考 评 内 容	考评实施人员
素质考评	12	生产纪律	专职教师和现场教师结合进行综合考评
	12	遵守生产规程情况、安全生产	
	12	团结协作情况、与现场工程人员交流情况	
实操考评	12	理论知识口述：接触式测温的方法及原理，辐射测温的方法及原理，红外测温的方法及原理	
	12	任务实施过程中注意观察和记录，注意教学过程的原始资料积累	
	12	手指、口述现场大型设备轴承测温实施情况，了解测温方法及原理	
	12	完成本次工作任务，效果良好	
	16	按工作任务实施指导书完成学习总结，总结所反映出的工作任务完整、信息量大	

【思考与练习】

1. 接触式测温方法有哪些？其应用场合是什么？
2. 辐射测温的原理是什么？常在什么条件下应用？
3. 红外测温的原理及应用是什么？

课题四　油样分析技术及其应用

【任务描述】

机械设备润滑油液中包含着大量摩擦副产生的磨损残余物，这些残余物携带着大量设备运行状态信息。本课题主要针对机械设备油样铁谱制谱方法、分析方法作简单介绍，通过本课题的实施，学生应能够对现场机械设备作油样分析，了解铁谱诊断过程及应用。

【知识学习】

一、油样分析技术及其特点

在各种机械设备中，由于金属表面间的相对运动使摩擦副表面不断产生大量的磨削碎片和微粒，即磨损颗粒。对于有润滑油的摩擦副，磨损颗粒会进入润滑油中。尽管磨损颗粒的形成机理非常复杂，磨损颗粒的尺寸极其微小（通常为几十纳米到几十微米），但其数量、尺寸、外貌、成分等却反映了不同的磨损方式和磨损过程，为分析诊断机械设备的运行状态提供了依据。油样分析技术在摩擦学基础研究和机械设备状态监测中获得了广泛的应用，其作用与重要性已得到了普遍的承认。

1. 油样分析技术的工作范畴

完整的油样分析技术包括从机械设备润滑油液取样开始，一直到完成对磨粒的识别与分析并提出对被监测设备工况状态的报告。油样分析技术的主要工作内容包括：油液的取样及处理；分离磨粒，制备铁谱片；磨粒的检测、识别与分析；提出分析结论及报告。

油样分析技术对磨粒的识别与分析主要分为定性分析和定量分析两种方式。定性铁谱分析主要是对磨损颗粒的形态（形状及表面形貌）、尺寸进行观察，从磨粒形态特征、颜色、尺寸大小和差异程度及材质成分组成等方面进行分析，来判断机械零部件的磨损类型、部位、严重程度及磨损机理。定量铁谱分析则是借助铁谱片（或铁谱沉淀管）上磨粒的百分覆盖面积来确定不同尺寸磨粒的相对含量，从而定量地给出机件的估计磨损速度。应用铁谱技术来分析机器的磨损状态，主要是从以下几方面进行：

1）根据主要磨粒的形成、颜色和尺寸等特征，判定机器（及有关零部件）所处的磨损阶段及相应阶段发生的磨损类别（如疲劳、剥落、腐蚀等）和磨损程度。

2）根据磨损量（即磨损曲线）对机械设备的磨损进度进行定量的判断。

3）根据磨损严重性，确定机械设备磨损的剧烈程度。

4）根据磨粒的材质成分判断机械设备磨损的具体部位及磨损零件。

2. 油样分析技术的特点

1）具有较宽的磨粒尺寸检测范围和较高的检测效率，可以同时给出磨损机理、磨损部位及磨损程度等信息。机械设备摩擦副磨损状态的发展与磨损颗粒的尺寸和数量变化有密切的关系，能有效地检测几微米到上百微米的磨粒的数量变化。目前国内外对润滑油中磨粒的监测分析方法主要有光谱分析法、磁塞检测法和铁谱分析法等。它们的共性是都对磨损微粒进行收集和分析，但各有不同的尺寸敏感范围。三种油样分析方法的检测效率随颗粒尺寸的变化情况如图4-24所示。

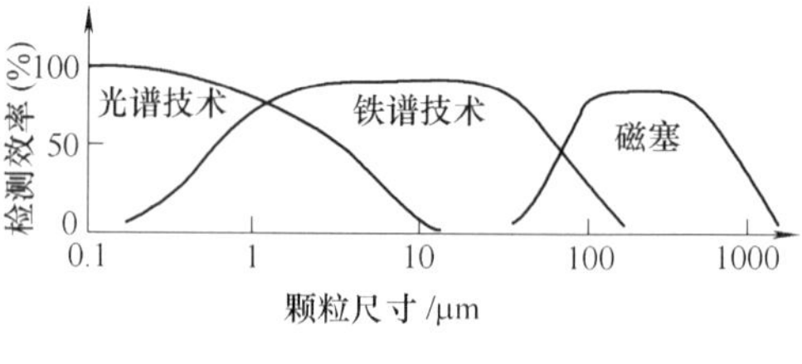

图4-24　三种油样分析的颗粒尺寸敏感范围

2）定性分析与定量分析相结合，提高了诊断结论的可靠性。

3）能准确地检测出系统中某些不正常磨损的轻微征兆，可对早期疲劳磨损、粘着、擦伤、腐蚀等故障作出早期判断。

4）对润滑油中非铁系颗粒的检测能力较低，操作环节较多，监测周期较长，影响因素复杂，结果分析多依赖操作人员的经验。

二、油样铁谱分析仪

1. 磁塞检测法

磁塞检测法是将特制的磁性探头插入循环的润滑系统的适当部位，磁性探头将流过它的润滑油中的铁磁磨粒吸住，定期取下探头上的磨粒进行分析。通过磨粒量与过油量之比，就可以算出润滑油中所含磨粒的浓度。若用光学显微镜或电子显微镜对磨粒进行观察，就可以得到关于磨粒的形状、尺寸甚至成分的信息。根据这些信息，可以判断设备构件的磨损程度和部位。磁塞检测法简便易行，适用于磨粒尺寸大于50μm的情形，并且成本低。但分析粗糙，小磨粒难吸附，非铁磁性磨粒不能收集，探头需要经常更换。

2. 常用铁谱仪

（1）分析式铁谱仪　分析式铁谱仪是最早开发出来的铁谱仪。其用途是分离润滑油样中的磨粒，并能使磨粒依照尺寸大小有序地沉积在一显微镜玻璃基片上，利用铁谱显微镜等观测和分析仪器，实现对磨粒的定性、定量铁谱分析。

分析式铁谱仪的结构与工作原理如图4-25所示。它将从润滑系统中取得的分析油样经稀释处理后取样到玻璃管中，经微量泵将分析油样输送到安放在磁场装置上方的玻璃片的上端，玻璃基片的安装与水平面成一定倾斜角，以便在沿油流方向形成一逐步增强的高强度磁场，同时又便于油液沿倾斜的基片向下流动，从玻璃基片下端经导流管排入废油中。分析油样中的可磁化金属磨粒在流经高梯度强磁场时，在高梯度磁力、液体粘性阻力重力的联合作用下，按磨粒尺寸大小有序地沉积在玻璃基片上，并沿垂直于油样流动方向成链状排列。已经排列成链状的磨粒受磁力线和磁场梯度等作用，与其上方继续沉积并排列成链状的磨粒将会相互排斥而分开，故磨粒链之间会保持一定的距离。在分析油样从基片上流过之后，用四氯乙烯溶液洗涤基片，清除残余油液，磨粒固定在基片上便制成了可供观察和检测的铁谱片。

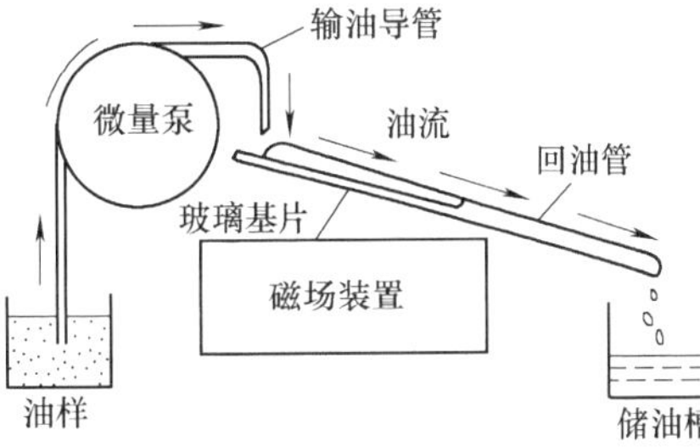

图4-25　分析式铁谱仪工作原理简图

图4-26所示为铁谱片磨粒尺寸分布情况。用于沉积磨粒的玻璃基片又称铁谱基片，可在光密度计上测量磨粒的百分覆盖面积以估计出磨粒的分布密度，并可在光学显微镜和扫描电镜下观察与分析磨粒的形态、大小、数量和成分。传统的光密度测试方法是测量距离出口50mm和55mm两处的光密度读数，分别作为小颗粒 D_S 和大颗粒 D_L 的读数，并以 D_S 和 D_L 为基础，对谱片进行各种定量计算。常用铁谱仪为FTP—1型和TPE—1型分析式铁谱仪。

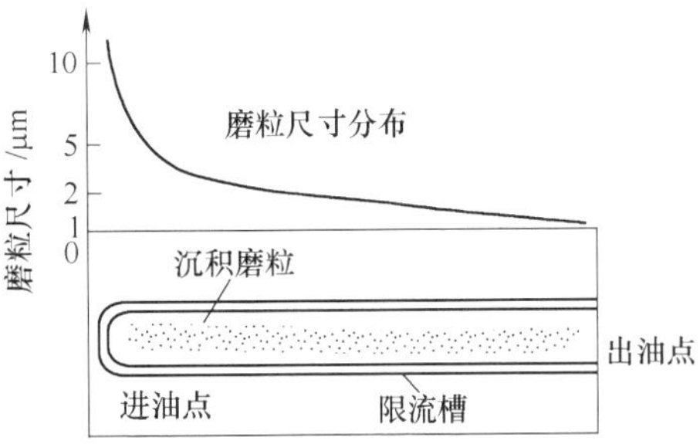

图4-26　铁谱片的磨粒尺寸分布

分析式铁谱仪存在如下问题：

1）由于蠕动泵的挤压作用，常使油样中的磨粒在输送时受到机械损伤，特别是大磨粒常会破碎。

2）对磨粒浓度较高的油样，如果油样不作适当的稀释，可能会在铁谱片的入口处造成磨粒堆积，影响对磨粒的观察和分析且改变磨粒的尺寸分布；高度稀释又可能使磨粒漏失。

3）油样制备程序复杂，对操作者的技术要求较高。

（2）直读式铁谱仪　直读式铁谱仪与分析式铁谱仪非常相似，都是利用高梯度强磁场的原理来收集润滑油样中的铁质磨粒。其不同之处在于分析式铁谱仪能在显微镜下观察研究磨料的形貌，而直读式铁谱仪仅能测定磨粒的数量及其大致的尺寸分布。

图4-27所示是直读式铁谱仪结构示意图。在直读式铁谱仪中，磨粒的沉积原理与分析式铁谱仪相似，只是用一根玻璃沉淀管来代替玻璃基片。制备在试管中的分析油样在重力和虹吸作用下，经过毛细管而进入沉淀管。油样中的铁磁性磨粒在沉积管下面的高梯度强磁场作用下，有序地沉积在玻璃管底部。大于5μm的大磨粒首先沉积，它们一般沉积在沉积管的入口区；1～2μm的小磨粒沉积在较远处。在大、小磨粒沉积位置分别设置有光束发射装置，光束穿过沉积管被设置在沉积管另一侧的光电传感器所接收，可以直接测定磨粒浓度的读数。直读式铁谱仪测量磨粒浓度的光路系统如图4-27所示。这一光电转换测量系统测出的是因磨粒沉积而覆盖沉积管底部造成的光强衰减值，并用直读单位D_S和D_L在液晶数码管上直接显示。D_S和D_L两个光密度读数分别代表大、小磨粒的相对数量，用来表示摩擦副的磨损状态。磨粒在直读式铁谱仪中沉积管内的沉积排列如图4-28所示。由于磁场力的作用，大磨粒（>5μm）在沉积管的入口区首先沉积，而小磨粒则按其尺寸大小有序沉降、分布沉积。

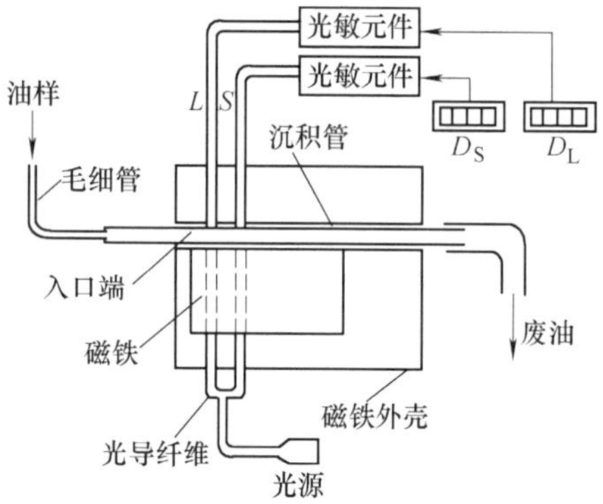

图4-27　直读式铁谱仪结构示意图

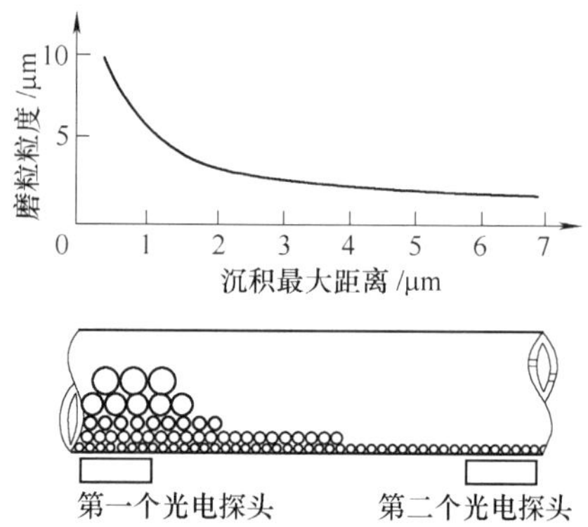

图4-28　磨屑在基片上的沉积规律

直读式铁谱仪的主要特点是能迅速、方便、较准确地测定出油样中大小磨粒的相对数量，能对机械设备的磨损状态给出定量分析。

（3）旋转式铁谱仪　利用磁场力和离心力共同作用而进行磨粒沉积的旋转式铁谱仪，可以很好地解决上述两种铁谱仪的问题。旋转式铁谱仪是一种简便、快捷、廉价的磨粒分离工具。对于含有大磨粒和污染物的油样，采用旋转式铁谱仪制作铁谱片可不必稀释油样；而对于磨粒含量较少的油样，则可通过增加油样量来制作谱片。同时，利用旋转式铁谱仪制作铁谱片不仅能克服磨粒沉积的堆积问题，而且可以避免分析式铁谱仪中磨粒受蠕动泵的机械挤压作用而发生破碎的问题。

旋转式铁谱仪主要由圆形永久磁铁组、变速电动机及多用途转盘等组成，如图4-29所示。转盘上装有油样注射器、清洗液注射器和用于安放沉积磨粒的方形玻璃基片的压头。圆形永久磁铁组由两个同轴的垂直布置的永久磁铁构成。在圆形永久磁铁的上方，装有一个外形有一定楔角的橡皮座，供安放方形玻璃基片。制片时，基片与其下方的磁铁是用一台变速驱动电动机带动旋转来进行工作的。

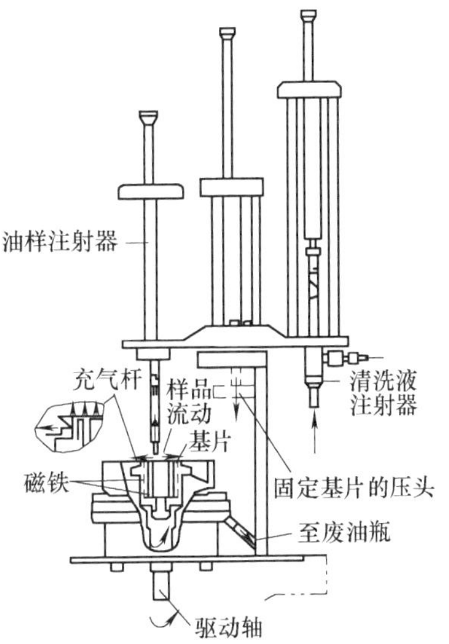

图4-29　旋转式铁谱仪结构原理示意图

旋转式铁谱仪的工作过程如下：首先用油液注射器把约1mL的分析油样输送到置于回转圆形磁铁上方的方形玻璃基片的中心，放置在磁铁上的基片和磁场装置会一起通过传动轴由可调速的驱动电动机带动回转，使滴在基片中心的油液迅速向四周流散，油液中的磨粒在圆形磁铁磁场力和离心力的作用下，按其尺寸大小沉积排列在基片上，分别形成内、中、外三个同心沉积圆环。然后用清洗液注射器将清洗溶剂注入基片上，以清除基片上的残余油液。清洗后，继续转动谱片，以利于清洗液迅速蒸发和谱片甩干并将磨粒固定在基片上，这样就制作成了铁谱片。

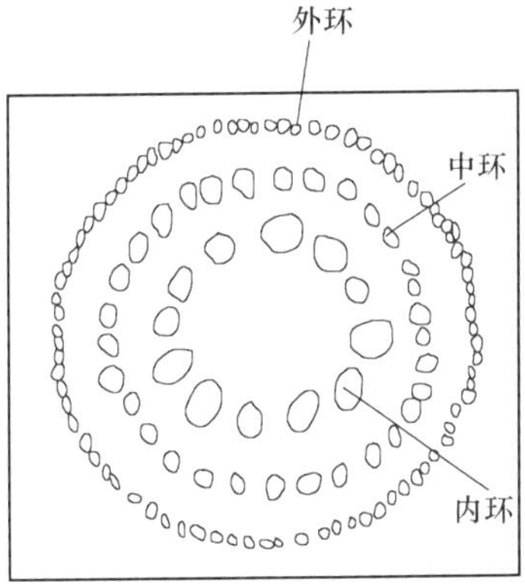

图4-30　磨粒在旋转铁谱片上的分布

通过对旋转铁谱仪铁谱片磨粒的观测发现，谱片上的磨粒是按其尺寸大小分别在基片上排列成内、中、外三个同心圆环磨粒链，它们之间有明显的间隔，如图4-30所示。一般内环沉积的磨粒尺寸大多数为1～50μm，少数大到几百微米甚至更大尺寸；中环沉积的磨粒尺寸通常为1～20μm；外环沉积的磨粒尺寸一般小于10μm。

采用旋转式铁谱仪制备的铁谱片，可在光学显微镜、扫描电镜上进行磨粒形貌观察，也可在图像分析仪上进行磨粒尺寸分布分析和磨粒成分分析，以及在粒子计数器上进行磨粒的铁谱定量分析。

三、铁谱分析与诊断技术

1. 铁谱分析的一般程序

（1）全面了解被监测的设备情况　需要了解的内容如下：

1）机械设备的结构及润滑方式。如载荷情况、摩擦副的相对运动类型、润滑油总量、润滑方式等。

2）摩擦副的材料与性能。如摩擦副材料的成分、热处理情况、表面硬度等。

3）机械设备的运转条件。如机械设备是处于正常载荷还是超载、超速运行，温度情况如何，有无异常等。

4）设备运转历史及维护保养情况。如上次大修的时间、原因、所采取的措施等。

5）润滑油性能。如生产厂家、牌号、批号等。

（2）抽取油样　油样的抽取是油液分析技术的重要环节，其关键是要保证取出的油样具有代表性。

1）取样部位。对于循环油路，取样部位一般在回油管路、经过过滤器之前的位置或油箱中。对于非循环油路，一般在停机后规定的时间内取样。对上述取样，取样位置应相对固定，并在合适的高度取样。在机械设备润滑系统中采集铁谱分析油样时，常用的两个取样位置是润滑油箱和润滑回油管路。为使所取油样充分具有代表性，以反映实际机械设备的磨损工况，取样点一般应选在过滤器之前，并能够流经机械设备系统全部摩擦副磨损表面的位置。

2）取样间隔。取样间隔要根据机械设备的运行情况、重要性、使用期、负载特性等因素来确定。经验表明，机械设备的大部分损坏主要发生在运转初期的磨合期和设备磨损期。所以在该期间取样次数应安排得多一些，取样间隔时间应短一些。通常在一部新设备刚投入或设备大修后运转初期，可1h取一次油样，若未发现不正常运转，以后每隔数小时取样一次即可。进一步稳定运行后，可间隔数天取样一次。

机械设备经过较长时间运转后，零部件进入剧烈磨损阶段，这时因机械磨损状态变化较大，所以取样次数应多一些，取样间隔时间应短一些，并密切注意机械设备运转动向，为机械故障诊断提供准确的信息。

随着机械磨合过程的完成，根据机械预报失效可靠性的要求程度，加大取样间隔时间。表4-14推荐了几种设备在正常磨损期内的取样间隔时间。

表4-14　设备取样间隔时间参考值　（单位：h）

设备种类	磨合阶段	正常磨损阶段	失效前夕
地面液压系统	50	200	80
煤矿井下液压系统	20	50	20
地面传动装置	100	300	100
煤矿井下传动装置	30	100	30
柴油机	—	200	—

3）取样规范。对某一待监测设备，除了要固定取样位置、停机后（或不停机）取样时间外，还应绝对保证吸油器具的清洁无污染，即无上次使用的残油、无其他污染颗粒和水分混入。不得将污染杂质带入采取的油样和待监测的设备。

4）做好原始记录。认真填写样品瓶所贴的标签，包括取样日期、油品种类、取样部位、机械设备运转时间、取样人员等情况。

（3）油样处理　为保证从大的取样瓶中取出的少量油样具有代表性，铁谱油样必须使磨粒在大油样瓶中均匀散布，为此需要对油样进行加热、振荡。油样的粘度、磨粒浓度应在一个比较合适的范围内，为此需要对油样进行稀释，调整其粘度与磨粒浓度。

对润滑脂进行铁谱分析时，还需要对油脂试样进行适当的溶解。

（4）制备铁谱片　铁谱片的制备在铁谱仪上完成。供分析铁谱仪使用的玻璃基片的规格为60mm×25mm×0.18mm，有效工作长度为56mm，做出U形栅栏，然后放到烘箱中加热到特定固化温度，U形栅栏的作用是供制作铁谱片时引导油液沿基片中心线经导流管流向废油收集瓶。铁谱基片U形栅栏外涂有一黑点，作为工作面的记号。

（5）磨粒分析　铁谱分析技术中磨粒识别、判断是最重要又复杂的环节。通常根据磨粒的成分、尺寸、形状及表面形貌的磨粒产生的原因，来推断磨损机理，为故障诊断提供依据。

（6）铁谱的定性与定量分析　铁谱的定性分析是使用铁谱显微镜对铁谱片上沉积的颗粒形状、尺寸大小、形貌和成分进行分析，建立磨损状态类型和磨损颗粒形态的相互关系，判别磨损程度，确定失效情况和磨损部位的过程。

2. 铁谱的形貌分析

（1）不同阶段的磨粒特征　铁谱分析技术的特点在于它不但能定量测量润滑油系统中大、小磨粒的相对浓度，而且能间接考察磨粒的形态、大小和成分。

1）磨合阶段磨粒特征。在一定载荷作用下，摩擦表面逐渐磨平，实际接触面积逐渐增大，磨损开始很快，然后减慢。这一阶段的磨屑是各种各样的。

2）稳定磨损阶段磨粒特征。经过跑合后，摩擦表面几何形状发生改变，形成了正常的磨合，磨合面形成剪切混合层，此时的磨损已稳定，摩擦表面的总磨损量与时间成正比地增加，但是单位时间的磨损量不随时间而变，此时零件的磨损称为正常摩擦磨损，磨粒为正常摩擦磨损颗粒。

3）急剧磨损阶段磨粒特征。磨损过程后期，磨损速度急剧增加，摩擦表面温度往往急剧增高，金属组织也发生了很大变化，机械部件精度大大降低，很快导致失效，此时机械运转还伴随异常的噪声和振动，这一阶段是故障诊断和失效预报的关键阶段。由于磨损的形式不同，磨屑颗粒也不同。

（2）主要磨屑类型的识别方法

1）正常摩擦磨损颗粒。正常摩擦是指机械设备在正常运转状态下所产生的磨损，这时的磨屑是一些具有光滑表面的“鳞片”状颗粒，其尺寸范围为长轴尺寸从15μm到0.5μm甚至更小，厚度在1～0.15μm之间。较大的磨屑，其长轴尺寸与厚度之比约为10∶1；小磨屑长轴尺寸与厚度之比约为3∶1。

2）切削磨损颗粒。摩擦副中较硬的一方由于安装不良或出现裂纹，造成硬的刃边切入较软的一方产生磨屑。这种磨屑通常都比较粗大，平均宽度为2～5μm，长度为25～100μm。

润滑系统中的外来污染颗粒或系统内的游离零件磨屑，均可嵌入摩擦副中的较软摩擦表面产生微切削。这种方式产生的磨屑粒度与污染颗粒的粒度成正比。一般来说，这种机理产生的磨屑厚度可小到0.25μm，长度可达5μm。切削磨损颗粒是非正常磨损颗粒，如果系统中大多数切削磨损颗粒的长度为几微米，宽度小于1μm，则可以判定润滑油系统中有粒状污染物存在。如果系统中长度大于50μm的大切削颗粒快速增多，说明零件的损坏即将发生，应预报失效。

3）滚动疲劳颗粒（滚动轴承）。这种颗粒通常产生于滚动轴承的疲劳过程中，它包括三种不同形态：疲劳剥离磨屑、球状磨屑和层次磨屑。

疲劳剥离磨屑是在点蚀或麻点形成时由剥离的实际材料构成的。磨屑的最大粒度可达100μm，其长轴尺寸与厚度之比约为10∶1。这种磨屑的表面光滑，有不规则的周边。如果系统中大于10μm的疲劳剥离磨屑有明显的增加，这就是轴承失效的预兆，可对轴承的疲劳磨损进行初期预报。

球状磨屑是在轴承的疲劳裂纹中产生的。一旦出现球状磨屑，就表明轴承已经出了故障，有时甚至在疲劳剥离磨屑出现之前，球状磨屑就已经出现，这种球状磨屑的直径为1～5μm。产生球状磨屑的原因不只是滚动轴承的疲劳磨损，气蚀、焊接和磨削等加工也可能产生球状的金属颗粒，因此监测滚动轴承的疲劳磨损时有必要区分球状磨屑和其他金属球形颗粒。一般球状疲劳磨屑都比较小，大量的磨屑直径小于3μm，其他原因产生的球形金属颗粒的直径往往大于10μm，据此可对它们进行区分。

层次磨屑是第三种滚动疲劳磨屑，其粒度为20～50μm，长轴尺寸与厚度之比约为30∶1。这种层次磨屑很可能是因磨屑粘附于滚动元件的表面之后，又通过滚动接触辗压而成的，在这类磨屑上经常可以见到孔洞。层次磨屑在轴承的整个使用期内都会产生，但当疲劳剥落发生时，这种层次磨屑量会大大增加，并伴有大量球状磨屑产生。因此。如果系统发现有大量层状磨屑和球状磨屑存在，并且还在继续增加，就应当预报滚动轴承已存在导致剥离的显微疲劳裂纹。

4）滚动-滑动复合磨损。在齿轮齿面的啮合过程中，相对滚动和滑动并存，所以齿轮的磨损形式包括滚动疲劳和粘着磨损两种。节线处的磨损类型主要是疲劳、胶合和擦伤，其疲劳磨屑与滚动轴承所产生的磨屑有许多共同之处，通常都具有光滑的表面和不规则的外形，磨屑的长轴与厚度之比为4∶1～10∶1。拉应力使疲劳裂纹在剥离之前向轮齿的更深处发展，促成块状磨屑的产生。与滚动轴承相似，齿轮疲劳可产生很高比例的尺寸大于20μm的磨屑，但不会产生球状磨屑。

5）严重滑动磨损。滑动表面由于载荷或速度过高而出现的磨损现象称为严重滑动磨损。这时剪切混合层失去“动态平衡”，变得很不稳定，出现大颗粒脱落，磨损率加大。如果表面应力继续增加，就会造成整个表面发生剥落，出现破坏性磨损。大磨屑与小磨屑数量之比，取决于表面应力超过极限值的程度，应力值越高，大磨屑的比例就越大。严重滑动磨屑的粒度范围在15μm以上，这类磨屑表面有划痕，有直的棱边，长轴尺寸与厚度之比约为10∶1，随着这类磨损程度的加剧，表面的划痕和直边也更显著。

图4-31所示是某机械设备初期磨损（磨合期）的磨粒形态，图中有大量正常滑动磨损磨粒、切削磨损磨粒、少量的球状磨粒和黑色氧化物团粒。图4-32所示是该机械设备的几块切削磨损磨粒。图4-33所示是该设备大修前出现的严重滑动摩擦磨粒，尺寸达150μm×70μm，边缘平直，表面有明显的滑动摩擦划痕。

图4-31　初期磨损的磨粒形态

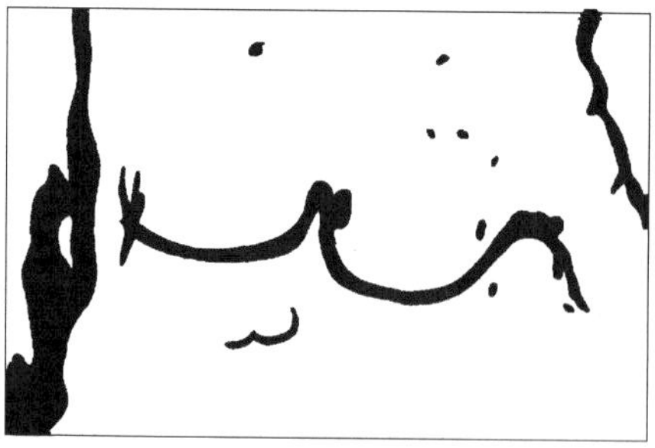

图4-32　切削磨损的磨粒形态

图4-33　严重滑动磨损的磨粒形态

3. 铁谱的定性分析

铁谱定性分析是使用铁谱显微镜对铁谱片上沉淀的颗粒进行形状、尺寸大小、形貌和成分的分析，建立磨损状态类型与磨损颗粒形态的相互关系，判别摩擦副的磨损程度，以确定失效情况和磨损部位。

根据不同的金属零件，磨损颗粒按其产生的方式可分为钢铁磨损颗粒、轴承合金磨屑、铁的氧化物、润滑剂的变质产物和摩擦聚合物、污染颗粒。

（1）钢铁磨损颗粒的识别　钢铁磨损颗粒或合金组成的摩擦副在运动中产生的颗粒，按其磨损情况、颗粒尺寸和形貌分为三大类：摩擦磨损颗粒、切削磨损颗粒、滚动疲劳磨损颗粒。

（2）轴承合金磨屑的识别　轴承合金没有磁性，因此，在铁谱片上不按磁场方向排列，以不规则方式沉淀，它们的尺寸沿谱片的分布与铁磁性颗粒从大到小有序排列有着明显的区别。

铜合金有特殊的红黄色，因而易于识别。对于铅、锡合金，在铁谱片上经常可以看到许多游离的铅、锡合金磨屑，且铅、锡合金磨屑往往已被氧化。如果轴承润滑不良或者在起动和停车时轴承的油膜被破坏，则会产生氧化磨屑。铅、锡轴承的另一种磨损是腐蚀磨损，腐蚀磨损造成极细的微粒，往往在铁谱片的出口端大量沉积。

（3）铁的氧化物识别　铁的氧化物可大致分为红色和黑色两种。铁谱片上出现红色氧化物，表明润滑系统中有水分存在，润滑不良，应当改善。红色氧化物是铁和氧在常温下反应的最终生成物。如果铁谱片上出现黑色氧物，则说明系统润滑严重不良，在磨屑生成过程中曾出现过高热阶段。大块的深色金属氧化物的出现，是部件毁灭性失效的征兆。

（4）润滑剂的变质产物和摩擦聚合物的识别　腐蚀磨屑是一种非常细小的颗粒，其尺寸在亚微米级，其沉积的部位在铁谱片的出口处。

摩擦聚合物是细碎的金属磨损颗粒嵌在无定形的透明或半透明的基体中。油样中存在摩擦聚合物一般表示可能存在问题，但还需要进一步分析，油中适当的摩擦聚合物可以防止胶合磨损，但过量会使润滑油粘度增加，堵塞油过滤器，使大的污染颗粒和磨屑进入设备的摩擦表面，造成更大的磨损。

二硫化钼是一种有效的固体润滑剂，铁谱片上的二硫化钼往往表现出多层剪切面，而且有带直角的直线棱边。虽然它具有金属光泽，但颜色为灰紫色。二硫化钼具有反磁性，往往被磁场所排斥。

（5）污染颗粒及合金成分的识别　对污染颗粒除常规识别外，还可采用对铁谱基片加热分析的方法进行识别。这种检测方法对分析、判别多部件磨损工况下润滑油中各类材质的磨屑成分是一种极为有效的方法。可对铁谱片上的铸铁、低合金钢、不锈钢等多种金属磨屑材料进行鉴别。如将铁谱片加热到330℃（时间为90s），低碳钢磨屑变为调和的蓝色，铸铁屑会变为淡黄色，而铝、铬和铅屑仍为白色，甚至加热到500℃时，铬、铅和钼等仍为白色。铁谱片加热检测鉴别见表4-15。

表4-15　铁谱片加热检测鉴别（加热时间为90s）

识别方法 \ 材料	加热温度			
	330℃	400℃	480℃	540℃
碳素钢、低合金钢	蓝色	灰白色		
中合金钢（w_C=3%～8%）	深黄色到青铜色	深青铜色和部分有蓝色斑点		
高镍合金	不变色	不变色	大多数颗粒上带显蓝的青铜色	所有颗粒呈蓝色或蓝灰色

（续）

材料 \ 识别方法	加热温度			
	330℃	400℃	480℃	540℃
高合金钢	不变色	一般不变色，某些颗粒上轻微发黄	淡黄色到青铜色，部分颗粒上带有轻微蓝色	大部分颗粒仍为淡黄色到青铜色，部分颗粒呈蓝色斑点
Al	不变色	不变色	不变色	不变色
Cr	不变色	不变色	不变色	不变色
Mg	不变色	不变色	不变色	不变色
Mo	不变色	微带深紫色的黄褐色		
Ti	不变色	深褐色	深褐色	深褐色
Zn	不变色	不变色	深褐色	深褐色

4. 铁谱的定量分析

铁谱技术的定量分析是用一个或几个参数值来描述设备磨损特征和磨损状态的方法。定量铁谱的理论依据之一是磨损颗粒的最大尺寸与磨损方式有关；理论依据之二是机械的磨损率是磨损工况的重要指标，机械磨损率的改变，必然导致润滑油中磨屑生成和沉积的平衡浓度改变，因此可以把铁谱片上磨屑的总数作为定量铁谱分析的另一指标。

（1）定量参数　利用铁谱显微镜测定铁谱片上分别代表大颗粒的 D_L 和代表小颗粒的 D_S，可以得到一系列参数。

对磨粒的监测表明，在正常磨损过程中所产生的磨损颗粒的最大尺寸一般在 15μm 以下，其中大多数是 2μm 或更小的磨粒；而任何不正常的磨损过程中，大多数磨损颗粒的尺寸大于 15μm。所以，磨损过程的第一特征是磨损颗粒的最大尺寸与磨损方式有关。在正常磨损过程中，D_L 值近似等于 D_S 值。当设备出现非正常磨损时，一方面磨损的速率急剧上升，另一方面大磨损颗粒的相对尺寸急剧增大，大颗粒与小颗粒的数量比例发生明显变化，即 D_L 的值将远远大于小颗粒 D_S 的值。

1）标准磨粒浓度（*WPC*）。标准磨粒浓度是指每毫升油中的磨粒数量，用 $D_L + D_S$ 表示。

2）磨损烈度指数（I_0）。表征磨损变化程度和磨损速率。磨损烈度指数从总磨损和磨损度两方面综合评价设备在不同时刻的磨损程度，表征设备实际状态。

$$I_0 = (D_L + D_S)(D_L - D_S) = D_L^2 - D_S^2 \tag{4-29}$$

对旋转式铁谱仪，三圈磨粒各自的光密度读数为 A_L、A_M 和 A_S。

$$I_A = A_L^2 - (A_M + A_S)^2 \tag{4-30}$$

式中 $D_L + D_S$ 值的大小，表明非正常磨损状态发生时磨损颗粒增加的情况，反映不同时间磨损数量的变化，通常称为总磨损。累计总磨损 $\sum(D_L + D_S)$ 表示系统每次测量总磨损量的累积值。$(D_L - D_S)$ 表征非正常磨损状态的变化程度，反映不同磨损时间里磨损颗粒尺寸比例的相对变化，称为磨损度。累积磨损严重度 $\sum(D_L - D_S)$ 表示大颗粒读数和小颗粒读数之差的累积值。

3）大颗粒百分比（*PLP*）。是指大颗粒在颗粒总量中所占的百分数

$$PLP=\frac{(D_L-D_S)}{(D_L+D_S)}\times 100\% \tag{4-31}$$

（2）定量分析　对于大多数设备，通常使用以下方法来定量分析设备磨损情况：

1）分别以（D_L+D_S）和 I_0 为纵坐标，以运转时间为横坐标绘出曲线，根据曲线急剧上升情况判断磨损的状态。

2）分别以 $\sum(D_L+D_S)$ 和 $\sum(D_L-D_S)$ 为纵坐标，以运转时间为横坐标绘出曲线，根据曲线突然互相靠近的一点作为磨损严重程度的特征。

3）以累积值 $\sum D_L$ 作为取样时间函数，绘成曲线。由于每一新读数均被加到以前所有读数的总和上，而该曲线是该累积值总和相对于取样时的设备运行时间（小时）绘成的，因此若读数相同且取样频率相同，则图形为一直线。如果读数增加，所得曲线的斜率也增加，则表明异常磨损将开始。

5. 铁谱技术的应用

在机械设备状态监测与故障诊断技术中，由于铁谱技术可以满足机械设备诊断的四个基本要求，即指出故障发生的部位、确定故障的类型、解释故障产生的原因和预告故障恶化的时间。所以铁谱技术能体现现代机械设备状态监测的发展趋势特点。

（1）齿轮箱磨损状态检测的应用　图 4-34 所示是采用铁谱技术监测一齿轮箱磨损状态的结果图。图 4-34a、b 和 c 分别为大、小磨粒铁谱读数 D_L、D_S 和磨损烈度指数 I_0 与齿轮工作时间的关系曲线。从图中可以看出，在齿轮箱磨合时表现出较高的磨损率；随着齿轮箱磨合过程的结束，磨损率下降并趋于稳定；在齿轮箱进入破坏性磨损期时，其磨损率又迅速增大。

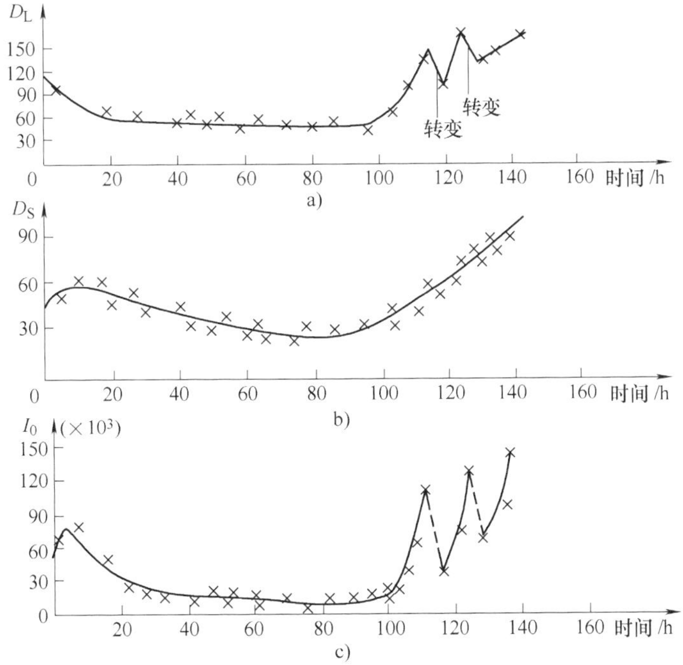

图 4-34　齿轮箱寿命试验 D_L、D_S 及 I_0 与时间关系

（2）滚动轴承磨损状态监测的应用　轴承是各类机器中的重要支承零件，它的失效或损坏将直接影响机械设备工作的可靠性。国内外研究结果表明，当轴承接近疲劳时，球形磨粒的大量出现以及总磨损 D_L+D_S 和磨损烈度指数 $I_0=D_L^2-D_S^2$ 值的突然增大，可视为轴承疲劳剥落的先兆。图 4-35 所示是 306 轴承疲劳失效的铁谱曲线。

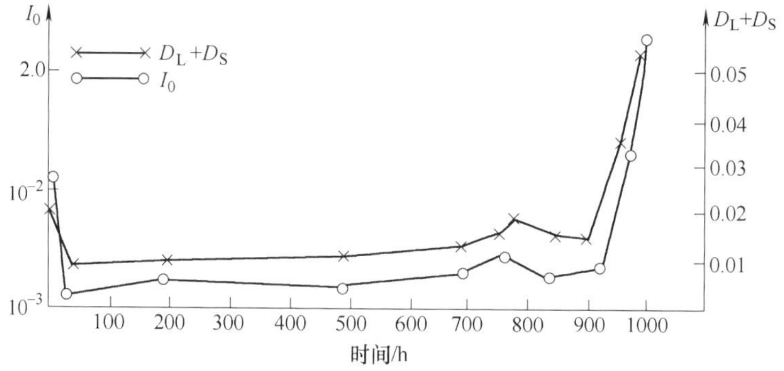

图 4-35　306 轴承疲劳失效的铁谱曲线

四、油样光谱分析技术

油样中含有金属元素的原子在高压放电或高温火焰燃烧时，原子核外的电子吸收能量从低能级轨道跃迁到较高能级的轨道，但是这样的原子能量状态是不稳定的，电子会自动地从高能级轨道跃迁回原来的能级，与此同时，以发射光子的形式把吸收的能量辐射出去。不同元素的原子放出光的波长不同，称为特征波长。经过棱镜或光栅分光系统，将辐射线按一定波长顺序排列，所得到的谱图称为光谱。测量各特征波长的谱线和强度，就可测到该种元素存在与否及其含量多少，从而推断出产生这些元素的磨损发生部位及其严重程度，并依此对相应的零部件工作状态作出判断。

油液的光谱分析主要有三种方法：原子吸收光谱测定法、原子发射光谱测定法和 X 射线光谱测定法。

1. 原子吸收光谱测定法

原子吸收光谱测定法又称火焰法，是将油样进行稀释，然后喷射到火焰上，使金属元素的原子裂化，变为原子蒸气。另外，一个已调整好的光源（空心阴极灯）是由所要分析的元素制成的，当它点燃时，就发出具有该元素特征波长的光，使它的射线穿过火焰区。射线中的一部分光被相应的元素原子所吸收（如空心阴极由铁元素组成，则该射线穿过火焰区后，一部光线就被火焰中具有铁元素的原子所吸收），其吸收量正比于油样中该元素的浓度。透过火焰后的光线经过波长选择器（由棱镜或光栅加上透镜系统组成）将其他波长的发射线分离掉，而只让被测元素所具有的特征波长光线通过，然后由光电倍增管和放大电路组成的光电探测器把光信号转变为电信号，输入读出装置（浓度表、记录仪或打印机）。原子吸收光谱测定法的原理如图 4-36 所示。

元素的浓度值经过标准样器标定后，根据吸收光度的大小，就可以准确测定出油样中各种元素的浓度。

原子吸收光谱测定法的优点是分析灵敏度高、精确度高，不受周围环境干扰，适用范围广，取样量少；缺点是测一个元素就要换一灯，比较麻烦。

2. 原子发射光谱测定法

原子发射光谱测定法又称电火花法，是将被分析的油样由旋转的石墨盘带到与石墨棒之间的间隙中，石墨盘与棒作为两个电极通以高压电（15000V），使油样蒸发，直接激发油样中的金属元素，受激发的金属放出射线，光线通过光导纤维引到入射狭缝。由狭缝出来的光变为狭窄的带状，经偏转板到光栅后被分为不同波长的谱线，在聚焦曲面上的出射狭缝处就分离为各个元素的不同波长的被测光线。每个狭缝后均设置一个光电倍增管，把光信号转变为电信号，经过积分电路将电流按准确的时间间隔积分，这样就形成了与光电管接收光量成正比的电压。最后通过放大器和电子处理电路，将电压信号转变为数字量，所测的结果与计算机中存储的校正曲线数据对比，便可计算出各个元素的浓度。原子发射光谱测定法的工作原理如图4-37所示。

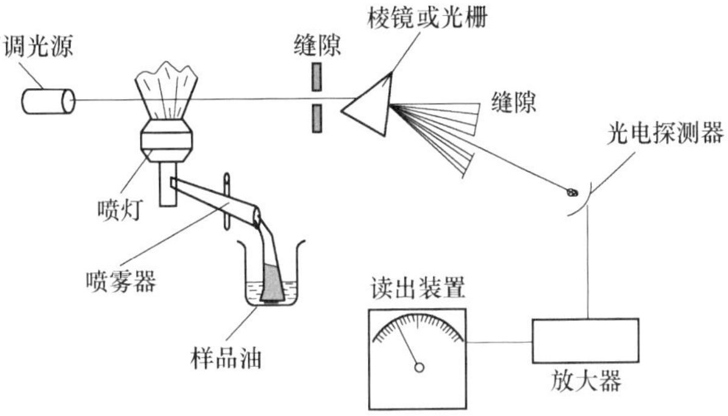

图4-36　原子吸收光谱测定法原理

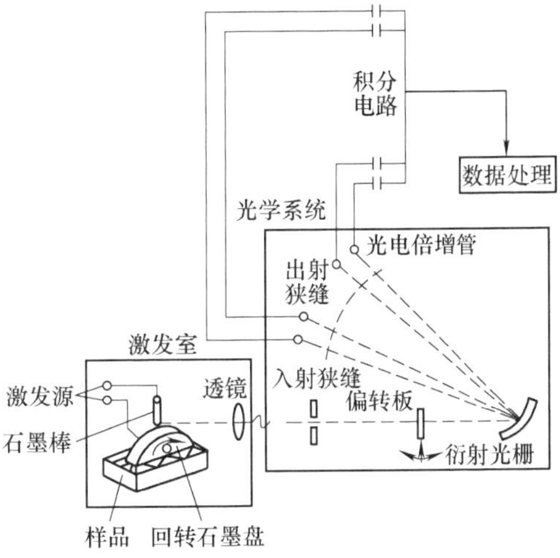

图4-37　原子发射光谱测定法原理

原子发射光谱测定法的优点是分析速度快，测量准确，不需要对油样进行稀释等预处理工作；缺点是原子发射光谱仪价格昂贵，只能分析含量较低且颗粒尺寸很小（$<10\mu m$）的磨屑，而且检测的灵敏性与微粒的尺寸大小成反比。

【任务实施】

1. 任务实施前的准备

做好班前安全教育，使学生具有安全生产意识和相关安全生产知识。

2. 知识要求

1）能够说出油样分析方法及适用的磨粒范围。

2）能够说出油样铁谱分析技术方法及其应用、铁谱定性和定量分析方法，熟悉典型零部件在不同运行期的磨粒特点。

3）能够说出光谱分析的原理。

3. 矿山机械设备铁谱分析技术的实施过程及分析方法

到教学矿井参与大型固定设备轴承、减速箱的铁谱分析工作。通过对铁谱的定性和定量分析，监测设备状态，明确典型零部件的铁谱磨粒特点，对设备故障作出明确的判定结论。

【任务考评】

过程考评	配分	考评内容	考评实施人员
素质考评	12	生产纪律	专职教师和现场教师结合进行综合考评
	12	遵守生产规程情况、安全生产	
	12	团结协作情况、与现场工程人员交流情况	
实操考评	12	理论知识口述：油样分析方法、铁谱仪结构原理、铁谱分析的一般方法、油样磨粒的形貌特征、铁谱定性分析方法、铁谱定量分析方法、油样光谱分析方法原理	
	12	任务实施过程中注意观察和记录，注意教学过程的原始资料积累	
	12	手指、口述铁谱仪结构、油样磨粒形貌特征	
	12	完成本次工作任务，效果良好	
	16	按工作任务实施指导书完成学习总结，总结所反映出的工作任务完整、信息量大	

【思考与练习】

1. 光谱分析法、磁塞检测法和铁谱分析法的特点和适应范围是什么？
2. 铁谱分析的一般方法是什么？
3. 试比较不同磨损阶段、不同条件下的磨粒外貌特征。
4. 铁谱定性分析包括哪些内容？
5. 铁谱定量分析的基本方法是什么？

课题五　无损探伤技术及其应用

【任务描述】

无损探伤技术能够在不影响零件使用性能的前提下，对零件缺陷作出定性、定量判断，具有独特的技术优势。本课题主要介绍超声探伤技术，通过本课题的实施，使学生了解超声检测的基本原理，了解超声探伤的方法和过程。

【知识学习】

无损检测是指对材料或工件实施一种不损害或不影响其未来使用性能或用途的检测手段，包括超声检测、射线检测、电磁检测、渗透检测、涡流检测及声发射检测等多种方法。在五种常规的无损检测方法中，超声检测和射线检测使用最为广泛。

一、超声检测

1. 超声波的特征

超声波是一种质点振动频率高于 20kHz 的机械波，因其频率超过人耳听阈（16Hz ~

20kHz）而得名。超声检测最常用的频段为0.5~10MHz。

超声波是一种频率很高的毫米波，有很好的指向性和很强的穿透能力，超声波可在物体界面上或内部缺陷处发生反射、折射和绕射。超声检测就是利用了超声波的这些特性来进行的。

（1）超声波的产生与接收　超声检测所用的超声波是在压电材料（如石英、钛酸钡等）的晶片上施加高频电压后产生的。在晶片的上、下面镀上很薄的银层作为电极，在电极上加上高频电压后，晶片就在厚度方向上产生伸缩。这样电的振荡转换为机械振动，并在介质中进行传播，如图4-38所示。与此相反，将高频振动（超声波）传到晶片上时，使晶片发生振动，这时在晶片的两极就会产生频率与超声波相同，强度与超声波强度成正比的高频电压，这就是超声波的接收。

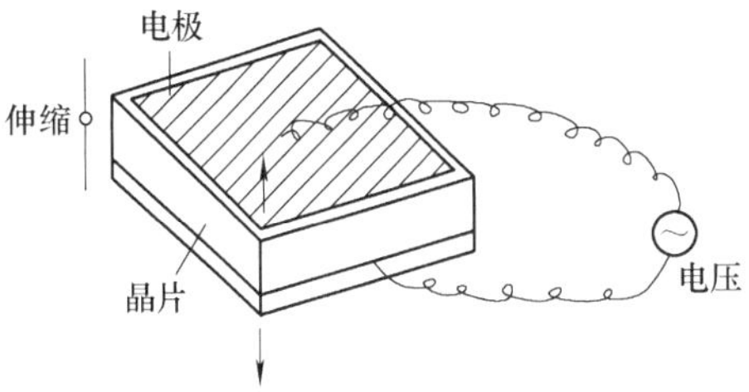

图4-38　超声波的产生与接收

（2）超声波的种类　作为一种弹性波，超声波是靠弹性介质中的质点不断运动进行传播的。当质点振动方向与弹性波的传播方向相同时，称为纵波，如图4-39a所示。纵波又称为疏密波，是由于介质中的质点交替地受到拉伸和压缩而形成波形，纵波可以在固体、气体和液体中传播。质点振动方向与传播方向垂直的弹性波称为横波，如图4-39b所示，横波只能在固体中传播。此外，还有在表面传播的表面波，图4-39c所示为在薄板中传播的板波。表面波的质点运动兼有纵波和横波的特性，其运动轨迹比较复杂。

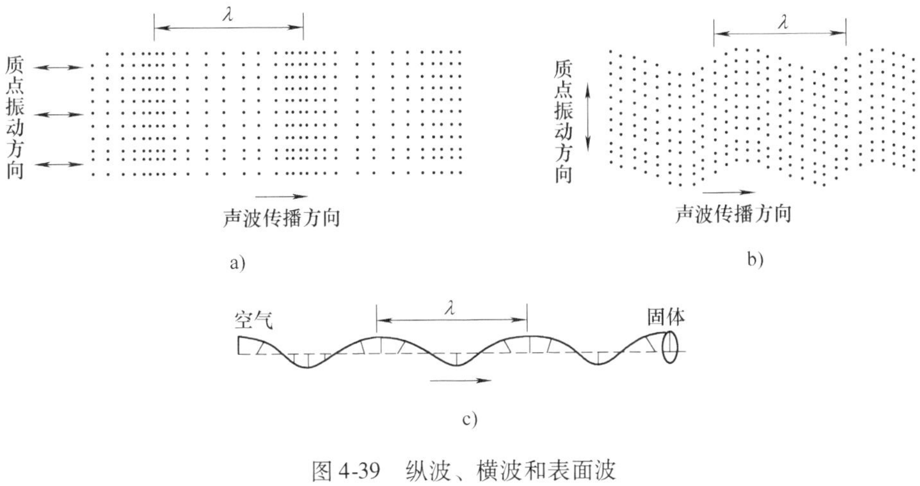

图4-39　纵波、横波和表面波

a）纵波　b）横波　c）表面波

（3）超声波的反射与穿透　当超声波传到缺陷处、被检物底面或不同金属结合面处的不连续部分时，会发生反射。

1）垂直入射的反射与穿透。当超声波垂直传到界面上时，一部分被反射，剩余部分穿透过去。这两部分的比率取决于接触界面的两种介质的密度和在该介质中传播的速度。当钢中的超声波传到空气界面时，由于声波在空气和钢中传播的速度相差较大，且两者的密度也相差很大，因此超声波在界面上几乎全部被反射了，透射不到空气中去。在钢与水的界面上，88%的能量被反射，12%穿透出来。

因此，如果探头与被检物之间有空气存在，则超声波不传递，只有两者之间涂满了油或甘油等液体（耦合剂）时，超声波才能较好地传播出去。

2）斜射时的反射与穿透。当超声波斜射传到界面上时，在界面上会产生反射和折射。假如介质为液体，则反射波和折射波只有纵波。把斜探头接触钢件时，因为两者都是固体，所以反射波和折射波都存在纵波和横波。

（4）小物体上的超声波反射　当超声波碰到缺陷（即异物）或孔洞时，就会在那里发生反射和散射。可是当这些缺陷的尺寸小于波长的一半时，由于衍射的作用，波的传播就与缺陷存在与否没什么关系了。因此在超声探伤中，缺陷尺寸的检出极限为超声波波长的一半。

2. 超声检测设备

（1）超声波检测仪　超声波检测仪是超声波检测的主体设备，直接影响到检测结果的可靠性。

超声波检测仪的作用是产生电振荡并加于探头，使之发射超声波。同时，还将探头送回的电信号进行滤波、检波和放大等，并以一定方式将检测结果显示出来。人们以此获得被检工件内部有无缺陷，以及缺陷的位置、大小和性质等方面的信息。

超声波检测仪种类繁多，分类如下：

1）按超声波的连续性分，有脉冲波检测仪、连续波检测仪和调频波检测仪。

2）按缺陷显示的方式分，有A型显示检测仪、B型显示检测仪和C型显示检测仪。其中，A型显示脉冲反射式超声波检测仪最常用。

3）按超声波的通道数分，有单通道检测仪和多通道检测仪。

（2）超声波探头　超声波探头实际上是一种机械能和电能互相转换的换能器，大多数是利用压电效应制作的，其功能是发生和接收超声波。

根据超声波波形的不同，探头可分为纵波探头（又称直探头或平探头）、横波探头（又称斜探头）和表面探头等。根据检测方式，可分为接触式探头和水浸式探头。

纵波探头用于发射和接受纵波，由保护膜、压电晶片、阻尼块、外壳、电器接插件等组成，如图4-40所示。

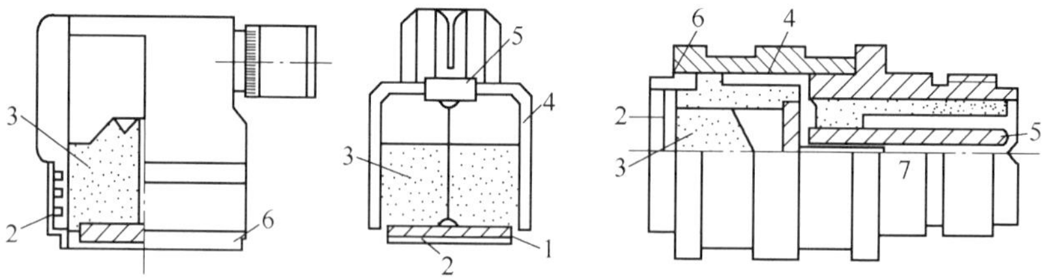

图4-40　纵波探头的结构形式

1—保护膜　2—压电晶片　3—阻尼块　4—外壳　5—电极　6—接地用金属环　7—导线

横波探头是应用波形转换得到横波的，其结构如图4-41所示，通常由压电晶片、声陷阱、透声楔、阻力块、电器接插件和外壳组成。由于在工件中折射横波时，压电晶片产生的纵波要倾斜入射到工作表面上，因此晶片是倾斜放置的。由于有一部分声能在透声楔边界上反射后，经过探头内的多次反射，返回到晶片被接收，从而加大发射脉冲的宽度，形成了固定干扰杂波，所以要设置声陷阱来吸收这些声能。可以采用在透声楔某部位打孔、开槽、贴吸声材料等方法制作声陷阱。横波探头的晶片是粘贴在透声楔上的，晶片多为方形，透声楔多用有机玻璃，为了使反射的声波不返回到晶片上，对于不同折射角的探头，透声楔的尺寸和形状应不同。

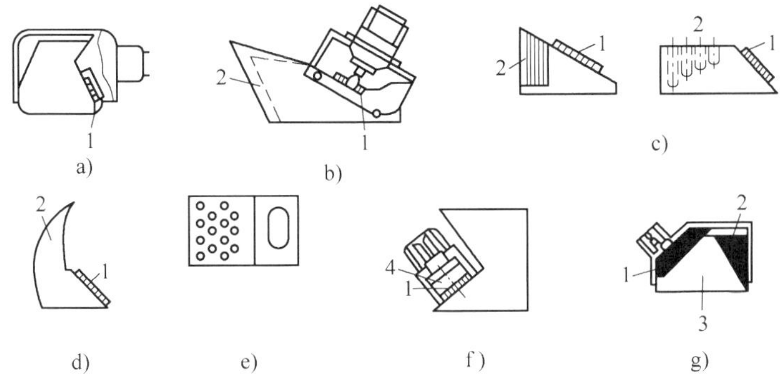

图 4-41　横波探头的结构形式

1—压电晶片　2—声陷阱　3—透声楔　4—阻力块

横波探头的入射角和频率应根据理论计算确定。

（3）试块　按一定用途设计制作的具有简单形状人工反射体的试件称为试块。超声检测中使用的试块常分为标准试块和对比试块两大类。

1）标准试块。它是由国际标准化组织等权威机构规定的试块，对试块的材质、形状、尺寸及表面状况等都作了统一的规定。我国的标准试块分为国家标准（GB）和行业标准两大类。标准试块主要用于测试、校验检测仪和探头的性能，也可用于调整探测范围和确定检测灵敏度。

2）对比试块。也称参考试块，它是由各部门按某些具体检测对象规定的试块，如我国的 CSK-ⅡA、CSK-ⅢA 试块等。参考试块主要用于调整探测范围、确定检测灵敏度、评价缺陷大小和对工件进行评级判废等。

3. 超声检测技术

（1）脉冲反射法　脉冲反射法是用一定持续时间、一定频率发射的超声脉冲进行缺陷诊断的方法，其结果用示波器显示。脉冲反射垂直检测原理如图 4-42 所示，将探头置于被测面上，电脉冲激励的超声脉冲经耦合剂进入工件，传播到工件底面，如果工件底面光滑，则脉冲反射回探头，声脉冲又变换回电脉冲，由仪器显示。仪器显示屏上的时基线与激励脉冲是同步触发的，在时基线的始端出现始波 T（图 4-43），当探头接收到底面反射波时，时基线上出现底波 B。时基线从 T 扫描到 B 的时间恰好为脉冲在工件中传播的时间，据此可算出其厚度。如果工件中有缺陷，则其反射伤波 F 将显示在时基线上，故可利用 T、F、B 之间的距离关系判断缺陷的部位及大小。

设检测面到缺陷的距离为 x，材料的厚度为 t，于是在示波器上可以显示出发射脉冲 T 到缺陷回波 F 处的长度 L_F，以及从 T 到底面回波 B 处的长度 L_B。因为声速在被检测物中是一个定值，因此可得下式

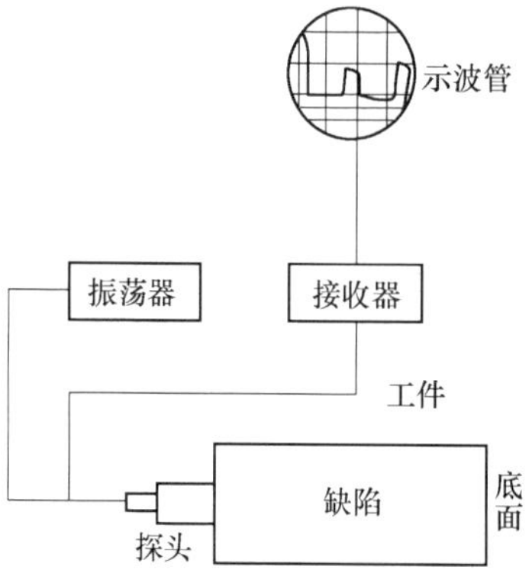

图 4-42　脉冲反射垂直检测原理

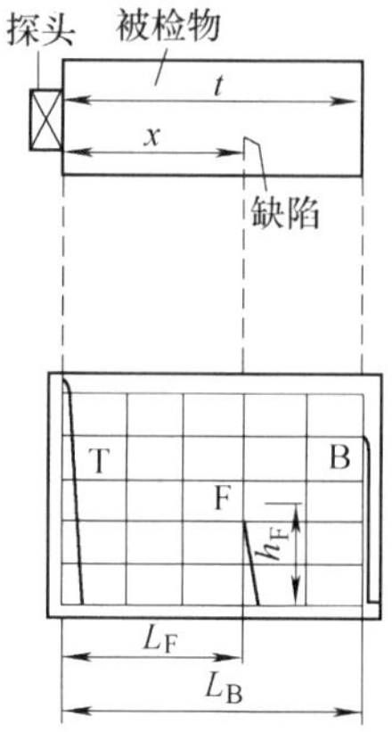

图 4-43　检测图形观察方法

$$\frac{x}{t}=\frac{L_F}{L_B} \tag{4-32}$$

由上式可以准确地求出缺陷位置。

缺陷回波的高度 h_F 是随缺陷的增大而增高的，所以可由 h_F 来估计缺陷的大小。当缺陷很大时，可移动探头，按显示缺陷的范围求出缺陷的延伸尺寸。

（2）共振法　应用共振现象检测缺陷的方法称为共振法。探头把超声波辐射到工件上后，通过连续调整发射频率改变波长，当工件的厚度为超声波半波长的整数倍时，入射波和反射波相互叠加便产生共振。在测得共振频率 f 和共振次数 n 后，可用下式计算工件厚度 t

$$t=n\frac{\lambda}{2}=\frac{nc}{2f} \tag{4-33}$$

式中，t 为试件厚度，单位为 mm；c 为超声波在工件中的传播速度，单位为 km/s；f 为共振频率，单位为 MHz；λ 为波长，单位为 mm；n 为共振次数。

工件中若存在较大的缺陷或厚度改变，将使共振现象消失或共振点偏移。可用此现象诊断复合材料的胶合质量、板材点焊质量、均匀腐蚀量和板材内部夹层等缺陷。

（3）穿透法　穿透法检测如图 4-44 所示，这种方法采用两个探头，一个探头发射超声能量，另一个探头接收超声能量。透过被检零件的超声能量的多少取决于零件内部的状态，如果被检工件内部存在严重疏松或气穴，则大部分能量会被反射或散射，因此另一探头所接收到的能量就会有不同程度的减少。根据荧光屏上比较发射脉冲和接收脉冲的幅值 A_T 和 A_R，就可以判断材料的粘接质量和检查出内部缺陷。

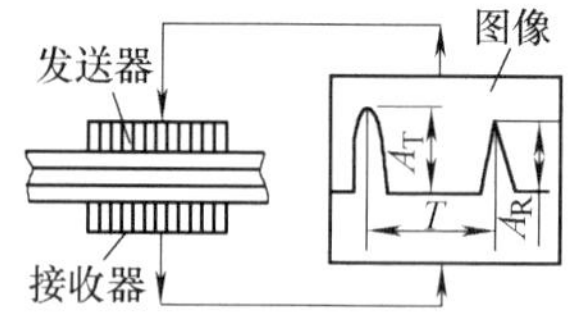

a)

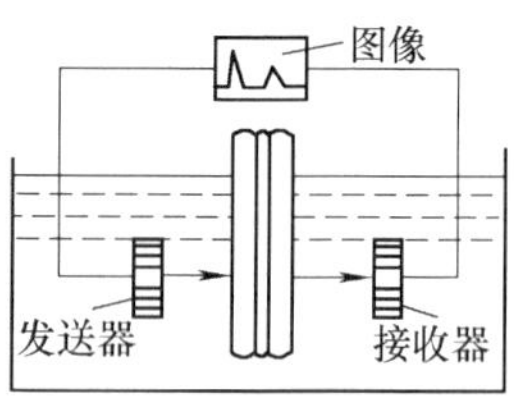

b)

图 4-44　穿透法原理

a）探头直接接触方式　b）用水做耦合剂的方式

图 4-44a 所示是探头直接和被检零件接触的方式，图 4-44b 所示为用水做耦合剂的方式。为了取得较好的效果，可以用钛酸钡制作发射探头，用硫化锂制作接收探头，常用的超声波频率为 0.2～0.9MHz。

二、射线检测

1. 射线的种类和检测过程

射线一般是指X射线、α射线、β射线、γ射线、电子射线和中子射线等。其中，X射线、γ射线和中子射线因易于穿透物体而在产品质量检测中被广泛应用。

射线检测的典型操作过程是将被检物安放在离X射线装置或γ射线装置0.5~1m的地方，把胶片盒紧贴在被检物的背后，让X射线或γ射线照射适当的时间进行充分曝光，把曝光后的胶片在暗室中进行显影、定影、水洗和干燥。将干燥的底片放在显示屏的观察灯上观察，根据底片的黑度和图像来判断缺陷的种类、大小和数量，随后按通行的要求和标准对缺陷进行等级分类。

2. 射线检测的特点、适用范围和注意事项

对厚的被检物来说，可使用硬X射线或γ射线；对薄的被检物，宜使用软X射线。射线穿透物质的最大厚度：钢铁约450mm，铜约350mm，铝约1200mm。

对于气孔、夹渣和铸造孔洞等缺陷，在X射线透射方向有明显的厚度差别，即使很小的缺陷也较容易被检查出来。对于如裂纹等虽有一定的投影面积但厚度很薄的缺陷，只有用与裂纹方向平行的X射线照射时，才能检查出来。

一张透射底片能够直观地表明缺陷的二维形状、大小及分布，并能估计缺陷的种类，但无法表明缺陷厚度及其相对表面的位置等信息。要了解这些信息，就必须用不同照射方向的两张或更多张的底片。

【任务实施】

1. 任务实施前的准备

做好班前安全教育，使学生具有安全生产意识和相关安全生产知识。

2. 知识要求

1）能够说出超声探伤的基本原理。

2）能够说出超声探伤的方法和过程。

3. 矿山机械设备零件的超声检测

到教学矿井调研矿山机械设备需要进行探伤的零件。一般矿山机械需探伤的零件为关系到安全生产，出现断裂事故后果很严重的零件，如提升机、通风机等大型设备的主轴，天轮轴，提升机制动拉杆、制动梁等。

与现场技术人员一起对上述零件进行超声探伤，注意操作细节，如果有内部缺陷，须注意信号特征。

【任务考评】

过程考评	配分	考评内容	考评实施人员
素质考评	12	生产纪律	专职教师和现场教师结合进行综合考评
	12	遵守生产规程情况、安全生产	
	12	团结协作情况、与现场工程人员交流情况	

（续）

过程考评	配　分	考评内容	考评实施人员
实操考评	12	理论知识口述：超声探伤的基本原理、超声检测方法及应用	专职教师和现场教师结合进行综合考评
	12	任务实施过程中注意观察和记录，注意教学过程的原始资料积累	
	12	手指、口述超声波现场检测的方法和过程	
	12	完成本次工作任务，效果良好	
	16	按工作任务实施指导书完成学习总结，总结所反映出的工作任务完整、信息量大	

【思考与练习】

1. 超声波有何特性？种类有哪些？
2. 超声波检测仪的种类有哪些？
3. 简述超声波脉冲反射检测法的原理及过程。

课题六　转子现场平衡技术

【任务描述】

转子不平衡会引起转子轴的附加力，导致轴承等支承件的破坏。本课题主要介绍转子静不平衡的现场平衡方法，通过本课题的实施，使学生能够对盘类件的静不平衡进行现场平衡。

【知识学习】

一、平衡试验的意义及条件

1. 平衡试验的意义

由于结构、材质及制造安装等原因，转子的中心惯性主轴都会偏离其旋转轴线，转子工作时各微元质量的离心力所组成的力系为不平衡力系，称为转子不平衡。转子不平衡是旋转机械的主要激振源。不平衡会引起转子轴的挠曲和内应力，引起振动甚至共振，导致轴承的疲劳磨损加剧，并造成与其相关联的其他零件的损伤和损坏，对固定机械设备甚至会使基础遭到破坏。旋转的零部件只有在平衡状态下才能正常工作。

2. 不平衡的种类

旋转零件的不平衡分为静不平衡、偶不平衡和动平衡。静不平衡中的不平衡重位于转子的中部，只要在不平衡重沿径向的反方向上加一个合适的配重，使旋转零件的回转轴线通过转子的重心，消除由质量偏向引起的离心力，就可以消除不平衡。偶不平衡转子重心在旋转轴上，但主惯性轴和旋转轴不重合。动不平衡是上述两种不平衡的综合，转子的重心不在旋转轴上，且主惯性轴与旋转轴不平行。

3. 转子作平衡的条件

（1）转子作静平衡的条件 刚性转子只作单面静平衡的条件有：

1）转子几何形状为直径与宽度之比大于6（$D/b\geqslant 6$）的盘状件。

2）转子在平衡机上作平衡时的支承间距要大。

3）转子旋转时，其校正平面的轴向圆跳动要很小。

（2）转子作动平衡的条件 刚性转子如果不能满足作静平衡的盘状转子的条件，则需要在两个平面来平衡，即动平衡。

4. 转子的平衡方法

对于刚性转子静不平衡的平衡，可在平衡架上用刚体力学的方法来处理。

对于刚性转子动不平衡的平衡，现场平衡方法主要有三圆幅值法和影响系数法。由于需要较复杂的仪器设备，这里不再详述。

二、静平衡试验的原理

作静平衡时，应先测定零部件不平衡质体 ΔG 的方位，然后在其相反方向上，选择一个适当位置加以一定重量的平衡重 Q_0进行平衡。

三、静平衡试验的操作方法

1. 明显静不平衡的平衡方法

如图4-45所示，放置在平行导轨上的旋转件能自行沿着导轨滚动一个角度，旋转零部件不平衡质体所引起的转动力矩大于滚动摩擦阻力矩，使零部件旋转，直到零部件的重心 O_1转到旋转中心 O 以下的稳定区域为止。此时，满足下面的不等式

$$G\rho > G\mu \qquad (4\text{-}34)$$

即

$$\rho > \mu \qquad (4\text{-}35)$$

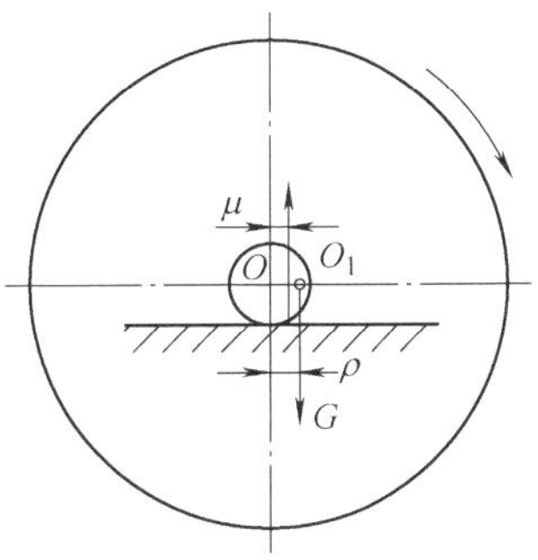

图4-45 明显不平衡的转子

式中，G 为旋转零部件重量，单位为 N；ρ 为旋转零部件重心偏移量，单位为 mm；μ 为旋转零部件轴颈与导轨之间的滚动摩擦因数（滚动摩擦力臂），软钢对软钢 $\mu=0.05$mm，淬火钢对淬火钢 $\mu=0.01$mm。

（1）测定转子偏重的方位 测定时，先让转子在导轨上自由地滚摆数次，若最后一次滚摆是在顺时针方向完成的，则转子重心一定位于垂直中心线的右侧，此时，在转子的最低点 a 处作一记号，如图4-46a所示。然后再次使转子自由地滚摆，使最后一次滚摆在逆时针方向完成，则转子重心一定位于垂直中心线的左侧，同样在转子的最低点 b 处作一记号，如图4-46b所示。显然，转子的重心 O 必定位于 aOb 的角平分线 cO 上，故在 c 点处作出记号，以表示转子偏重所在的方位。

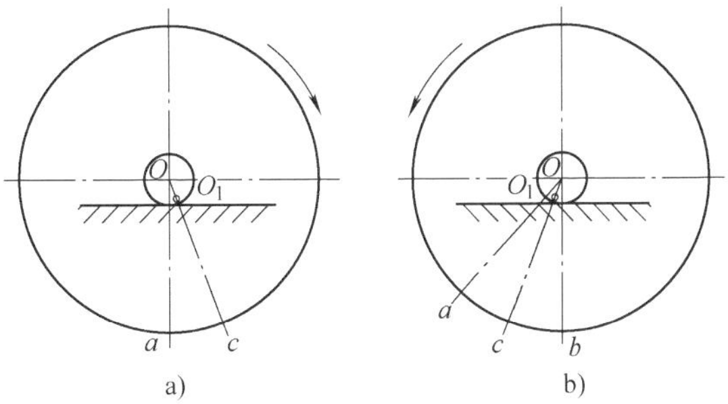

图4-46 偏重方位的测定

（2）确定平衡重的大小　将转子上的 c 点转到水平位置，如图 4-47a 所示，并在其对面的 d 点上加适当的试重 Q，使转子能在偏重作用下顺箭头方向转动到铅垂位置，误差在 10°左右。然后将转子反转 180°，使其偏重和试重重新处于水平位置，如图 4-47b 所示。这时，在试重 Q 处再添加一个适当小的附加试重 q，其大小要刚好能使转子顺箭头方向转动到铅垂位置，误差在 10°左右。由此过程，第一次转动转子的力矩为

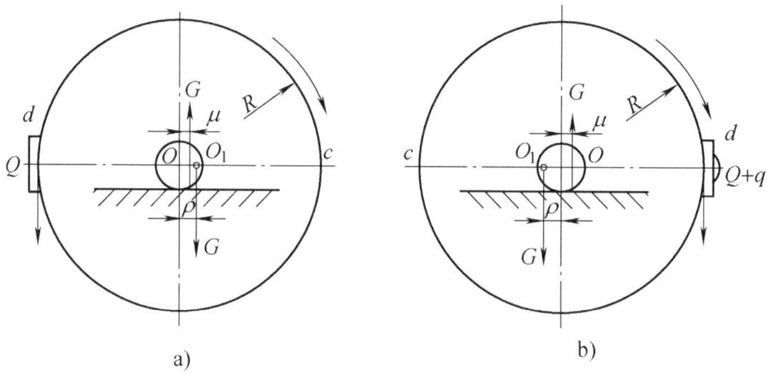

图 4-47　明显不平衡大小的测定

$$M_1 = G\rho - QR - G\mu$$

第二次转动转子的力矩为

$$M_2 = (Q + q)R - G\rho - G\mu$$

两次转动的角度相等，所以这两个力矩相等，整理后可得

$$G\rho = \left(Q + \frac{q}{2}\right)R \tag{4-36}$$

若使转子达到静平衡，在平衡重 Q_0 加在转子上后，必须满足力矩平衡方程，其换算关系如图 4-48 所示。

$$Q_0R = G\rho$$

所以得到

$$Q_0 = Q + \frac{q}{2} \tag{4-37}$$

在测试平衡时，试重 Q 和 q 可以用小磁铁、黄泥或油腻子暂时加上。在平衡工作完成测重后，可用重量为 Q_0 的铁块焊接或铆接在转子放试重 Q 的位置上，或者在相对称的点上去掉重量相当于 Q_0 的金属。如果安放平衡重的力臂改变，则永久平衡重的重量可用下式换算

$$Q_0R = Q_0'R' \tag{4-38}$$

式中，Q_0 为计算出的平衡重量，单位为 N；R 为 Q_0 的力臂，单位为 mm；Q_0' 为永久平衡重量，单位为 N；R' 为 Q_0' 的力臂，单位为 mm。

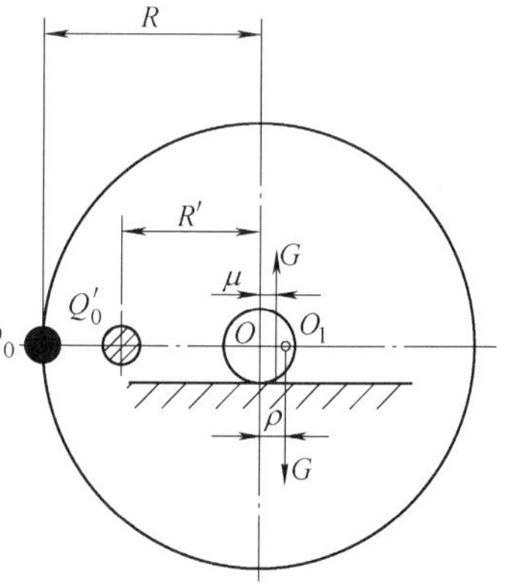

图 4-48　平衡重换算示意图

2. 不明显不平衡的平衡方法

如图 4-49 所示，转子不平衡重产生的转动力矩小于滚动摩擦阻力矩。任意放置在平行导轨上的转子不可能沿着导轨发生滚动，这种情况可以用不等式表示

$$G\rho \leqslant G\mu$$

即
$$\rho \leqslant \mu \tag{4-39}$$

对于不明显不平衡的转子，可采用八点试重周移试验法得到平衡，操作步骤如下。

（1）测定转子偏重的方位　将转子圆周分成八等分，并依次标上编号，然后轮流让每一分点转到水平位置，并在该点试加一个适当的试重，使转子刚好顺箭头方向缓慢转动到铅垂位置，误差在10°左右，如图4-50所示。分别记录各分点所加的不同试重，见表4-16。在这些试重中，假设最小试重 $Q_{min}=Q_4$，最大试重 $Q_{max}=Q_8$。则转子偏重在最小试重的方位上，所以平衡重应加在最大试重的位置上。

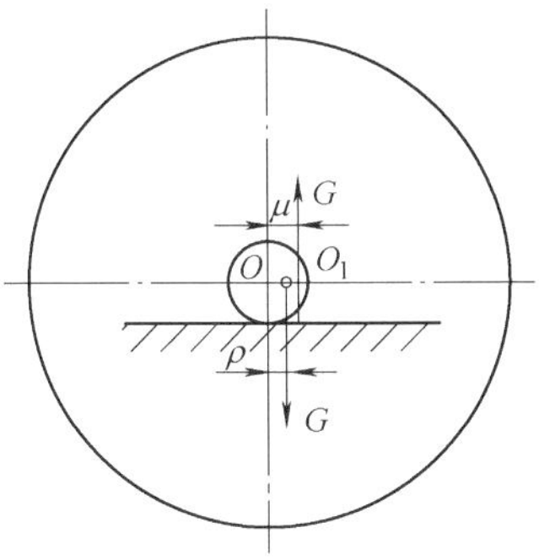

图4-49　不明显不平衡的转子

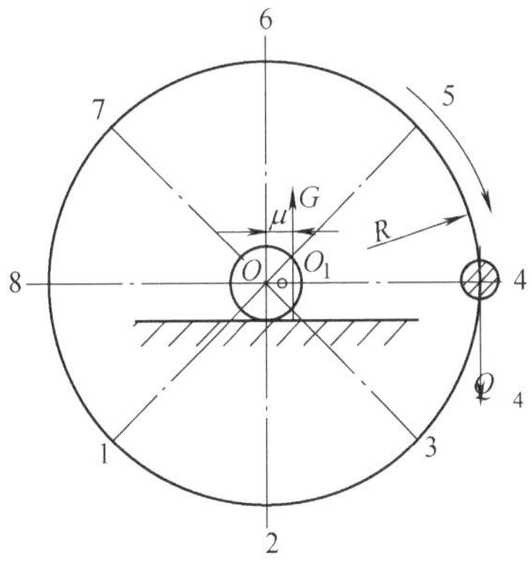

图4-50　圆周分点示意图

表4-16　平衡试验记录表

分点位置	1	2	3	4	5	6	7	8
试重代号	Q_1	Q_2	Q_3	Q_4	Q_5	Q_6	Q_7	Q_8
试重/g	56	40	24	20	24	40	56	60

（2）确定平衡重的大小　偏重方位找到后，就可根据下面的力矩平衡方程确定平衡重的大小。如图4-51所示，当分点4加试重 Q_{min} 后，使转子转动的力矩为

$$M_1 = Q_{min}R + G\rho - G\mu$$

当在分点8上加试重 Q_{max} 后，其转动力矩为

$$M_2 = Q_{max}R - G\rho - G\mu$$

由于两次转动的角度相等，所以这两个力矩也应相等。整理后可得

$$G\rho = \frac{Q_{max} - Q_{min}}{2}R \tag{4-40}$$

如果要使转子达到静平衡，在平衡重 Q_0 加在分点8上以后，必须满足下面的力矩平衡方程式

$$Q_0 R = G\rho$$

得到

$$Q_0 = \frac{Q_{max} + Q_{min}}{2} \tag{4-41}$$

平衡重量确定后，就可在8点处加上或在4点去掉重量为 Q_0 的金属，消除不明显的不平衡现象。

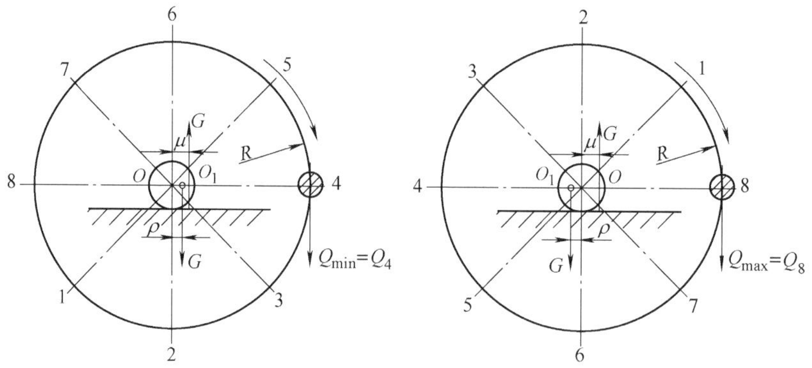

图 4-51　不明显不平衡的转子平衡大小的测定

【任务实施】

1. 任务实施前的准备

做好班前安全教育，使学生具有安全生产意识和相关安全生产知识。

2. 知识要求

1）能够说出明显静不平衡的平衡方法和过程。

2）能够说出不明显静不平衡的平衡方法和过程。

3. 矿山机械设备零件的静平衡试验

到教学矿井机修车间，与现场工人一起对明显不平衡的盘类件进行现场平衡。

【任务考评】

过程考评	配　分	考评内容	考评实施人员
素质考评	12	生产纪律	专职教师和现场教师结合进行综合考评
	12	遵守生产规程情况、安全生产	
	12	团结协作情况、与现场工程人员交流情况	
实操考评	12	理论知识口述：不平衡的危害、明显静不平衡的平衡方法和过程、不明显静不平衡的平衡方法和过程	
	12	工具使用或任务实施过程正确	
	12	手指、口述：明显和不明显静不平衡的平衡方法和过程、平衡试验的设施	
	12	完成本次工作任务，效果良好	
	16	按工作任务实施指导书完成学习总结，总结所反映出的工作任务完整、信息量大	

【思考与练习】

1. 转子不平衡的危害是什么？
2. 简述明显和不明显静不平衡的平衡方法和过程。

第五单元

机械设备维修分析

【学习目标】

本单元由机械设备维修方式分析、机械零件维修方法的分析及应用两个课题组成。通过本单元的学习，学生应能够说出机械设备维修方式及应用，熟悉机械设备维修工作过程；熟悉机械设备零件常用的维修方法、特点及应用；能对现场故障设备或失效零件进行分析，并采用适当的维修方法恢复其功能。

课题一　机械设备维修方式与过程分析

【任务描述】

维修方式与生产发展水平相适应，与机械设备维修管理制度相关。本课题主要对目前常用的维修方式作介绍和分析，对维修过程作全面介绍；通过本课题的实施，使学生对各种维修方式有较全面的了解，熟悉机械设备的维修过程，为后续教学和现场机械设备的维修打下一定的基础。

【知识学习】

一、机械设备维修方式分析

维修是指维护和修理所进行的所有工作，包括保养、修理、改装、翻修、检查、状态监控和防腐蚀等。维修方式一般的发展趋势是由排除故障维修走向预防性计划维修，走向定期有计划检查的预防性计划修理，目前的趋势是在状态检测基础上进行的维修。

1. 排除故障修理

机械设备使用一定时间后，由于内在原因或操作失误、维护不良等原因，而使机械设备出现不正常情况或丧失局部功能的现象称为故障。排除故障、恢复机械设备功能的工作称为排除故障修理。这种修理方式可以排除机械设备的精度故障、调整性故障、磨损性故障及责任性故障。

排除故障修理是在设备发生故障之后进行的修理，仅仅修理损坏的部分，所以这种维修方式的修理费用比较低，对管理的要求也比较低。它的主要缺点是停机时间长。

2. 计划修理

（1）定期修理　机械设备的零件在使用期间发生的故障具有一定的规律性，可以通过统计求得，并且可以保证零件合理的使用寿命。根据零件的故障规律和寿命周期，定期修理和更换零件，可以延长零件的使用寿命，最大限度地减少故障的发生，获得更长的设备正常运转时间。

（2）预防性计划修理　预防性计划修理是把设备按其修理内容及工作量划分成几个不同的修理类别，并确定它们之间的关系，以及每种修理类别的修理间隔。预防性计划修理类别主要有项修、小修、大修、定期精度调整等。

预防性定期修理可以达到预防为主的目的，防止和减少紧急故障的发生，使生产和维修工作都能有计划地进行，可进行长周期的计划安排。目前，仍有不少企业使用这种维修方式，预防性计划修理对重要大型设备也是必要的。其主要缺点是每台设备的具体情况不同，而同种设备规定了统一的修理时间间隔，动态性差。

1）项修。项修是指根据对设备检测与诊断的结果，或根据设备的实际技术状态，对设备精度、性能达不到工艺要求的某些项目、部件按需要进行针对性的局部修理。项修时，一般要部分解体和检查，修复或更换磨损、失效的零件，必要时对基准件要进行局部刮削、配磨和矫正坐标，使设备达到需要的精度标准和性能要求。

项修的特点是停机修理时间短，甚至利用节假日就能迅速修复。这种维修方式适用于重点设备，在生产现场进行。

2）小修。小修是指对于实行定期修理的机械设备，根据掌握的磨损规律更换或修复在修理间隔期内失效或即将失效的零件，并进行调整，以保证设备的正常工作能力。

对于实行状态监测维修的机械设备，小修主要是针对日常和定期检查发现的问题，进行检查、更换或修复失效的零件，以恢复机械设备的正常工作功能。

小修的工作内容还包括清洗传动系统、润滑系统、冷却系统，更换润滑油，清洁设备外观等。小修一般在生产现场进行，两班制工作的设备一年需小修一次。

3）大修。大修是为了全面恢复长期使用的机械设备的精度、功能、性能指标而进行的全面修理。大修是工作量最大的一种修理类型，需要对设备全面或大部分解体、清洗和检查，磨削或刮削修复基准件；全面更换或修复失效零件和剩余寿命不足一个修理间隔的零件；修理、调整机械设备的电气系统，修复附件，重新涂装，使精度和性能指标达到出厂标准。大修时更换的主要零件的数量一般达到30%以上，大修费用一般可以达到设备原值的40%～70%。

大修的修理间隔周期：大型矿山机械5～8年，金属切削机床5～8年，起重、焊接、锻压设备3～4年。

一般设备大修时可拆离基础运往机修车间修理，大型精密设备可在现场进行。

3. 按状态维修

在设备状态监测基础上进行的维修称为状态维修。各种预防性维修方式都希望在设备故障发生前的最适合时机进行维修工作，但都因不能掌握设备的实际状态，往往会出现事后维修或过剩维修。运用设备状态检测技术适时进行检查，将收集到的信息进行筛选、分析、处理，从而能够准确地了解设备的实际状态，查出需要修理的部位、项目，由此安排的维修更符合设备实际情况。

按设备状态进行维修的方式已经被公认为是一种新的、高效的维修方式。但采用这种维修方式需要一些先决条件，例如：故障发生应不具有非常明确的规律性，检测方法和技术能够准确地测试到故障发生征兆，从发生故障征兆到故障出现的潜存时间要足够长，有采取措施排除故障的可能性等。具备了上述条件，状态维修才能实现。随着状态监测和故障诊断技术的进步和实际应用经验的积累，这种维修方式的效果将会进一步提高。

4. 其他维修方式

（1）定期有计划检查的修理　这种维修方式是通过定期有计划地进行检查，来了解设备的当前状态，发现存在的缺陷和隐患，然后有针对性地安排修理计划以排除这些缺陷和隐患，使设备运转时间长，使用效果好，修理费用少。

这种维修方式的检查与修理安排是相互配合的一个整体，没有检查的信息，修理计划就没有编制的依据；没有修理安排，检查就没有实际意义。定期计划检查可以了解设备的实际情况，由此安排的修理计划更符合设备的实际需要。但这种维修方式不能安排长期的修理计划。

（2）年检　年检也称年度整套装置停产检查。这是国内外流程工艺普遍采用的方式。它是将整套装置或若干套装置在每年的一定时间中有计划地安排全面停产检修，以保证下一个年度生产正常运行。这种维修方式是由生产特点决定的，具有生产保证性。

大型矿山固定机械设备采用预防性计划维修与状态维修结合的维修方式。

二、机械设备维修过程分析

机械设备零部件的修理过程按一般顺序可分为故障的判断和检查，拆卸修复或更换已损坏的零件，重新装配、调整和试车验收等几个主要阶段。

1. 装配单位的划分

为了对设备的结构进行系统的了解和掌握，检修设备时熟悉机械设备的结构细节，做到心中有数，维修前需要对机械设备进行装配单位的划分。

零件是构成机械设备的基本单位。一台机械设备由一个个零件组合成具有独立作用的单位（叫做部件），较部件更为复杂的装配单位是由一个或几个部件和若干零件组合而成的组件，机械设备是由不同复杂程度的若干组件组合而成的。在分析结构复杂的机械设备时，为便于分析，可以在零件与部件之间加入分部件，部件与组件之间加入分组件等单位。

2. 机械设备或零部件故障诊断与检查

机械设备（零部件）故障诊断与检查请参阅相关章节。

3. 机械设备的拆卸

拆卸和装配工作是设备维修中必不可少的工序，它必须在基本确定了故障部位的基础上才能进行。实践证明，不了解情况的乱拆卸是错误的，有时还会使故障扩大，造成不应有的时间和经济损失。所以拆卸机械设备前必须进行详细的检查，做到心中有数并做好准备工作，在严格诊断、细致分析、周密准备的前提下，才能进行拆卸。

（1）拆卸工作的一般原则和注意事项

1）在详细阅读设备的有关图样和技术资料的基础上，对设备进行仔细观察了解，确定拆卸顺序。要分清可拆卸和不可拆卸的连接件。一般螺钉、键、销、楔、各种锁紧装置、动配合件、过渡配合件都是可拆卸的。凡是焊接、铆接、扩口和冷冲卷边、静配合件均是不可拆卸的，除在必要情况下只能作损坏性拆卸外，一般情况下不要随便拆卸。

2）确定好拆卸工作地点，准备好拆卸用的工具和材料。要求做到工作场地清洁，准备工作充分。

3）拆卸一般按与装配系统图相反的顺序进行。应有步骤地组织和管理，决不允许乱拆乱丢。按常规，应当先拆成部件，然后由部件拆成零件。

4）拆下的零件应当分类放好。拆卸比较复杂的机械设备时，为便于检修后迅速装配，对某些零件还应当立即进行打印或标记工作，养成有条不紊的良好习惯。

5）在使用锤击法对零件进行拆卸时，必须垫以硬木或软金属物，切不可直接击打零件。击打力的作用点应对准零件的中心或较强结构处，击打力要适当。必须注意，有些零件是不允许击打的。

6）在必须拆坏一些零件的时候，应当尽量不损坏价值较高、制造较困难的零件。

7）对于表面精加工的零件，拆下后应当用木片、木屑等物去掉油泥和脏物，擦洗干净后涂上防锈油。对于特别重要或精制的零件（如阀和阀座等零件）还应当用油纸包裹好，以免在放置过程中划伤表面。一般有配合表面的零件可放在煤油或其他去污剂内清洗，清洗后擦干净，再在表面涂以润滑油。

8）对于细长的、精密的零件如轴类件，拆下后应当垂直挂起或用多点支承，以免弯曲。

9）对零件做好可复用、待修理与报废的检查鉴定和标记工作，为下一步零件修理或更换做好准备。在标定工作中，必须善于了解和总结零件过去的使用情况、磨损与破坏的原因、零件的使用寿命等。

10）一般零件的拆卸方法有用煤油浸润或浸泡，将包容件加热（700℃以下），借助辅助工具进行锤打、拔或压力机压出被包容件等。

11）拆卸零部件时，必须执行安全措施，遵守操作规程，严防发生人身和设备事故。

12）如果机械设备比较复杂、检修时间较长，并且对这一机械设备或其部件和组件的构造不熟悉，为便于维修后的装配工作，应当对所拆卸的部件或组件编制装配系统图。装配系统图应明确表示出所有的零件、部件和组件，部件、组件和整台机械设备的装配基准件、零件的名称和数量以及装配顺序，以保证装配时不会丢失零件，并且能合理地按顺序进行装配。编制装配系统图时，首先画一条横线，横线左端与代表基准件的长方形短边相接，横线右端与代表装配单位名称的长方形相接。在横线的上面，按照装配先后次序画出包含在这一装配单位内的各个零件。横线下边也按照装配先后次序画出这个装配单位所包含的各个部件和组件。同时将各个长方形划分成三个部分，分别注出名称、数量及编号。装配系统图示例如图 5-1 所示。

（2）螺纹连接的拆卸　拆卸螺纹连接件时，要注意选用合适的呆扳手或一字旋具，尽量不用活扳手。在弄清螺纹的旋向之后，按与螺纹旋向相反的方向旋转即可拆下。

1）对成组螺纹连接件，为了避免连接力集中到最后一个连接螺纹件上，拆卸时先将各螺纹件旋转 1 ~2 圈，然后按照先四周后中间、十字交叉的顺序逐一拆卸。拆卸前应将零部件垫放平稳，将成组螺纹全都拆卸完成后，才可将连接件拆分。

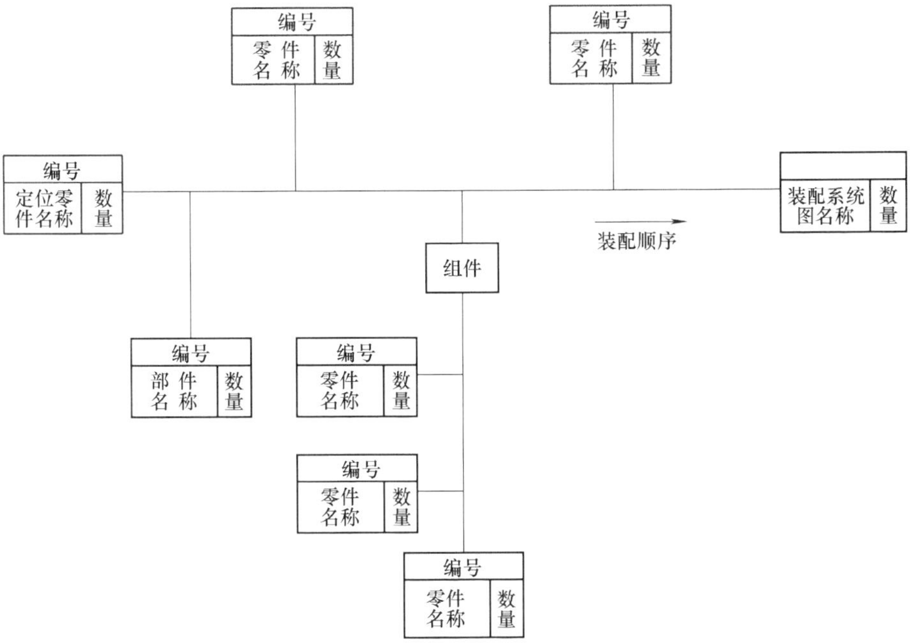

图 5-1　装配系统图示例

2）锈蚀螺纹不容易拆卸，可采用煤油润湿、浸泡，反复松紧逐步旋出的方法，或气割、锯断的方法拆卸。

3）对断头螺纹可采用在断头上用钢锯锯出沟槽或加焊一个螺母的方法旋出拆卸，也可在螺钉中心钻孔，打入多角淬火钢杆将螺钉旋出，或者在螺钉中心钻孔，攻反向螺纹，拧入反向螺钉将断头螺钉旋出的方法拆卸。

（3）滚动轴承的拆卸　滚动轴承与轴、轴承座的配合一般为过盈配合。滚动轴承的拆卸一般有以下方法：

1）使用拆卸器拆卸。滚动轴承通常使用拆卸器拆卸，一般用一个环形件顶在轴承内圈上，拆卸器的卡爪作用于环形件，就可以将拉力传给轴承内圈。在拆卸轴承过程中，有时会遇到轴承与相邻零件空间较小的情况，这时要选用薄些的卡爪，将卡爪直接作用在轴承圈上。

2）使用压力机拆卸。滚动轴承可以使用压力机拆卸。拆卸轴末端的轴承时，可用两块等高的半圆形垫铁或方铁，同时抵住轴承内、外圈，压力压头施力时，着力点要正确。

3）使用锤子、铜棒拆卸。在没有专用工具的情况下，可以使用锤子、铜棒拆卸滚动轴承。拆卸位于轴末端的轴承时，在轴承下垫以垫块，用硬木棒、铜棒抵住轴端，再用锤子敲击。

4）利用热胀冷缩原理拆卸。拆卸尺寸较大的滚动轴承时，可以利用热胀冷缩原理。拆卸轴承内圈时，可以用热油加热内圈，使内圈膨胀，孔径变大，以便于拆卸。加热前用石棉把靠近轴承的那一部分轴隔离开来，用拆卸器卡爪钩住轴承内圈，然后迅速将加热到 100℃ 左右的热油倒入轴承，使轴承内圈加热，之后从轴上拆卸轴承。

拆卸直径较大或配合较紧的圆锥滚子轴承时，可用干冰局部冷却轴承外圈，使用倒勾卡爪形式的拆卸器，迅速从轴承座孔中拉出轴承外圈。

（4）轴上零件的拆卸

1）齿轮副的拆卸。为了提高传动链精度，对传动比为1的齿轮副，装配时将一外齿轮的最大径向跳动处的齿间与另一个齿轮的最小径向跳动处的齿相啮合。因此为恢复原装配精度，拆卸齿轮副时应在两齿轮啮合处作上标记。

2）轴承及垫圈的拆卸。精度要求高的主轴部件，主轴轴颈与轴承内、外圈与箱体孔在周向的相对位置是经过测量和计算后装配的。因此拆卸时应在周向作出标记，便于按原始方向装配，保证装配精度。

3）轴和定位元件的拆卸。拆卸齿轮箱中的轴类零件时，先松开装在轴上不能通过轴盖孔的齿轮、轴套等零件的轴向定位零件，如紧定螺钉、弹簧卡圈、圆螺母等，然后拆去两端轴盖。在了解轴的阶梯方向，确定拆轴时的移动方向，并明确轴上的键能随轴通过各孔之后，才能用木锤打击轴端，将轴从箱中拆出。

4）铆、焊件的拆卸。铆接件拆卸时可用锯、錾或气割等方法割掉铆钉头。焊接件拆卸可用锯、錾或气割切割，也可用小钻头钻排孔后再錾、锯等方法。

4. 机械零件的清洗

从机械设备上拆卸下来的零件，其表面沾满脏物，应立即清洗，以便进行检查。零件的清洗包括清除油污、水垢、积炭、锈层及旧涂装层等。

（1）清除油污　对于零件上的油污，一般使用清洗剂，通过人工或机械方式清洗。有擦洗、浸洗、喷洗、气相清洗及超声清洗等方法。

1）人工清洗。人工清洗是把零件放在装有煤油、轻柴油或化学清洗剂的容器中，用毛刷刷洗或棉丝擦洗。清洗时不准使用汽油，如必须使用，要注意防火。

2）机械清洗。机械清洗是把零件放入清洗设备箱中，由传送带输送，经过被搅拌器搅拌的洗涤液，清洗干净后送出箱外。

3）喷洗。喷洗需要专用设备，它是将具有一定压力和温度的清洗液喷射到工件上，清除油污。喷洗的生产率高。

4）清洗剂。经常使用的清洗剂有碱性化学溶液和有机溶剂。碱性化学溶液是采用氢氧化钠、碳酸钠、磷酸钠和硅酸钠等化合物，按一定比例配制而成的一种溶液，其配方、使用条件、应用范围见表5-1。有机溶剂主要有煤油、轻柴油、丙酮、三氯乙烯等。三氯乙烯是一种溶脂能力很强的氯烃类有机溶剂，其稳定性好，对多数金属不产生腐蚀，毒性比苯、四氯化碳小。对于企业产品的大批量高净度清洗，有时用三氯乙烯溶液来脱脂。

表5-1　碱性化学溶液的配方、使用条件和应用范围

含量/(g/L)　配方号 成分及使用条件	1	2	3	4
氢氧化钠（NaOH）	30～50	10～15	20～30	—
碳酸钠（Na_2CO_3）	20～30	20～50	20～30	30～50
磷酸钠（$Na_3PO_4 \cdot 12H_2O$）	50～70	50～70	40～60	30～50

（续）

成分及使用条件 \ 含量/(g/L) \ 配方号		1	2	3	4
硅酸钠（Na_2SiO_3）		10～15	5～10	—	20～30
OP乳化剂		—	50～70	非离子型润滑	—
使用条件	使用温度/℃	80～100	70～90	90	50～60
	保持时间/min	20～40	15～30	10～15	5
应用范围		钢铁零件	除铝、钛及其合金外的非铁金属		橡胶、金属零件

5）清洗注意事项。零件经清洗后应立即用热水冲洗，以防止碱性溶液腐蚀零件表面。零件经清洗、干燥后应涂全损耗系统用油，以防止生锈。在清洗及运送过程中，不要碰伤工件表面。清洗后要使油孔、油路畅通，并用塞堵封闭孔口，以防止污物掉入，装配时拆去塞堵。使用设备清洗零件时，应保持足够的清洗时间，以保证清洗质量。精密零件和铝合金零件不宜采用强碱性溶液浸洗。采用三氯乙烯清洗时，要在一定装置中按规定的操作条件进行，工作场地要保持干燥和通风，严禁烟火，避免与油漆、铝屑和橡胶等相互作用，注意安全。

（2）清除锈蚀　零件表面的氧化物，如钢铁零件表面的锈蚀，在机械设备修理中应彻底清除。目前，修理中主要采用以下三种方法除锈：

1）机械法。机械法除锈是指人工刷擦、打磨，或者使用机器磨光、抛光、滚光以及喷砂等方法除去表面锈蚀。

2）化学法。化学法除锈利用酸性溶液溶解零件表面的氧化物来除锈。除锈的工艺过程是：脱脂→水冲洗→除锈→水冲洗→中和→水冲洗→去氢。常用的酸性化学除锈剂的配方和使用条件见表5-2。

此外，为避免材料产生氢脆和简化除锈前的脱脂工艺，也可以选用碱性化学溶液除锈。这种溶液用葡萄糖酸钠（58 g/L）和氢氧化钠（225 g/L）的混合水溶液组成。除锈时，溶液温度为70～90℃，除锈时间为3～10min。

3）电化学法。电化学除锈又称电解腐蚀，常用的有阳极除锈，即把锈蚀的零件作为阳极；还有阴极除锈，即把锈蚀的零件作为阴极，用铅或铅锑合金做阳极。这两种除锈方法的效率高、质量好。但是，阳极除锈使用电流过高时，易因腐蚀过度而破坏零件表面，故适用于外形简单的零件。阴极除锈没有过蚀问题，但易产生氢脆，使零件塑性降低。

表5-2　常用酸性化学除锈剂

成分及使用条件 \ 含量 \ 配方号	1	2	3	4	5
盐酸（HCl，工业用）	100mL	—	100mL	—	—
硫酸（H_2SO_4，工业用）	—	60mL	100mL	—	—
磷酸（H_3PO_4）	—	—	—	15%～25%	25%
铬酐（CrO_3，工业用）	—	—	—	15%	—

（续）

成分及使用条件 \ 含量 \ 配方号	1	2	3	4	5
缓蚀剂	3～10g	3～10g	3～10g	—	—
水	1L	1L	1L	60%～70%	75%
使用温度/℃	室温	70～80	30～40	85～95	60
保持时间/min	8～10	10～15	3～10	30～60	15
适用范围	适用于表面较粗糙、形状较简单、无小孔的窄槽、尺寸要求不严的钢零件			适用于锈蚀程度不太严重，而尺寸精度要求较严格的零件（包括铝合金）	

（3）清除涂装层　清除零件表面的保护、装饰涂装层时，可根据涂装层的损坏情况和要求，进行部分或全部清除。涂装层清除后，要冲洗清洁，准备按涂装层工艺喷涂新层。

1）机械清除涂装层。机械清除涂装层的一般方法是采用刮刀、砂纸、钢丝刷或手提式电动、风动工具进行刮、磨、刷等。机械法工人劳动强度大，工作环境差，易损坏零件，清除效果不理想。

2）化学法清除涂装层。化学法清除涂装层就是采用配制好的各种退漆剂退漆。退漆剂有碱性溶液退漆剂和有机溶液退漆剂。使用碱性溶液退漆剂时，将其涂刷在零件的涂层上，使之溶解软化，然后用手工工具进行清除。使用有机溶液退漆剂时，要特别注意安全，操作者要穿戴防护用具，工作场地要防火、通风。常用有机溶剂除漆剂的配方见表5-3。

表5-3　常用有机溶剂除漆剂的配方

配方物质	配方一	配方二	配方三
香蕉水	7.5%	14%	28.6%
丙酮	2.5%	15%	28.6%
乙醇	20%	20%	7.1%
苯	68%	40%	—
苯酚	—	5%	—
氨水	—	5%	7.1%
石蜡	2%	1%	—
油酸二甘醇	—	—	28.6%

5. 零件的检查与换修原则

机械设备拆卸后，通过检查，把零件分为继续使用件、更换件和修复件三类。对于需要更换的零件，要准备备件或重新制作。修复件经修理、检验合格后，才可重新使用。

（1）零件的检查　修理机械设备时对零件进行的检查，需要综合考虑零件损坏对其使用性能的影响。例如，裂纹对强度、研伤对运动、划痕对密封、磨损对配合性质的影响等。机械修理中常见的零件检查方法有：

1）目测。对零件表面进行宏观检查，如表面有无裂纹、损伤、腐蚀等。

2）耳听。通过机械设备运转发出的声音，判断零件的状况。

3）测量。使用测量工具对零件的尺寸、形状位置精度进行检测。

4）试验。某些性能可通过耐压试验、无损检测等方法来测定。

5）分析。借助某些检测方法的资料，综合分析后得到零件的性能状况。例如，通过金相分析了解材料组织，通过射线分析了解零件的隐蔽缺陷，通过化学分析了解材料的成分等。

（2）零件的修换原则　决定设备零件是否需要修理或更换的原则如下：

1）根据磨损零件对设备精度的影响情况，决定零件是否修换。

2）根据磨损零件对设备性能的影响情况，决定零件是否修换。

3）重要的受力零件在强度下降接近极限时，应进行修换。

4）对磨损零件是修复使用还是更换新件的确定原则，主要考虑修、换的经济性，零件修复的工艺性和零件修复后的使用性等。

（3）轴承的修换标准

1）主轴滑动轴承有调节余量时可进行修刮，否则应更换。

2）滚动轴承滚道或滚动体发生伤痕、裂纹，保持架损坏及滚动体松动时应更换新件。

3）轴套发生磨损，轴瓦发生裂纹、剥蚀层时应进行更换。

（4）轴类零件的修换标准

1）传动轴的轴颈磨损、安装齿轮的圆柱表面磨损时，可以通过涂镀、修磨等方法修复。轴上键槽损坏，可以修复。一般细长轴允许通过校直恢复精度。装有齿轮的轴弯曲度大于中心距允许误差时，不能用校直法修复，必须更换新轴。

2）花键轴符合以下情况时可以继续使用，否则应更换新件：花键轴键侧没有压痕和不能消除的擦伤，倒棱未超过侧面高度的30%；键侧表面粗糙度值不大于$Ra6.3\mu m$，磨损量不大于键厚的2%；定心轴颈的表面粗糙度值不大于$Ra6.3\ \mu m$，间隙配合的公差等级不超过次一级精度。

3）曲轴支承轴颈处的表面粗糙度值大于$Ra3.2\mu m$，轴颈的几何精度超过其公差带大小的60%以上时应进行修复。修复后的轴颈尺寸，最大允许减小其名义尺寸的3%。

4）丝杠、螺母的轴向间隙不大于原螺纹厚度的5%时，可以继续使用。

（5）齿轮的修换标准

1）圆柱齿轮与锥齿轮的齿面有严重疲劳点蚀现象（约占齿长的30%，高度的50%以上），或者齿面有严重明显的凹痕擦伤时，应更换新件。在齿形磨损均匀的前提下，弦齿厚的磨损量达到：主传动齿轮6%，进给齿轮8%，辅助传动齿轮10%，超过者应更换新件。齿轮齿面接触偏斜，接触面积低于装配要求时，应换新件。对于轮齿断裂，中小模数的齿轮应进行更换；大模数（$m>6mm$）的齿轮损坏的齿数不超过两齿的允许镶齿；补焊部分不超过轮齿长度的50%时，允许补焊。

2）蜗轮、蜗杆表面粗糙度值大于$Ra3.2\mu m$时，应进行修复。齿的接触面积低于装配要求时，应进行修理。齿面磨损经修复后，齿厚减薄量不能超过原齿厚的8%。

（6）离合器的修换标准

1）爪式离合器的爪部有裂纹或端面磨损倒角大于齿高的25%时，应更换新件。齿部允许修磨，但齿厚减薄量不得大于齿厚的5%。

2）片式离合器摩擦片的平行度误差超过0.2mm或出现不均匀的光秃斑点时，应更换新件。表面有伤痕，修磨平面时，厚度减薄量应不大于原厚度的25%。由厚度减薄而增加的片数应不超过两片。

3）锥体离合器的锥体接触面积小于70%，锥体径向圆跳动大于0.05 mm时，应修磨锥面。无法修复时，可更换其中一件。

6. 机械设备零部件的装配

机械装配是指按照设计技术要求实现机械零件或部件的连接，把机件、部件组合成组件或机械设备。在装配工作中，应遵循以下规定和要求：

1）装配前应熟悉装配图及其技术要求，了解机械设备的详细结构，明确每一个零件的作用和相互连接的关系。确定装配方法、程序和所需工具。

2）所有零件必须在检查合格后方可进行装配。

3）清除零件表面的毛边、毛刺、油污和锈蚀等。零件相互配合的表面必须擦洗干净，涂上清洁的润滑油。各配合和摩擦表面不许有损伤，如有轻微擦伤可用砂布、油石或刮刀修理，但注意不要损伤其表面精度。

4）润滑系统和液压系统的清洗，应当使用干净的棉绸布，不得使用棉纱。必要时可用压气吹洗，以保证油路畅通。

5）各种密封件装配前必须严格检查，毡圈、毡垫等在装配前应先用机械油浸透，各种管路和密封件装配后不得有渗漏现象。

6）各种变速和变向机构的装配，必须做到位置正确、操纵灵活，操作手柄位置应与机械设备运转要求相符合。

7）注意零件上的各种标记，防止装错。

8）高速运动机构的外面不得有凸出的螺钉头、键和销钉头等。

9）严防机械设备内掉入工具和其他物品或脏物。暂时停止装配时应将机械设备遮盖好，裸露的配合表面应当包扎保护。装配结束后应仔细检查，确认无误后方可加盖。

10）机械零部件的装配必须符合相关的技术要求。

7. 验收

机械设备装配结束后，应按照技术要求，进行逐项的检查验收工作。试车前应仔细检查各部件连接的可靠性和运动的灵活性。试车前应先手动盘车几转，如果正常，再通电运转。试车应从低速逐渐到高速，从轻负荷逐渐到满负荷，并根据试车情况，在停车后进行必要的调整。

【任务实施】

1. 任务实施前的准备

做好班前安全教育，使学生具有安全生产意识和相关安全生产知识。

2. 知识要求

1）能够说出机械设备维修方式类型及特点，说出矿山大型机械设备采用的维修方式。

2）能够说出机械设备维修过程。

3）能够说出机械设备拆装的一般过程。

4）能够说出常用零部件的修换标准。

3. 工作任务的实施

到教学矿井进行调研，了解矿山固定机械设备的维修方式，各类维修的内容和周期。与现场工作人员一起进行机械设备维修，了解并掌握机械设备维修的一般过程。在维修现场对机械设备零部件作换修鉴定，通过鉴定过程掌握机械设备零部件的换修标准。

【任务考评】

过程考评	配　分	考评内容	考评实施人员
素质考评	12	生产纪律	专职教师和现场教师结合进行综合考评
	12	遵守生产规程情况、安全生产	
	12	团结协作情况、与现场工程人员交流情况	
实操考评	12	理论知识口述：机械设备常用维修方式，矿山固定机械设备采用的维修方式，机械设备维修过程，零部件换修标准等	
	12	任务实施过程中注意观察和记录，注意教学过程的原始资料积累	
	12	手指、口述机械设备维修的一般过程、各类零部件的失效形式和换修标准	
	12	完成本次工作任务，效果良好	
	16	按工作任务实施指导书完成学习总结，总结所反映出的工作任务完整、信息量大	

【思考与练习】

1. 机械设备的维修方式有哪些？矿山固定机械设备常采用的维修方式是什么？
2. 机械设备拆卸和装配的一般规定和要求是什么？
3. 机械零件的检查和换修原则是什么？
4. 常用零件的修换标准是什么？

课题二　机械零件维修方法分析及应用

【任务描述】

本课题主要对机械零部件修复技术作详细分析，明确各修复技术的特点和选择。通过本课题的学习，使学生对各种机械修复技术的工艺方法和工艺过程有简要的了解，在现场维修工作任务实施过程中掌握常用的维修技术。

【知识学习】

一、机械零部件修复技术应用分析

1. 机械零件修复的意义

失效的机械零件大部分是可以修复的，零件修复是修理工作的基础，修复技术的实施不仅可以使失效的机械零件能够重新使用，甚至可以提高零件的性能和延长其使用寿命。尤其对大型零件、加工周期长与精度要求高的零件、需要特殊材料或特种加工的零件，修复的意义更为突出。修复失效零件与更换零件相比具有如下优点：节省制造时间，节约零件制造材料，可降低维修备件的消耗，可避免因备件不足造成的停产；一般不需要大、精、专设备，牵涉人力少，易组织生产；利用新技术修复旧件还可以提高零件的某些性能，延长其使用寿命。

2. 选择修复技术应考虑的因素

机械设备零件繁多，修复技术和方法也很多，每种修复技术和方法各有其优点，也都有一定的局限性。应根据具体条件和修复技术适应的范围合理选择具体修复方法，做到使修复部分结合牢固，对基体金属不良影响小，保持优良的性能，取得良好的经济效益。选择修复方法时应考虑如下因素。

（1）修复技术和工艺对零件材质的适应性　现在常用的修复技术和工艺对材料的适应性都有较大的局限性，选择时应首先考虑所选修复技术和工艺是否适应待修零件的材质。例如：手工电弧焊适用于低碳钢、中碳钢、合金结构钢和不锈钢；埋弧焊适用于低碳钢和中碳钢；镀铬适用于碳素结构钢、合金结构钢、不锈钢和灰铸铁；粘接适用于金属、非金属材质的零件连接等。常用修复技术对常用材料的适应性见表 5-4。

表 5-4　常用修复技术对常用材料的适应性

序号	修复技术	低碳钢	中碳钢	高碳钢	合金结构钢	不锈钢	灰铸铁	铜合金	铝
1	镀铬	+	+	+	−	−	+		
2	镀铁	+	+	+	+	+	+		
3	气焊	+	+		+		−		
4	手工电弧焊	+	+	−	+	+	−		
5	埋弧焊	+	+						
6	振动电弧焊	+	+	+	+	+	−		
7	钎焊	+	+	+	+	+	+	+	−
8	金属喷镀	+	+	+	+	+	+	+	+
9	塑料粘补	+	+	+	+	+	+	+	+
10	塑性变形	+	+					+	+
11	金属扣合						+		

注：“＋”表示修复效果好，“－”表示修复效果不好。

（2）常用修复技术所能达到的修补层厚度　不同的修复技术所能达到的修复层厚度各不相同。因此在选择修复技术时，应了解各种修复技术所能达到的修补层厚度，视零件的磨损程度合理选择。图 5-2 所示为几种主要修复工艺能达到的修补层厚度。

（3）零件结构对工艺选择的影响　对零件的损坏部位进行修复时，应综合分析零件的整体结构对该部位的限制。例如，用镶螺塞法修理螺纹孔及用镶套法修理孔时，应考虑孔壁厚度及临近孔的距离对该孔的影响，否则会因修复无法实施或修复后零件强度不够而无法使用。

（4）零件修复后的力学性能　修补层的强度、硬度，修补层与零件的结合强度及零件修复后的强度变化等情况是衡量修理质量的重要指标，也是选择修复技术的依据。常用的工艺在一般条件下所能达到的修补强度相差很大。表 5-5 所列为几种修补层的力学性能，供参考。

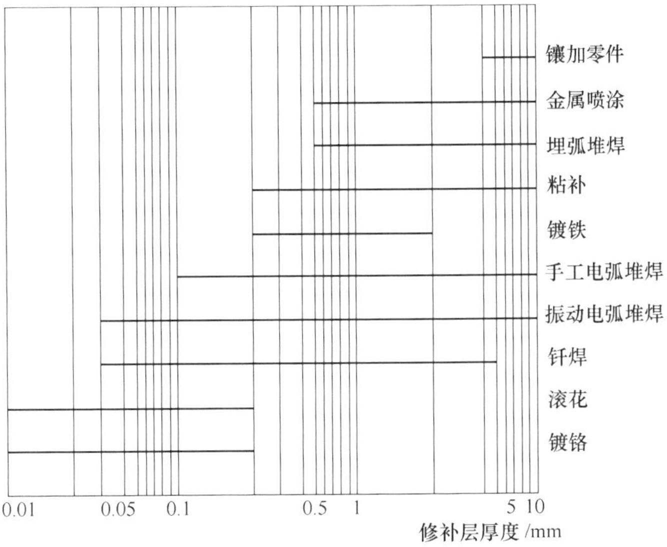

图 5-2　修补层厚度

表 5-5　几种修补层的力学性能

序 号	修 补 工 艺	修补层本身抗拉强度/MPa	修补层与 45 钢的结合强度/MPa	零件修补后疲劳强度降低的百分数（%）	硬　度
1	镀铬	400 ~ 600	300	25 ~ 30	600 ~ 1000HV
2	低温镀铁	—	450	25 ~ 30	45 ~ 65HRC
3	焊条电弧堆焊	300 ~ 450	300 ~ 450	36 ~ 40	210 ~ 420HBW
4	埋弧电弧堆焊	350 ~ 500	350 ~ 500	36 ~ 40	170 ~ 200HBW
5	振动电弧堆焊	620	560	与 45 钢相近	25 ~ 60HRC
6	银钎焊（银的质量分数是 45%）	400	400	—	—
7	铜钎焊	287	287	—	—
8	锰青铜钎焊	350 ~ 450	350 ~ 450	—	217HBW
9	金属喷涂	80 ~ 110	40 ~ 95	45 ~ 50	200 ~ 240HBW
10	环氧树脂粘补	—	热粘 20 ~ 40 冷粘 10 ~ 20	—	80 ~ 120HBW

选择修复技术时还要考虑如下问题：修补层硬度高，提高了耐磨性，但加工困难；硬度低，则磨损较快；修补层硬度不均匀，会使加工表面不光滑。机械零件表面的耐磨性除了与表面硬度有关外，还与金相组织、表面吸附润滑油的能力和两接触表面的磨合等情况有关。例如，多孔镀铬、多孔镀铁、金属喷涂等修复技术均可获得多孔隙的修补层，其吸储油能力强，改善润滑条件，耐磨性能和磨合性能较好；镀铬使修补层有较高硬度，耐磨性能好，但磨合性能较差。对修补后可能发生液体及气体渗漏的零件，则要求修补层的密实性好，不得

产生砂眼、气孔、裂纹等。

（5）修复技术对零件精度的影响　对精度有要求的零件，修复时要考虑修复技术对其变形的影响。被修复零件需要预热或修复过程中温度较高，会使零件退火，淬火组织遭到破坏，产生内应力，热变形增大，故修复后要进行加工整形或热处理等。例如，电气焊等修复技术在操作时会使零件受高温影响，所以这些修复技术只适用于未淬火的零件、焊后有加工整形工序的零件和焊后进行热处理的零件。选择修复技术和工艺时还应考虑修复后零件的刚度，如刚度降低过多也会增加变形，影响精度。

（6）生产的可行性和经济性　选择修复技术时应考虑生产的可行性，企业维修设备的现有情况和技术水平。应根据不同修复方法的修复成本、修复周期、修复后的使用周期、使用性能等多方面综合分析衡量修复技术的经济性，并与更换备件进行比较，力求经济合理。应结合本单位的实际条件，从经济、质量、时间三方面综合分析比较，力争做到生产可行、工艺合理、经济合算。

3. 机械零件常用修复方法及其选择

常用的修复技术按工艺手段分为机械修复法、焊接修复法、电镀修复法、喷涂修复法及粘接修复法等。机械零件的修复方法应根据具体的情况，考虑上述各个因素合理选择，常用典型零件和表面的修复技术见表5-6。

表5-6　常用典型零件和表面的修复技术

零件名称	磨损部位	修理方法	
		达到标称尺寸	达到修理尺寸
轴	滑动轴承的轴颈和外圆柱面	镀铬、镀铁、金属喷涂、堆焊并加工至标称尺寸	车削或磨削，以提高几何精度
	滚动轴承的轴颈和过盈配合面	镀铬、镀铁、化学镀铜	—
	轴上键槽	堆焊修理键槽、转位新铣键槽	键槽加宽，不大于原宽度的1/7，重新配键
	轴上螺纹	堆焊、重车螺纹	车成小一级螺纹
	外圆锥面	—	磨到较小尺寸
孔	孔径	镶套、堆焊、电镀、粘补	镗孔
	圆锥孔	镗孔后镶套	刮削或磨削修整形状
齿轮	轮齿	1. 利用花键孔，镶新轮圈插齿 2. 齿轮局部断裂，堆焊加工成形	大齿轮加工成负变位齿轮
	孔径	镶套、堆焊、镀铬、镀铁、镀镍	磨孔配轴
导轨滑板	滑动面研伤	粘补镶面后加工	电弧冷补焊、钎焊、粘补、刮削、磨削
拨叉	侧面磨损	铜焊、堆焊后加工	—

4. 机械零件修复工艺规程的拟订

拟订机械零件修理工艺规程的主要依据是零件的工作状况和技术要求、企业的设备状况和修理技术水平、生产经验和检验试验水平等。

（1）拟订机械零件修理工艺时应注意的问题

1）修复待修复的表面时，要注意保护不修理表面的精度，保证材料的力学性能不受影响。

2）注意修复技术对零件变形的影响。安排工序时应将产生较大变形的工序安排在前，并增加校正工序，将精度要求高的工序尽量安排在后。

3）零件修理加工时需预先修复定位基准或给出新的定位基准。

4）有些修复技术可能导致机械零件产生微细裂纹，应注意安排提高疲劳强度的工艺措施和采取必要的探伤检验等手段。

5）修复高速运动的机械零件时，应考虑安排平衡工序。

（2）编制机械零件修理工艺规程的过程

1）熟悉零件的材料及其力学性能、工作情况和技术要求，了解损伤部位、损伤性质和损伤程度，了解企业设备状况和技术水平，明确修复批量。

2）确定零件修复技术、方法，分析零件修复中的主要问题，并拟定相应措施，安排修复技术的工序，提出各工序的技术要求、规范、工艺设备、质量检验。

3）研讨并征询有关人员的意见，进行必要的试验，在试验分析的基础上填写修理技术规程卡片，经批准后执行。

二、机械修复技术分析及应用

利用机械连接、切削加工和机械变形等各种机械方法，使失效的机械零件恢复原有功能的方法，称为机械修复法。常用的机械修复法有钳工、机械加工法，修理尺寸法，局部修换法，镶装零件法，金属扣合法等。

1. 钳工、机械加工法

钳工、机械加工法是零件修复最常用、最基本的方法，它不仅可以独立地直接修复零件，也可以作为焊、涂、镀等方法的准备工序或最后加工达到精度的工序。钳工、机械加工法有钳工修补、车削、铣削、磨削、铰削、珩磨、研磨、刮削等。

2. 修理尺寸法

相配合零件的配合表面磨损后，加大了尺寸误差和形状误差。对相配合的主要零件，不再按原来的尺寸设计，而按修理尺寸，采用切削加工的方法恢复其形状和表面粗糙度的要求，与其相配合的零件按新尺寸配作，保证原有配合性质不变，这种修复方法称为修理尺寸法。重新获得的尺寸称为修理尺寸。

确定修理尺寸时，应首先考虑零件结构的可能性和零件尺寸是否足够，然后考虑切削加工余量。对轴颈尺寸减小量，一般规定不超过原设计尺寸的10%。轴上的键槽磨损后，可根据实际情况放大一级尺寸使用。

为保证修理尺寸时的加工质量，应仔细分析原始加工工艺，以便选择合理、可行的定位基准，选择适宜的刀具和切削余量。

3. 局部修换法

某些零件在使用过程中，只有某些局部磨损严重，而其他部分尚好，这种情况下，可将磨损严重的部位切除，重新制造零件，然后用机械连接、焊接或粘接等方法固定在原来的零件上，使原来的连接得以修复，这种方法称为局部修换法。如大中型齿轮断齿后的镶配、某些结构复杂的齿轮齿圈的重新配制等。

有些零件也可采用掉头、转向的方法重新满足使用要求。例如：丝杠的螺纹局部磨损后，可掉头重新使用；承受单向力的齿轮磨损后，可翻转重新安装，利用未磨损的面继续工作；轴、孔中的键槽损坏后，在满足强度要求的情况下，可转位后重新加工键槽继续使用。掉头、转向重新使用的零件，其构造必须对称或经简单加工即可满足使用要求。

4. 镶装零件法

配合零件磨损后，在结构和强度允许的条件下，镶装一个零件补偿磨损，恢复原有零件精度的方法称为镶装零件法，常用的有车轴或扩孔镶套、加垫和机械夹固等方法。

箱体上的孔磨损后，可将孔镗大镶套，套与孔的配合应有适当过盈，也可再用螺钉紧固，如图 5-3 所示。套的内孔可按配合要求事先加工好，也可镶入后再镗削至要求尺寸。对损坏的螺孔，也可采用此法修复，即将损坏的螺孔扩大后镶入螺塞，然后在螺塞上加工出螺孔（螺孔也可在螺塞上预先加工）。

较大的铸件产生裂纹和一般中小型零件断裂后，可在其裂纹处镶加补强板，用螺钉或铆钉等将补强板与零件连接起来，如图 5-4 所示。对于脆性材料，应在裂纹端头钻 3 ~ 6mm 的止裂孔。此法操作简单，适用范围广。

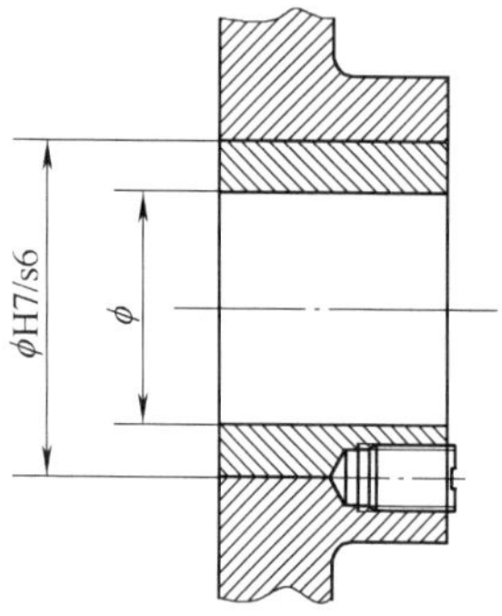

图 5-3　扩孔镶套螺纹紧固

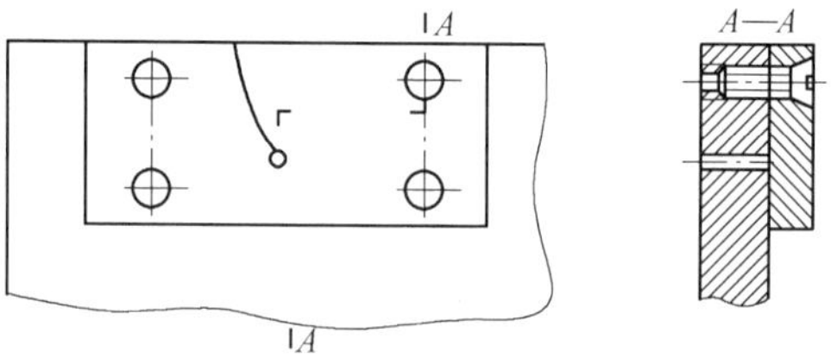

图 5-4　补强板加固修复裂纹

5. 金属扣合法

金属扣合法修复技术是借助高强度合金材料制成的扣合连接件（波形键），在槽内产生塑性变形或膨胀冷缩来完成扣合作用，以使裂纹或断裂部位重新连接成一个整体。该方法适用于不易焊补的钢件和不允许有较大变形的铸件，以及非铁金属件，对大型铸件的裂纹或折断面的修复效果更为突出。

金属扣合法的特点：修复后的零件具有足够的强度和良好的密封性；修复的整个过程在常温下进行，不会产生热变形；波形槽分散排列，波形键分层装入，逐片铆击，不产生应力集中；操作简便，使用的设备和工具简单，便于就地修理。该方法的局限性是不适于修复厚度在 8mm 以下的铸件及振动剧烈的工件，修复技术的效率低。

（1）强固扣合法　强固扣合法是先在垂直于裂纹方向或折断面的方向上，按要求加工出具有一定形状和尺寸的波形槽，然后将形状、尺寸与波形槽相吻合的、用高强度合金材料制成的波形键镶入槽中，在常温下铆击键部，使之产生塑性变形而充满整个槽腔，利用波形键的凸缘与波形槽扣合，将开裂的两部分牢固地连接成一体，如图5-5所示。此法适合修复壁厚为8～40mm的一般强度要求的薄壁机件。

波形键的形状如图5-6所示，其主要尺寸有凸缘直径ϕd、颈部宽度b、间距L和厚度δ。

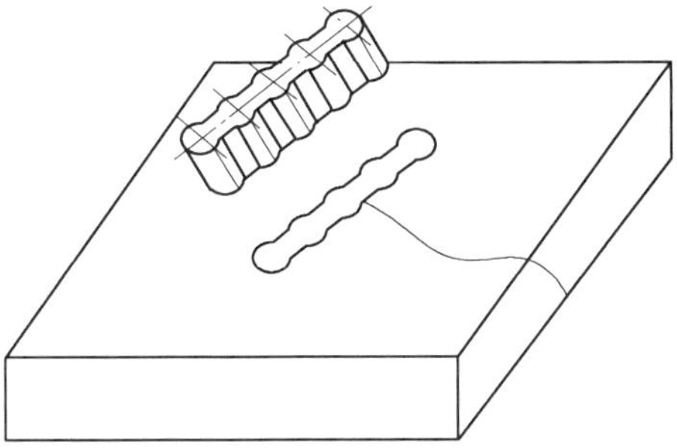

图5-5　强固扣合

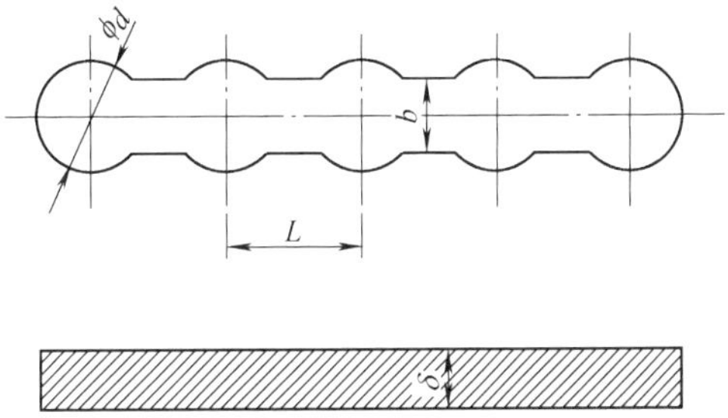

图5-6　波形键

通常以尺寸b作为基本尺寸来确定其他尺寸。一般颈部宽度取$b=3\sim6$mm，$d=(1.2\sim1.6)b$，$L=(2\sim2.2)b$，$\delta\leqslant b$。波形键凸缘个数常取5、7、9。波形键的材料有12Cr18Ni9、06Cr18Ni11Ti和与铸铁膨胀系数相近的Ni36高镍合金等。波形键材料的力学性能见表5-7。波形键的加工工艺是在压力机上用模具将坯料两侧波形冷压成形、刨平两平面后热处理，硬度达140HBW。

表5-7　波形键材料的力学性能

钢　号	热　处　理		力学性能（不小于）				
	淬火温度/℃	冷却剂	抗拉强度 R_m/MPa	下屈服强度 R_{eL}/MPa	伸长率 A(%)	收缩率 Z(%)	硬度HBW
12Cr18Ni9	1100～1150	水	500	200	45	50	150～170
06Cr18Ni11Ti	950～1050	水	500	200	40	55	145～170
Ni36	—	—	480	280	30～45	—	140～160

（2）强密扣合法　对有密封要求的修复件，如高压气缸和高压容器等防渗漏零件，应采用强密扣合法进行修复。这种方法是用强固扣合法将产生裂纹或折断面的零件连接成一个牢固的整体，然后按一定的顺序在断裂线的全长上加工出缀缝栓孔，旋入涂有胶粘剂的螺钉，形成缀缝栓。注意：应使后一个缀缝栓孔略切入前一个已装好的波形键或缀缝栓，以保证裂纹全部由缀缝栓填充，形成一条密封的金属隔离带，起到防渗漏作用，如图5-7所示。

对于承受较低压力的断裂件，采用螺栓形缀缝栓，参照波形键凸缘尺寸ϕd，其直径可选取M3～M8mm，旋入深度为波形槽深度。旋入前将螺栓涂以环氧树脂或无机胶粘剂，逐件旋入并拧紧，之后将凸出部分铲掉打平。

对于承受较高压力、密封性要求较高的机件，应采用圆柱形缀缝栓，其直径参照凸缘尺寸ϕd选取

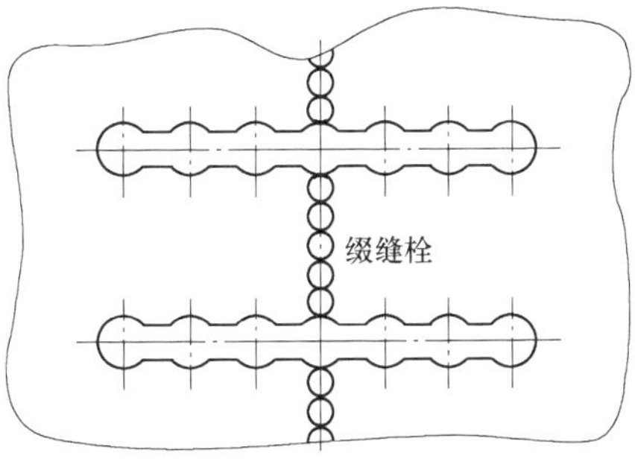

图5-7　强密扣合法

M3 ~ M8mm，其高度为波形键厚度 δ。与机件的连接和波形键相同，分片装入、逐片铆紧。

选取缀缝栓直径和个数时，要考虑两波形键之间的距离，以保证缀缝栓能密布于裂纹全长上，且各缀缝栓之间要彼此重叠 0.5 ~ 1.5mm。缀缝栓的材料与波形键相同。对要求不高的工件可用标准螺钉、低碳钢、纯铜等代替。

（3）优级扣合法　对承受高载荷的厚壁机件，需采用优级扣合法。其方法是在垂直于裂纹或折断面的修复区上加工出一定形状的空穴，然后将形状尺寸与之相同的加强件镶入其中。在机件与加强件的结合线上拧入缀缝栓，使加强件与机件得以牢固连接，以使载荷分布到更大的面积上。此法适用于承受高载荷且壁厚大于 40mm 的机件。缀缝栓中心布置在结合线上，使缀缝栓一半嵌入加强件，另一半嵌入机件，相邻两缀缝栓彼此重叠 0.5 ~ 1.5mm，如图 5-8 所示。

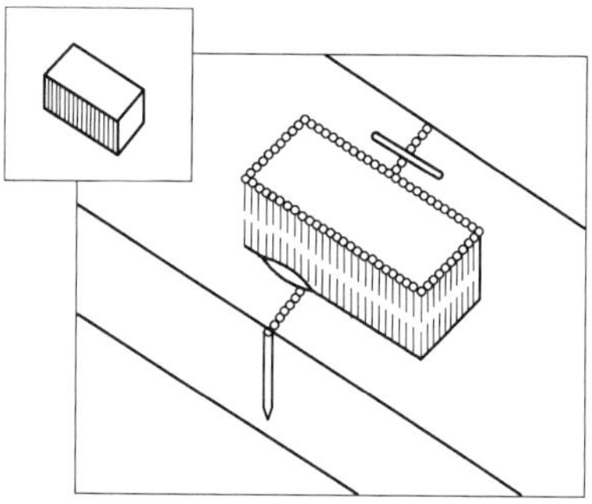

图 5-8　优级扣合法

缀缝栓材料与波形键相同，其尺寸可参照波形键凸缘 ϕd 及波形槽深选取。加强块形状可根据载荷性质、大小、方向设计成楔形加强件，如图 5-9a 所示，用于修复钢件，便于拉紧。图 5-9b 所示为矩形加强件，用于承受冲击载荷件，靠近裂纹处不加缝缀栓固定，以保持一定的弹性。图 5-9c 所示为 X 形加强件，它有利于扣合时拉紧裂纹。图 5-9d 所示为十字形加强件，用于承受多方向载荷。

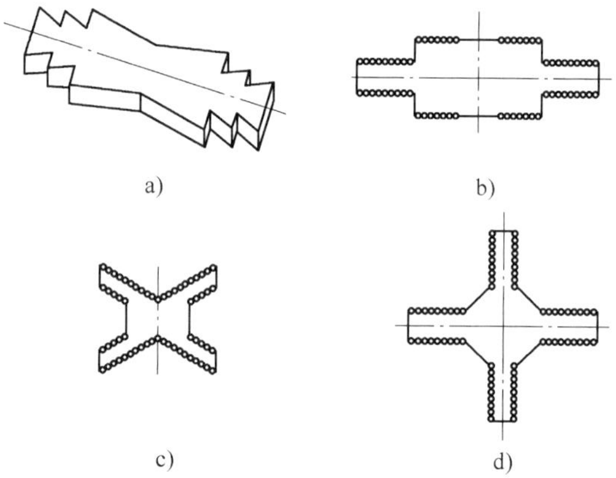

图 5-9　加强件

a）楔形加强件　b）矩形加强件

c）X 形加强件　d）十字形加强件

（4）热扣合法　利用金属热胀冷缩的原理，将一定形状的扣合件经加热后扣入已在机件裂纹处加工好的形状尺寸与扣合件相同的凹槽中，扣合件冷却后收缩将裂纹箍紧，从而达到修复的目的。

修复大型飞轮、齿轮和重型设备机身的裂纹及折断面时可使用热扣合法。根据零件损坏的具体情况设计热扣合件。图 5-10a 所示为圆杆状热扣合件，适用于轮廓部分有损坏的零件；图 5-10b 所示为工字形热扣合件，适用于机件壁的裂纹或断裂。热扣合件的加热温度和过盈量可通过计算得到。

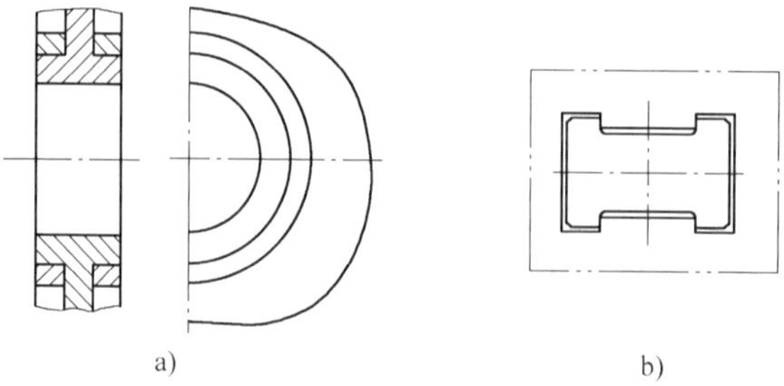

图 5-10　热扣合法

a）圆杆状热扣合件　b）工字形热扣合件

三、焊接修复技术分析及应用

焊接工艺用于修理工作时称为焊修。目前，焊接修理方法主要用于补焊各种裂纹及损伤，焊接各种折断零件和利用堆焊法修复磨损零件。焊接修理的原理与传统的焊接虽没有本质的区别，但它焊接的是失效后的机械零件，因此要根据不同的对象来选定不同的焊接工艺，同时应考虑零件本身焊修的经济性、修复后的使用性能等。利用焊接技术修复失效的零件具有适用性较广，结合强度高；不受零件尺寸、修复场地的限制；成本低、效率高，灵活性大等优点。焊接修复法的缺点是焊接温度高，易引起金相组织变化并产生应力及变形，不易修复精度较高、细长及较薄的零件，同时易产生气孔、夹渣、裂纹等焊接缺陷。

1. 焊接修复工艺的特点

焊接工艺在机械制造中的焊接对象是原材料和半成品，而在修理中的焊接对象是失效零件。与机械制造中的焊接工艺相比较，焊接修复工艺具有三个特点。

（1）容易引起零件的变形或损坏　焊接时零件仅局部受热，零件各部分的温度变化很不均匀，因而不同部位会产生不同程度的膨胀，距离焊缝越近的金属在焊接高温的作用下膨胀越大，而距离焊缝越远的金属由于温度较低，故膨胀就小。这些膨胀程度不同的金属处在同一个零件上，势必互相牵制又互相影响。离焊缝近的金属在高温下不能自由地伸展，被周围温度较低的金属所阻止，这就使近缝区温度较高的金属产生了压缩塑性变形。冷却后，这部分金属已比原来的尺寸缩短了，由于在冷却时又受到周围低温金属的牵制，这种缩短不能全部实现，结果是焊缝区金属存在了拉应力。由于内应力的存在，塑性金属将产生翘曲和变形，脆性金属则容易出现裂纹，如焊接修复后进行机械加工，内应力的释放会影响加工精度。此外，焊接内应力对零件的疲劳强度也是不利的。

（2）需要保证焊接修复后零件的技术要求　机械零件的种类很多，所受载荷和工作条件各不相同，因此对各种零件力学性能的要求也不同。因此，在焊修零件前必须了解该零件的材料、工作条件、力学性能和热处理等方面的技术要求，以便在焊修时采取措施，获得较好的效果。

（3）焊修前应考虑到零件焊接修复后的加工问题　经焊接修复后的零件，有的需要进行机械加工才能达到应有的尺寸、几何形状和表面粗糙度值要求。因此，在焊接修复前一定要考虑焊接修复后零件是否能够进行机械加工。例如，灰铸铁在焊补区冷却速度比铸造时快得多，焊缝内碳、硅等石墨化元素烧损，影响石墨的析出，形成白口，硬度高，不能进行机械加工。为此，可在焊前对零件进行预热，使焊接修复时冷却速度减慢，使石墨充分析出。此外，选用焊芯为低碳钢、镍基和铜基等的焊条，可有效地防止焊区白口化。低碳钢零件本来具有良好的焊接性，焊接修复后不需要进行任何处理即可进行机械加工，但在冬季气温低的条件下焊接修复时，由于冷却速度快，焊缝组织结晶成为马氏体，将给机械加工造成困难。为此，应该采取焊前预热、焊接时缓冷或焊后回火等措施。

2. 零件焊接修理的准备工作

为了减小零件的内应力和变形，保证零件焊接修复质量，零件焊接修复前应做好如下准备工作：

1）考虑最有效的焊接位置，以最小的焊接量达到最大的效果。

2）为了减少机加工的工作量，手工电弧焊尽可能不用或少用坡口，一般坡口角度为

60°～90°。未穿透裂缝槽深度需超过裂缝深度2～3mm，底部应铲成半圆形。穿透裂缝焊接部位板厚在6mm以下时，可不用坡口。

3）圆柱形零件对接焊时，对接处的斜边最好不要做成圆锥形，而做成铲状或楔形，这样零件在受扭转时能保持较高的强度。

4）铸铁零件出现裂纹时，为防止焊接修复时裂纹扩展，焊接前应当预先在裂纹的起始端钻出直径较零件厚度大的通孔，然后从孔处开始焊接。当全部焊缝补焊好后，再补钻孔。

5）补焊铸钢件上的缩孔时，要仔细清除孔底和孔壁的油污及其他杂物，去除金属尖角，以保证焊接质量。如果用手工修凿有困难，可用气焊烧熔缩孔内的杂物。

3. 减小内应力的方法

在焊接过程中，只有当焊接件处于可以自由伸缩的状态，位置和形态的变化不受任何约束时，才可使内应力很小。如果焊接过程中的膨胀与收缩受到限制，则要产生残余内应力，使零件在工作中造成新的变形。因此，焊接修复过程中应该首先考虑尽量减小零件内应力的产生。

焊接修复过程中，没有任何方法能够完全消除内应力，以下的方法只能在不同程度上减小内应力。

（1）预热和缓冷　将焊接件在焊接修复前预先加热到100～450℃和焊后缓冷的目的是防止零件在焊接过程中急剧冷却，并且减小零件焊接修复部分与基体部分的温度差，使这两部分的膨胀量趋于接近，从而减小内应力。特别是在气温较低的环境下焊接时，焊前预热更为必要。对于小焊件可以整体预热，大的焊件可以局部预热，预热范围为焊缝周围40～70mm的区域。当技术要求严格时，焊接修复后可进行高温回火。

（2）锤打或锻冶　当焊接修复较长的裂缝或较长的堆焊层，需要从一端连续焊到另一端时，趁着焊缝或堆焊层在赤热的状态下用锤子敲打，这样可以减少焊缝的收缩量，抵消变形量和减小内应力。锤打时，以焊缝金属温度在800℃时效果为最好。若温度降低，则敲打力量也应该随之减小。当温度下降至300℃左右时不允许敲打，以免产生裂纹。

锻冶法原理与锤打法相同，不同的是需要把焊件全部加热后再敲打焊缝或堆焊层。

（3）加热减应区法　焊修铸铁工件的裂纹时，选择工件的适当部位进行加热使之伸长，然后对损坏处焊补，焊后同时冷却，焊接应力会大大减小，从而避免裂纹的发生。这种方法称为加热减应区法。该法的关键是正确选择减应区，原则上要选择阻碍焊缝膨胀和收缩的部位。加热这些部位，可使焊补区焊口扩张，焊后又能和焊补区同时收缩，减小了焊补区的内应力，如图5-11所示。

4. 减小和防止变形的方法

工件内应力小，一般变形量会相应减小。但是，当对工件变形量有较高要求时，则应当将控制变形量放在首位，焊接修复中可采取适当方法首先减小和防止变形，焊修后再采取措施减小残余内应力。

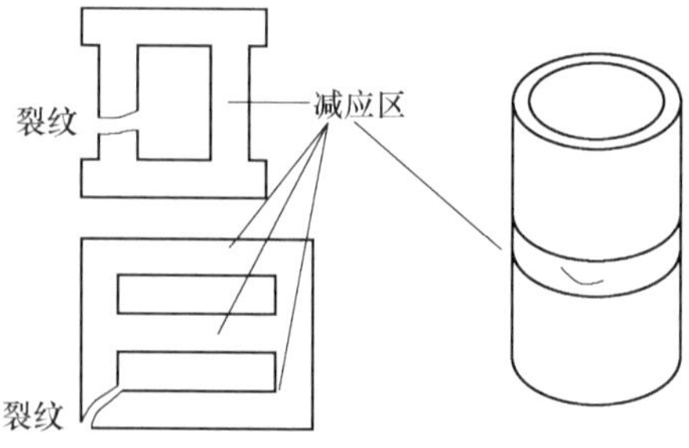

图5-11　几种简单零件的减应区示意图

（1）焊接修复中零件的变形类型

1）纵向和横向变形。沿焊缝纵向产生的变形称为纵向变形，垂直于纵向的变形称为横向变形。纵向变形可引起两焊件在相对方向互相搭叠，横向变形可使两焊件在焊缝处翘曲。

2）弯曲变形。由对工件中心线不对称的纵向塑性变形引起的变形称为弯曲变形，其变形程度随焊接时间的加长而加大。

3）角变形。由横向收缩引起的对角翘曲称为角变形。

（2）减小和防止工件变形的方法

1）预加反变形法。根据工件的金属性质，凭经验估计出焊接修复后发生变形的方向和变形量，在焊接修复前将工件用机械的方法进行预变形，使焊后的变形恰好与预变形相抵消。

2）夹固法。用刚性较大的夹具紧固工件，强制阻止其变形。由于此法的残余内应力较大，因此，主要应用于具有良好塑性的低碳钢薄板焊接。

3）水冷法。利用冷水从工件的背面喷射，以降低工件基体金属温度，减小受热膨胀的影响来防止变形。也可将工件浸在冷水槽中并露出焊修部分进行焊接。

（3）焊接规范的选择　焊接规范包括焊件表面清理、焊接位置、焊条类型与牌号、焊条直径、厚件的焊接层数、电源种类与焊接电流等因素。前三个因素和电源种类根据工件实际情况比较容易确定，其余因素处理得是否恰当和合理，对工件内应力和变形的影响较大，并且直接影响生产率。

（4）焊条直径的选择　为了保证零件表面具有一定的硬度，可以从焊条的选择上加以解决，对轴、齿轮、链轮等传动零件，选择低硬度堆焊焊条或中等硬度堆焊焊条；为了保证25、30、40、45钢等优质中碳钢的零件或厚板结构，应选用J506、J507、J606或J607等焊条，并做好焊接修复前的准备工作，如焊缝的尺寸、形状选择，堆焊区的清洁处理及附加加强肋等措施；对于工作条件一般和材料强度较低的焊接结构，可选用价廉的药皮类型为酸性的焊条；对于工作中受振动、冲击载荷的重要焊接结构，则应选用强度、冲击韧度和延伸率较高的碱性低氢型药皮的焊条。对于有热处理要求的零件，必要时应在焊修后重新对零件进行热处理。为了加快焊接速度，应尽可能选用大直径焊条，但直径过大又容易烧穿钢板或零件，合理的焊条直径与工件厚度有关，见表5-8。

表5-8　焊条直径的选择　（单位：mm）

零件厚度	<2	2~4	4~6	6~8	>8
焊条直径	<2	3.2	4~5	6	6~8

（5）焊接层数的确定　实际工作中，每一层的厚度等于焊条直径的0.8~1.2倍时效果较好。

（6）焊接电流的确定　焊接修复时，随着选用的电流强度的增加，焊件的变形相应增加。合理的电流强度按下面的经验公式计算

$$I = Kd \tag{5-1}$$

式中，I为电流强度，单位为A；d为焊条直径，单位为mm；K为经验系数，单位为A/mm，可参考表5-9选取。

表5-9　焊条直径与K值的关系

焊条直径 d/mm	2~2.5	5~2	4~6
系数 K/(A/mm)	20~30	30~40	40~50

（7）其他因素的影响　条件允许时，应尽量采用快速和多层焊，各层间隔时间越短，变形量越小。

焊接对接长缝时，可把整个焊缝分成长度为150～350mm的焊段，然后分段焊接，每一段都朝着与施焊总方向相反的方向施焊，即所谓的逆向焊接法。在进行焊前装配时，应每隔400～500mm焊一段30～40mm的定位短焊缝，以免工件受热后产生变形。

不同结构的零件的焊接顺序，对变形也有一定的影响。例如：对于柱形板结构，应先焊纵向（轴向）焊缝，然后焊接环形焊缝，否则会引起中部凸起变形；将一些小块钢板焊成较大的钢板时，应先将横向焊缝组成条状，再焊各板条间的纵向焊缝；此外，对于结构上的焊缝，应该使被连接的两个部件之间的焊缝在最后焊成。

5. 堆焊

堆焊的主要目的是在零件表面熔敷一层金属，堆焊可以修复磨损的零件表面，恢复尺寸、形状，改善零件表面的耐磨、耐蚀等性能，堆焊修复技术在各行业中应用广泛。

（1）堆焊方法　常用的堆焊方法及其特点见表5-10。

表5-10　常用的堆焊方法及其特点

堆焊方法	材料与设备	特　点	注意事项
电弧堆焊	使用堆焊焊条。设备有焊条电弧焊机、焊钳及辅助工具	用于小型或复杂形状零件的堆焊修复和现场修复。机动灵活，成本低	采用小电流，快速焊，窄缝焊，摆动小，防止产生裂纹。焊前预热、焊后缓冷，防止产生缺陷
埋弧自动焊堆焊	使用焊丝和焊剂。设备为埋弧堆焊机，具有送丝机构，随焊机拖板沿工件轴向移动	用于具有大平面和简单圆形表面零件的堆焊修复。具有焊缝光洁、结合强度高、修复层性能好、高效、应用广泛等优点	分为单丝、双丝、带极埋弧堆焊。单丝埋弧堆焊质量稳定，生产率不理想；带极埋弧焊熔深浅，熔敷率高，堆焊层外形美观
振动电弧堆焊	工件连续旋转。焊丝等速送进，并按一定频率和振幅振动。焊丝与工件间有脉冲电弧放电	用于曲轴承受交变载荷零件的修复。熔深浅、堆焊层薄而均匀、耐磨性好，工件受热影响小	容易产生气孔、裂纹、表面硬度不均匀
等离子弧堆焊	使用合金粉末或焊丝作为充填金属	温度高，热量集中，稀释率低，熔敷率高，堆焊零件变形小，外形美观，易于实现机械化和自动化；设备成本高	分为填丝法和粉末法两种。堆焊时噪声大，紫外线辐射强烈并产生臭氧，应注意劳动保护
氧乙炔焰堆焊	使用焊丝和焊剂，常用合金铸铁及镍基、铜基的实心焊丝，设备有乙炔瓶、氧气瓶、减压器、焊炬和辅助工具	成本低，操作较复杂，适合修复批量不大的零件。火焰温度较低，稀释率小，单层堆焊厚度可小于1.0mm，堆焊层表面光滑	堆焊时可采用熔剂，熔深越浅越好。尽量采用小号焊炬和焊嘴

（2）堆焊合金　为满足零件性能方面的要求，堆焊时要选用合适的堆焊层合金，选择时可结合零件的失效形式，选择焊接性能好、成本低的堆焊合金。表5-11所列为我国常用堆焊合金的主要特点及用途。

表 5-11　常用堆焊合金的主要特点及用途

堆焊合金类型	合金系统	堆焊层硬度 HRC	焊条举例	特点及用途举例
低碳合金钢	1Mn3Si 2Mn4Si 2Cr1.5Mo	≥22 ≥30 ≥22	堆 107 堆 127 堆 112	韧性好，有一定耐磨性，易加工、价廉，多用于常温下金属间的磨损件，如火车轮缘、齿轮、轴等
中碳低合金钢	3Cr2Mo 4Cr2Mo 4Mn4Si 5Cr3Mo2	≥30 ≥30 ≥40 ≥50	堆 132 堆 172 堆 167 堆 212	抗压强度良好，适合堆焊受中等冲击的磨损件，如齿轮、轴、冷冲模等
高碳低合金钢	7Cr3Mn2Si	≥50	堆 207	耐低应力磨料磨损性能较好，用于推土机刀片、搅拌机轴等
热作模具钢	5CrMnMo 3Cr2W8 5W9Cr5Mo2V	≥45 ≥48 ≥55	堆 397 堆 337 堆 332	热硬性和高温耐磨性较好，主要用于热加工模具
不锈耐蚀钢	10Cr13 20Cr13 30Cr13	≥40 ≥45 40～90	堆 507 堆 517	耐磨、耐蚀。主要用于耐磨和耐蚀零件的堆焊，如阀座、水轮机叶片的耐气蚀层
冷作模具钢	Cr12	≥50	堆 377	主要用于冷冲模等零件的堆焊
奥氏体锰钢、铬锰钢	Mn13 Mn13Mo2 2Mn12Cr13	≥180（HBW） ≥180（HBW） ≥20	堆 256 堆 266 堆 276	兼有抗强冲击、耐蚀、耐高温等特点，可用于道岔、挖掘机斗齿、水轮机叶片等
奥氏体型镍铬钢	Cr18Ni8Mn3Mo3 Cr18Ni8Si5 Cr18Ni8Si7	≥170 270～320(HBW)	堆 547 堆 557	耐蚀、抗氧化，热强度等性能良好。用于化工石油部门的耐蚀、耐热零件，如高、中压阀门的密封面堆焊，也可用于水轮机叶片耐气蚀层、开坯轧辊等
高速工具钢	W18Cr4V	60～65	堆 307	热硬性和耐磨性高，主要用于堆焊各种刀具
马氏体合金铸铁	W9B Cr4Mo4 Cr5W13	≥50 ≥55 ≥60	堆 678 堆 608 堆 698	有很好的抗高应力和低应力磨料磨损性能及良好的抗压强度，常用于堆焊混凝土搅拌机、混砂机、犁铧等磨损件
高铬合金铸铁	Cr30Ni7 Cr30 Cr28Ni4Si4 Cr30Co5Si2B	≥40 ≥45 ≥48 ≥58	堆 567 堆 646 堆 667 堆 687	有很高的抗低应力磨料磨损和耐热、耐蚀性能。常用于铲斗齿、泵套、高温锅炉设备的密封面堆焊
碳化钨合金	W45MnSi4 W60	≥60 ≥60	堆 707 堆 717	抗磨料磨损性能很高，且有一定耐热性，适用于在强烈磨料磨损条件下工作的零件，如石油钻井钻头、推土机切削刃、犁铧等
钴基合金	Co 基 Cr30W5 Co 基 Cr30W8 Co 基 Cr30W12	≥40 ≥44 ≥50	堆 802 堆 812 堆 822	有很高的热硬性，抗磨料磨损、金属间磨损、耐蚀性、抗氧化、抗热疲劳性均好。主要用于高温高压阀门、热剪切切削刃、热锻模等，价格高

（3）焊条电弧堆焊　利用焊条电弧焊的方法，在零件表面熔敷一层金属的方法称为焊条电弧堆焊。它具有设备简单、工艺灵活，不受焊接位置及表面形状的限制，结合强度高，

堆焊层厚度大等优点，是最常用的焊接修复方法。

1）焊条电弧堆焊的原理及设备。焊条电弧堆焊是将金属焊条和零件分别接到焊接电源两极，通过电极放电引燃电弧，使焊条和基体金属熔化，在零件缺陷处形成一层金属熔敷层的维修方法。

焊条电弧焊的设备包括焊条弧焊机、焊钳及辅助工具。焊机分为交流焊机和直流焊机两种。直流焊机有直流弧焊发电机和硅整流直流弧焊机。用交流焊机或直流焊机进行焊接，对焊接质量和生产率影响不大，一般应尽量选用交流焊机；当采用低氢型焊条或焊接热敏性大的合金钢时，则应选用直流焊机。野外作业时选用由内燃机拖动的直流弧焊发电机。

2）堆焊焊条。选择堆焊焊条前要了解零件的材料、力学性能、热处理状态、堆焊部位的工作条件及技术要求。通常根据磨损面的硬度要求选用相同硬度的堆焊焊条。堆焊耐热钢、不锈钢和奥氏体锰钢时，选用与基体金属化学成分相近的焊条，以保证焊缝或堆焊层与基体金属有相同的性能。堆焊形状复杂、厚度大、刚度大或对焊件有较高的冲击韧度及伸长率要求时，应选用抗裂性能好的碱性低氢型焊条。在保证上述条件的情况下，还应考虑经济性好、有害气体少、焊接工艺性好等因素。常用堆焊焊条的性能及用途见表5-12。

表5-12　堆焊焊条的性能及用途

国家标准牌号	焊条类型	药皮类型	熔敷金属	堆焊层硬度HRC	焊接电流	主要用途
D107 D112	锰硅铬钼	低氢 钛钙	10Mn3Si 20Cr1.5Mo	≥22	直流 交直流	常温低硬度堆焊，修复低碳、中碳低合金钢磨损件
D127 D132	锰硅铬钼	低氢 钛钙	15Mn4Si 30Cr2Mo	≥30	直流 交直流	常温中硬度堆焊
D167 D172	锰硅铬钼	低氢 钛钙	40Mn4Si 40Cr2Mo	≥40	直流 交直流	常温高硬度堆焊
D207 D212	铬锰硅 铬钼	低氢 钛钙	70Mn2Cr3Si 50Cr3Mo2	≥50	直流 交直流	常温高硬度耐磨件，如工程机械、矿山机械受摩擦的滚轮挖斗
D256 D266	高锰	低氢 低氢	Mn13 Mn13Mo2	≥180HBW	直流 直流	堆焊工程机械、矿山机械的奥氏体锰钢零件
D642 D687	高铬铸铁	钛钙 低氢	C3Cr30 C3Cr30Co5B	≥48 ≥58	交直流 直流	堆焊常温和高温耐磨、耐蚀零件
D707 D717	碳化钨	低氢	C2W45MnSi4 CW60	≥60	直流	堆焊强烈磨损的机械零件

3）堆焊规范的选择。

① 钢的焊接性根据其对裂纹的敏感程度，可用碳当量粗略估算

$$碳当量(\%)=\omega(C)\%+\frac{1}{6}\omega(Mn)\%+\frac{1}{5}\omega(Cr+Mo+V)\%+\frac{1}{15}\omega(Ni+Cu)\%$$

对于碳当量不大于0.45%的钢材，堆焊时不必采取特殊措施；当碳当量大于0.45%时，则需采取预热、保温、缓冷，选用低氢型焊条等措施。

② 对易出现焊接裂纹、气孔、变形等缺陷的零件，在焊前预热可有效防止这些缺陷的产生。为不改变零件的性能，选择预热温度以不超过零件的回火温度为原则。当零件的碳当

量为0.5%时，预热温度在150℃左右；碳当量为0.6%时，预热温度在200℃左右；碳当量为0.7%时，预热温度在250℃左右；碳当量为0.8%时，预热温度在300℃左右。即使是较低的100~150℃的预热温度，对克服缺陷也能取得显著效果。

③ 裂纹部位的预加工。为防止裂纹扩展，堆焊前应在裂纹两端钻止裂孔，裂纹部位开坡口，坡口为裂纹全长和全深，以防裂纹再度发生，保证焊缝与基体良好结合。

④ 焊条直径的选择。应根据所需堆焊层的厚度选择焊条直径。

焊条在使用前应在200~300℃温度中保温1h，烘干以减少堆焊层的气孔。如果是立焊或仰焊，熔池不易保持，所选用的焊条直径应比平焊时小，以减小由于焊接熔池体积大，熔池铁液下淌的倾向。焊接电流可参考表5-12选取。

⑤ 弧长的确定。熔池底部至焊条端部的距离称为弧长。焊条电弧焊中，电弧过长，会出现电弧燃烧不稳定问题，增加金属飞溅，熔池深度减小，熔化金属从焊条上滴下穿过空气的距离长，易与空气中的氧、氮等发生作用，产生气孔，使焊缝质量变劣。因此，焊接时力求使用短弧。一般要求弧长不超过焊条直径。

⑥ 极性的确定。用直流焊机焊接时，工件接正极，焊条接负极，称为直流正接；反之，称为直流反接。酸性焊条因其工艺性好，可用直流或交流焊接，对极性无要求；碱型低氢型焊条用直流焊接时，反接比正接电弧稳定，飞溅量少；若焊条对极性无特殊要求，在焊接薄而小的零件、重要的结构件或堆焊合金钢零件时，宜用直流反接。

（4）埋弧堆焊　埋弧焊的优点：液态金属与熔渣及气体的冶金反应较充分，堆焊层的化学成分和性能较均匀，焊缝表面光洁；由于焊剂中元素对焊缝金属的过渡作用，可以根据零件的性能要求选用不同的焊丝和焊剂，以获得合乎要求的堆焊层；堆焊层与基体金属的结合强度高；堆焊层的抗疲劳性能比用其他修复工艺获得的修复层的性能好；生产率高。

埋弧焊的缺点是工艺和技术比焊条电弧焊复杂，且由于焊接电流大，工件的热影响区大，因而主要用于较大的不易变形零件的修复。

1）埋弧堆焊用材料。埋弧堆焊材料主要是指焊丝和焊剂。焊丝通常采用H08、H08A、H08Mn、H15、H15Mn等低碳钢焊丝和45钢、50钢等焊丝，也采用可得到更高硬度和耐蚀性的H20Cr13、H30Cr13、H30CrMnSiA、H3Cr2W8V等合金钢焊丝。

焊剂主要用来保证电弧稳定燃烧，防止空气侵入熔池而使焊缝金属氧化和氮化；向焊缝补充合金元素，以改善焊缝金属的化学成分和组织；防止焊缝产生裂纹、气体和疏松；减少金属飞溅和烧损等。焊剂的主要化学成分有MnO、SiO_2、CaF_2、CaO、MgO、Al_2O_3、FeO等。常用的焊剂有HJ130、HJ131、HJ230、HJ330、HJ430、HJ433。

2）电源的性质和极性。埋弧堆焊多用直流电，直流正接熔深较大，直流反接熔深较小。为保证堆焊过程的稳定性和提高生产率，多采用直流反接。

3）工作电压与工作电流。当采用$\phi1.5 \sim \phi2.2$mm焊丝堆焊时，其工作电压常为22~30V。焊丝含碳量高，电压取较高值；施焊时若电压过低，会造成引弧困难，堆焊时易熄弧，堆焊层结合强度不高。若电压过高，则引弧容易，但易导致堆焊层不平整且脱渣困难。工作电流与焊丝直径的关系为

$$I = (85 \sim 110)d \tag{5-2}$$

式中，I为工作电流，单位为A；d为焊丝直径，单位为mm。

4）堆焊速度。堆焊速度一般为0.4~0.6m/min，也可按下式计算

$$n = (400 \sim 600)\frac{1}{\pi D} \tag{5-3}$$

式中，n 为工件转速，单位为 r/min；D 为工件直径，单位为 mm。

堆焊前应先试焊，根据堆焊层质量进行调整，直至满足要求为止。

5）送丝速度。工作电流由送丝速度来控制，送丝速度以调整到工作电流为预定值为宜。当焊丝直径为 $\phi1.5 \sim \phi2.2$mm 时，送丝速度为 1～3m/min。送丝速度与工件转速的关系为

$$v = \frac{(4 \sim 5)\pi D n}{1000} \tag{5-4}$$

式中，v 为送丝速度，单位为 m/min；D 为工件直径，单位为 mm；n 为工件转速，单位为 r/min。

6）堆焊螺距。焊丝的纵向移动速度应使相邻的焊道彼此重叠 1/3 左右，以保证堆焊层平整无漏焊。堆焊螺距可根据焊丝直径按下式选用

$$P = (1.9 \sim 2.3)d \tag{5-5}$$

式中，P 为堆焊螺距，单位为 mm；d 为焊丝直径，单位为 mm。

堆焊小直径零件时，由于渣壳不易冷却，难于脱渣，熔化金属冷却较慢，未及凝固已随工件的转动而流动，为此在工艺上可采取两次堆焊的方法加以解决。

7）焊丝的伸出长度。焊丝从焊嘴伸出的长度约为焊丝直径的 8 倍，通常取 10～18mm。伸出太长电阻热大，焊丝的熔化速度加快，熔深略有减少，同时由于焊丝颤动，堆焊层成形差；若伸出太短，则焊嘴离工件太近，容易将焊嘴烧坏。

8）焊丝后移量。为避免堆焊圆柱形零件时熔池中的液态金属流失，并延长渣壳对堆焊层的保温时间和渣壳冷却时间，易于除渣，焊丝应从焊件的最高点向零件旋转的反向移一个距离 k，后移量 k 约为工件直径的 8%。

9）工件预热。为防止堆焊层产生裂纹，可对工件进行预热，预热温度按碳当量确定，如图 5-12 所示。

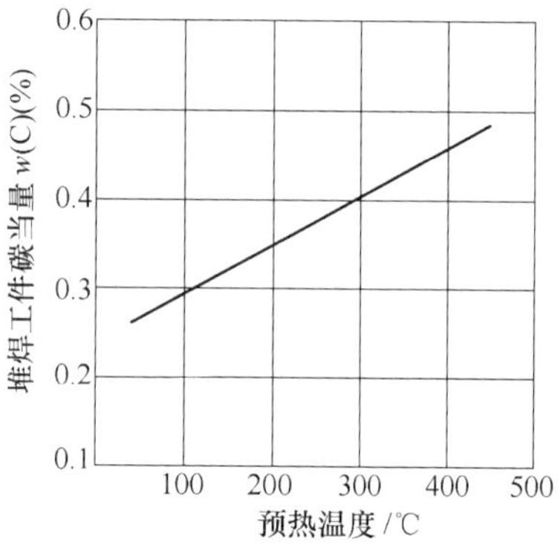

图 5-12　碳当量与预热温度的关系

（5）堆焊修复实例

花键轴键齿磨损的修复。该花键轴为调质钢，硬度为 45～50HRC，键齿磨损严重，根据磨损量确定堆焊层厚度为 1.5mm。

选用焊条电弧堆焊修复，其工艺如下：

1）清除花键轴上的油污、锈斑。

2）按零件的使用要求，选用焊条 D172 或 D212，焊条直径为 $\phi2.5 \sim \phi3.2$mm。

3）焊前在齿槽的中心位置作出标记，以便焊后机加工时对刀。

4）采用键齿双侧堆焊，施焊时将施焊表面水平放置。为防止变形，采用对称交错焊法。

5）采用较小的焊接参数，以减少热影响区。焊后缓冷，机加工至使用要求。

6. 补焊

（1）钢制零件的补焊　机械零件的补焊既要考虑材料的焊接性和焊后加工性要求，还要保持零件其他部位的完好，所以机械零件的补焊要比钢结构焊接困难。钢制零件的补焊一

般应用电弧焊。

低碳钢工件焊接性能良好，中、高碳钢工件焊接性能差，易产生热裂纹、冷裂纹和氢致裂纹。为防止中、高碳钢工件补焊过程中产生裂纹，可采取以下措施：

1）零件焊前预热，预热温度中碳钢一般为150～250℃，高碳钢为250～350℃。

2）尽可能选用低氢型焊条增强焊缝的抗裂性。

3）采用多层焊，使晶粒细化，改善性能。

4）焊后热处理，以消除残余应力。中高碳钢焊后缓冷，然后600～650℃高温回火。

（2）铸铁件的补焊　铸铁件在机械设备中占有很大比例，很多是重要的基础零件。零件体积大、结构复杂、制造成本高，因此对这些零件的修复具有很重要的意义。

铸铁件的修复特点如下：

1）铸铁含碳量高、焊接性能差、塑性差，对冷却速度十分敏感。焊层易形成白口组织，硬度高，难以进行切削加工。局部过热会使铸铁晶粒粗大、组织疏松、变脆，并促使裂纹产生。

2）长期工作在高温或腐蚀介质中的铸铁件，其基体松散、内部组织被氧化腐蚀、吸收油脂，降低了焊接性，且易产生气孔、裂纹甚至焊不上。较高的硫、磷含量也会影响其焊接性。

3）铸铁件结构复杂，补焊时会产生较大的焊接应力，容易引起零件变形，使薄弱部位产生裂纹。铸铁的常用补焊方法见表5-13。

表5-13　铸铁的常用补焊方法

补焊方法	类　型	主要特点
电弧焊	热焊法	采用铸铁芯焊条，温度控制同气焊热焊法，焊后不易裂，可加工
	半热焊法	采用钢芯石墨焊条，预热至400℃，焊后缓冷，强度与母材相近，但加工性不稳定
	冷焊法	采用非铸铁组织焊条，焊前不预热，要严格执行冷焊工艺要点，焊后性能因焊条而异
气焊	热焊法	焊前预热至600℃左右，在400℃以上施焊，焊后在650～700℃保温缓冷。采用铸铁填充料，焊件应力小，不易裂，可加工
	冷焊法	焊前不预热，只用焊炬烘烤坡口周围或加热减应区，焊后缓冷，采用铸铁填充料，焊后不易裂，可加工，但减应区选择不当有开裂危险
钎焊	—	用气焊火焰加热，铜合金做钎料，母材不熔化，焊后不易裂，加工性好，强度因钎料而异

四、电镀修复技术分析及应用

电镀是利用电解原理使工件表面形成一层金属沉积层的过程。

1. 电镀修复技术的特点

镀层能形成装饰，能用于恢复磨损零件的尺寸，也可用于改善零件表面的性质，如提高原有的表面硬度、耐磨、耐蚀及表面导电性，改善润滑条件等。电镀过程是在低温（15～105℃）下进行的，基体金属性质不受影响，原有的热处理状况不会改变，零件也不会因受热而变形，并且电镀层与基体金属具有较高的结合强度。因此，电镀是零件修复的一种很有效的方法。但是，电镀层的力学性能随镀层的加厚在不同程度上有所下降，修理过程时间较长，价格较高，所以通常仅适用于镀层较薄零件的修补。

2. 镀铬修复技术

（1）镀铬层的性质

1）镀铬层硬度可达600～1000HV，比渗碳钢硬度还要高30%左右，并且能在各种工作温度范围内保持其硬度。

2）镀铬层具有较小的滑动摩擦因数，铬和轴承合金为0.13，铬和钢为0.16，而钢与钢之间的滑动摩擦因数为0.2。因此，镀铬层具有较高的耐磨性。

3）镀铬层在化学和高温作用下有良好的氧化稳定性，能够抵抗碱、酸和大气作用，只有在电流作用下的碱和加热的浓硫酸，才能使镀铬层破坏，故有良好的耐蚀性和耐热性。

4）镀铬层和基体金属有很强的结合力，结合强度接近于基体材料自身的结合强度。

5）镀铬层的内应力很小，不产生变形。镀层呈微蓝的银白色，外表美观，不易失去光泽。

6）多孔镀铬可在镀层表面产生均匀的点状和网状沟纹，能够储存润滑油，改善零件的润滑性能。

7）镀铬不能修复磨损量较大的零件；镀层的厚度不能超过0.2～0.3mm，否则容易脱落；镀层具有一定的脆性。

8）镀铬工艺过程复杂，要求严格，所使用的电解液价格高、耗量大。

（2）镀铬层的类型和用途　镀铬时根据不同的电解条件可得到不同性能的镀层，见表5-14。

表5-14　镀铬层的物理、力学性能

镀铬层的类别	电镀工艺条件	镀层的物理、力学性能
无光泽硬铬镀层	电解液温度低、电流密度较高	硬度高、脆性大、结晶组织粗大，有稠密的网状裂纹，表面呈暗灰色
光泽铬镀层	中等的电流密度和电解液温度	脆性小、较高的硬度（800～1200HV），结晶组织细致，有网状裂纹，表面光亮
乳白色铬镀层	较高的温度和较低的电流密度	孔隙率小，硬度低（400～700HV）、脆性小、韧性好，能承受较大的变形而镀层不致剥落，表面为烟雾状的乳白色，经抛光后可达到镜面般的光泽

镀铬层按用途分为以下类型：

1）防护装饰铬层。用于表面装饰，其光泽在大气中经久不衰。

2）硬铬层。硬铬层具有很高的硬度和耐磨性，常用于气缸、模具、量具、轴、滚筒等耐磨零件，也用于修复磨损件。

3）乳白铬层。硬度稍低，结晶细致，网纹较少，因此韧性较好，呈乳白色，主要用于各种量具，用于受冲击载荷零件的尺寸恢复和表面装饰。

4）多孔铬层。镀层表面有无数网状沟纹和点状孔隙，能吸附一定量的润滑油，故具有良好的润滑性，用于主轴、镗杆、活塞环、气缸套等摩擦件的镀覆。

5）黑铬层。镀层的黑色外观具有特殊的装饰效果，能吸收光能和热能，硬度和耐磨性较低，主要用于照相器材、光学仪器等。

（3）镀铬的一般工艺

1）镀前去除零件表面缺陷及锐边尖角，恢复零件正确的几何外形，达到所需的表面粗糙度要求（$<Ra1.6\mu m$）；对于磨削工件，磨削量应尽量小，使镀后零件尺寸恢复到工作尺寸。不需要电镀的表面要作绝缘处理，通常先刷绝缘清漆，再包扎乙烯塑料带，工件孔要用铅堵牢。为使镀层与零件有良好的结合强度，镀前必须用有机溶剂苯、丙酮或碱溶液等将零件表面的油脂、氧化皮、锈迹、切削液等去除，然后用弱酸腐蚀，使零件表面活化，一般使用浓度为10%～15%的硫酸溶液腐蚀0.5～1min，以清除零件表面的氧化层，生成钝化膜。弱酸腐蚀可在镀槽中反接电极进行，称为阳极侵蚀处理或阳极刻蚀。腐蚀时电流密度为30～35A/dm²，时间为1～4min。镀层越厚，阳极处理时间应越长。

2）镀液的选择。修复磨损零件经常使用的镀液成分为铬酐（CrO_3）150～250g/L，硫酸1～2.5g/L，三价铬2～5g/L；工作温度为55～60℃；电流密度为15～50A/dm²。

3）电镀。以铅或铅锑合金为阳极，将作为阴极的工件及挂具吊入镀槽内，不通电浸0.5～4min。溶解钝化膜以露出活化表面，然后通电电镀。根据镀铬层的要求选定电镀规范，控制电镀时间。

4）镀后加工及处理。镀后检查镀层质量，尺寸不合格可补镀，若镀层有起泡、剥落等缺陷可用酸洗或阳极电解法退镀，重新电镀。镀后用热水充分清洗并干燥，磨削加工至要求。若镀层较薄可直接镀到尺寸。对镀层厚度大于0.1mm的重要零件，应进行镀后热处理，以消除氢脆，提高镀层韧性和结合强度。热处理一般在矿物油或空气中进行，温度为150～250℃，时间为1～5h。

3. 镀铁修复技术

（1）镀铁层的性质　镀铁层的最大厚度可达3～5mm，硬度为180～220HBW，经过热处理可达500～600HBW。镀铁与镀铬配合应用，先镀铁后镀铬（即铁为铬的底层），可弥补镀铬层厚度小的不足。镀铁工艺中所用电解液原料为铁屑和盐酸，经济而易得，镀铁速度比镀铬快10倍以上，所以其应用前景非常广阔。在镀铁的电解液中加入糖和甘油等附加物，可使镀层中增碳1%左右，能够显著地提高力学性能，这一工艺措施称为镀铁层的“钢化”，对于提高镀铁层质量有着很重要的意义。

（2）低温镀铁工艺　常用的修复性镀铁是采用不对称交流-直流低温镀铁。不对称交流是指将对称交流电通过一定手段，使两个半波不相等，通电后较大的半波使工件呈阴极极性，镀上一层金属，较小的另一半波使工件呈阳极极性，只把一部分镀层电解掉（若为两个相等的半波，则镀层甚至基体金属将被电解掉）。

1）不对称交流-直流低温镀铁的特点。由于在开始电镀的前10～20min里，采用的是不对称交流电，镀层的颗粒较均匀，表面较平滑，因此内应力比同等电流密度下的直流电镀层小，结合强度高，在较低温度下即可进行电镀，不需要特殊的加热设备。酸蒸发慢，镀液pH值变化小，镀层质量易保证；由于电镀是在较低温度下用较大电流密度进行的，因而有利于提高镀层的结合强度（200MPa以上）、硬度（最高可达45～60HRC）、耐磨性和沉积速度；比镀铬原料便宜，镀层厚度可达2mm，电流利用率高，简便易行，但需要使用特殊电源。

2）不对称交流-直流低温镀铁的应用。由于镀铁层结合强度高、硬度高、储油性能好，具有优良的耐磨性，可用于修复有润滑的一般机械磨损条件下间隙配合副的磨损表面，以及修复过盈配合副的磨损表面，补偿零件加工尺寸的超差。另外，当零件磨损量较大又要求耐蚀时，可用镀铁层做底层或中层，补偿磨损的尺寸，然后再镀耐蚀性好的镀层。

由于镀铁层的热稳定性差，加热到600℃冷却后硬度下降，所以镀铁层不宜用于修复在高温、腐蚀环境，承受较大冲击载荷、干摩擦或磨料磨损工作条件的零件。

3）不对称交流-直流低温镀铁工艺。镀前对工件进行检查、除油、除锈、绝缘、装挂及表面活化等处理。镀铁的绝缘要求较高，稍有疏忽，就会因漏电长出毛刺，使沉积速度大大降低。表面活化处理的目的是清除工件表面的氧化膜，提高镀层的结合强度。表面活化的方法有阳极刻蚀、盐酸浸湿和交流活化等。不对称交流-直流低温镀铁工艺分起镀、过渡镀和直流镀三个阶段。

① 起镀。为减小镀层的内应力，确保足够的结合强度，退去钝化膜后，用不对称交流电起镀。

② 过渡镀。使镀层内应力及硬度能均匀地逐渐增加，并为转换为直流电镀做好准备。

③ 直流镀。过渡阶段完成后转换成直流镀，将电流调到选定值，达到所需镀层厚度。镀铁时，镀前准备和镀后处理均与镀铬相同。

④ 镀铁工艺规范。电解液常选用质量浓度为350～450g/L的硫酸亚铁，pH＝1.5～2，温度为28～35℃，起镀有效电流密度为1.5～2.5A/dm^2，直流电流密度为20～35A/dm^2。

4. 其他镀层简介

（1）镀镍　镍具有很高的化学稳定性，在常温下能防止水、大气、碱的侵蚀，所以镀镍的主要目的是防腐和装饰。镍镀层根据用途可分为暗镍、光亮镍、高应力镍、黑镍等。镀镍层的硬度因工艺不同可为150～500HV。暗镍硬度较低，在200HV左右，而光亮镍硬度可接近500HV，所以光亮镍可用于磨损、腐蚀零件的修复。

镀光亮镍时，镀件的镀前准备和镀后清洗可参考镀铬。电镀液主要成分：硫酸镍300～350g/L、氯化镍40～50g/L、硼酸40～50g/L、十二烷基硫酸钠0.1～0.2g/L。为提高硬度，可添加适量的含硫有机化合物。镀镍温度为50～55℃，pH＝3.8～4.4，电流密度为2～10A/dm^2。阳极为电解镍或铸造镍。

（2）镀铜　镀铜层紧密细致，与工件基体金属结合牢固，具有较高的导电性和良好的抛光性，因此，常用作改善零件的导电性和电镀层的底层及钢铁零件防止渗碳部分的保护层和修补磨损铜轴瓦。但由于铜在空气中易氧化，在潮湿的空气中与二氧化碳和氯反应生成绿色的碱式碳酸铜和氧化铜粉末，与空气中的硫反应生成深褐色的硫化铜，因此不能用作防护性镀层。

（3）镀锌　镀锌层在干燥的空气中较稳定，不易变色。在水中及潮湿的空气中，表面形成碳酸盐（$ZnCO_3$）或氧化物（ZnO）的白色膜层，具有保护性。锌在常温下较脆，当加热温度至100～150℃时，具有较好的塑性，但当加热到250℃时又变脆，可碾成粉末，温度再高时则成为粉末状的氧化锌。因此，镀锌层不能承受250℃以上的温度。锌为两性金属，在酸、碱及硫化物中均易腐蚀。氧化锌与酸和碱都能发生反应生成盐和水。镀锌层质量容易保证、成本较低，是钢铁零件在大气条件下的良好防锈层，得到了广泛的应用。但不宜用作摩擦零件的镀层。

5. 电刷镀

电刷镀是适应生产需要而出现的在工件表面快速电沉积金属的技术，其本质是电镀。它有设备简单轻便，无需镀槽、挂具，可进行现场修复，工艺灵活，镀层沉积速度快，镀层纯度高，结晶致密，氢脆性低，结合强度高，可有效控制镀层厚度，镀层种类多，适应材料广，污染小等优点。适用于现场不易解体、拆卸费用较高、拆卸后停机损失较大的大型机件和复杂、精密零件的修复工作。但对于耐磨镀层，由于镀液价格比槽镀电解液价格高，采用刷镀工艺费用仍比槽镀高。

（1）电刷镀原理　电刷镀采用专用的直流电源，电源正极接镀笔作为阳极，负极接工件作为阴极，如图5-13所示。刷镀时，使浸满镀液的镀笔以一定的速度和压力在工件表面上移动，在镀笔与工件接触部位，镀液中的金属离子在电场力的作用下扩散到工件表面被还原成金属原子，并沉积结晶形成镀层，直至达到所要求的镀层厚度。

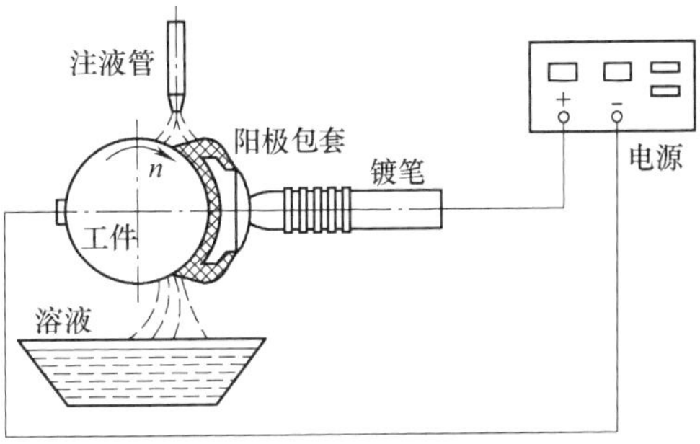

图5-13　电刷镀工作原理示意图

（2）电刷镀设备

1）电源。供给无级调节的直流电，输出电压为0～30V，常把电流和电压分为以下几个等级配套使用：15A-20V、30A-30V、60A-35V、100A-40V等。供电装置应有电量计或镀层厚度计，有过载、短路保护装置，有正、负极转换装置，以满足电镀、活化、电净等不同工艺的要求。

2）镀笔。镀笔由导电手柄和阳极组成。导电手柄包括导电杆、散热器、绝缘手柄等，阳极由高纯度石墨块制成，石墨块表面包裹一层脱脂棉。为适应工件的不同形状，阳极常用的形状有月牙形、方条形、平板形、圆棒形、圆柱形及半圆形。当阳极尺寸很小时，可用铂铱合金做阳极。

3）辅助工具和材料。辅助工具和材料包括用以夹持工件并能按一定转速旋转的机械和供、集液装置。工件旋转，用镀液循环泵供液，容器收集镀液供循环使用。

辅助材料包括医用脱脂棉、涤棉套、塑料盘、绝缘胶带、绝缘漆、油石、刮刀等。

（3）电刷镀液　电刷镀液按用途可分为四大类：镀前表面处理溶液、刷镀液、钝化液和退镀液。

1）镀前表面处理溶液。镀前工件表面的预处理决定着镀层与基体的结合强度，用于表面预处理的准备溶液主要包括电解除油的电净液和对表面进行电解刻蚀的活化液。

2）刷镀溶液。与槽镀液相比，刷镀液金属离子质量浓度高、沉积速度快；采用有机络合物的水溶液，金属络化物在水中溶解度大，有很好的稳定性。除金、银镀液外，镀液中不含氰化物，为无毒或低毒液体，使用温度范围宽。常用的刷镀金属液见表5-15。

表5-15　常用刷镀金属液

刷镀液名称	主要特点	主要用途	工艺参数		
			工作电压/V	镀笔对工件相对速度/(m/min)	耗电系数/[Ah/(dm^2·μm)]
特殊镍	深绿色，pH＜2.0（26℃），与多数金属结合良好，镀层致密，耐磨性好	用于钢、不锈钢、铬、铜、铝等零件的过渡层，也可作为耐磨表面层	10～18	5～10	0.744

（续）

刷镀液名称	主要特点	主要用途	工艺参数		
			工作电压/V	镀笔对工件相对速度/(m/min)	耗电系数/[Ah/(dm^2·μm)]
快速镍	蓝绿色，pH=7.5，沉积速度快，镀层有一定孔隙，耐磨性良好	用于零件表面工作层，适用于铸铁件镀底层	8~14	6~12	0.104
低应力镍	深绿色，pH=3~4，预热到50℃刷镀，镀层致密，应力低	专用作组合镀层的夹心层，改善应力状态，不宜作耐磨层使用	10~16	6~10	0.214
镍-钨	深绿色，pH=2~3，镀层较致密，平均硬度高，耐磨性好，有一定耐热性	用于耐磨工作层，但不能沉积过厚，一般为0.03~0.07mm	10~15	4~12	0.214
铁合金（Ⅱ）	pH=3.4~3.6，硬度高，耐磨性高于淬火45钢，与金属基体结合良好	主要用于修复零件表面尺寸，强化表面，提高耐磨性	5~15	25~30	0.09
碱性铜	紫色，pH=9~10，沉积速度快，腐蚀小，镀层致密，在铝、钢、铁等金属上具有良好的结合强度	用于快速恢复尺寸，填充沟槽，特别适用于铝、铸铁、锌等难镀件的刷镀	8~14	6~12	0.079

3）钝化液。钝化液用于刷镀锌、镉层后的钝化处理，生成能提高表面耐蚀性的钝态氧化膜，有铬酸钝化液、硫酸盐及磷酸盐钝化液等。

4）退镀液。退镀液用于除去镀件不合格的镀层或损坏的镀层，使用退镀液时应注意对基体的腐蚀问题。

（4）电刷镀工艺过程

1）镀前准备。工件表面去掉飞边、毛刺，去除油污、锈蚀，剔除疲劳层，机加工修整工件几何形状；表面粗糙度值不大于 $Ra1.6\mu m$。

2）表面电净处理。用电净液清除表面的油污，刷镀笔接正极，工件接负极，电净电压为10~15V，电净时间应尽量短，以减少工件渗氢，之后用清水冲洗，应无油迹和污物。

3）非镀部位保护。将刷镀区的非镀部位用绝缘材料覆盖镶堵。

4）表面活化（刻蚀）处理。用适宜的活化液对工件表面进行活化处理，去除氧化膜，提高镀层结合力，之后用清水彻底冲净。

5）表面过渡处理。刷镀过渡层，其作用是改善基体金属的可镀性和提高工作镀层的稳定性。常用过渡层液体有特殊镍溶液和碱铜溶液，特殊镍溶液（SDY101）用于一般金属材料的底层，厚度为0.002mm；碱铜溶液（SDY403）常用在铸钢、铸铁、锡和铝等材料上做底层，镀层厚度为0.01~0.05mm。

6）刷镀工作层。用选定的刷镀液刷镀工作层至所需厚度，刷镀同一种镀层时，连续刷镀厚度不能过大，单一刷镀层一次连续刷镀的安全厚度见表5-16。需要刷镀镀层较厚时，可采用多种性能的镀层交替刷镀，但最外一层必须是所选的工作镀层。

表 5-16 单一刷镀层一次连续刷镀的安全厚度 （单位：mm）

镀液种类	特殊镍	快速镍	低应力镍	半光亮镍	镍钨合金	镍钨（D）合金	镍钴合金	钴钨合金	铁合金	铁	铬	碱铜	高速酸铜	锌
镀层单边厚度	0.001 ~ 0.002	0.2	0.13	0.13	0.13	0.13	0.05	0.005	0.2	0.4	0.025	0.13	0.13	0.13

7）镀后处理。去除工件上的绝缘材料及塞堵，清洗残留镀液并干燥，检查镀层质量和镀层厚度，若不再加工，则涂防锈油。

（5）电刷镀在维修中的应用

1）修复零件磨损表面，恢复尺寸及几何形状，使零件表面具有耐磨性。

2）修复有划伤、凹坑、斑蚀、孔洞的零件表面，如导轨面、轴、套、液压缸等。

3）修补槽镀产品上的缺陷、补救贵重零件的加工超差。

4）修复印制电路板、电触点、电子元件等。

5）修复不通孔及深孔零件的缺陷。

6）改善零件表面的性能，如改善零件的钎焊性，局部防渗碳、防渗氮、防氧化性；做其他工艺的过渡层以提高结合强度，减小零件表面的摩擦因数等。

7）修补生产塑料、橡胶、玻璃制品等的模具。

6. 热喷涂修复法

热喷涂是指使粉末状的喷涂材料在高温下熔化，通过高速气流将其雾化并喷射到零件表面，从而形成喷涂层的一种金属表面处理技术。

（1）热喷涂特点 热喷涂的工艺特点是适应性强，喷涂材料广；喷涂时工件温度较低，不易引起变形及相变；可修复工件磨损、缺陷，也可使工件表面获得耐磨、耐蚀、隔热、导电、绝缘、密封、润滑等特殊性能；设备较简单，移动方便，工艺简便，适于现场修复，成本低、周期短。其缺点是涂层结合强度不高，约为 40 ~ 90MPa；喷涂时雾点分散，材料附着率低，损失较严重；喷涂时工件表面需要进行粗糙化处理，会降低工件的强度；喷涂层为多孔组织，易存油，有利于润滑，但不利于防腐蚀。

（2）热喷涂的分类 热喷涂根据热源性质分为电弧喷涂、火焰喷涂、等离子弧喷涂等。其中，火焰喷涂按火焰喷射速度分为火焰喷涂、爆炸喷涂和超声速火焰喷涂。

（3）氧乙炔焰金属粉末喷涂技术

1）氧乙炔焰金属粉末喷涂的基本原理。该技术是以氧乙炔焰为热源，以金属合金粉末为涂层材料的热喷涂技术。粉末材料由于高速气体的带动，在喷嘴出口处受到氧乙炔焰加热至熔化或接近熔化的高塑性状态后，高速喷射撞击到经预处理的工件表面，沉积成为涂层，其原理如图 5-14 所示。

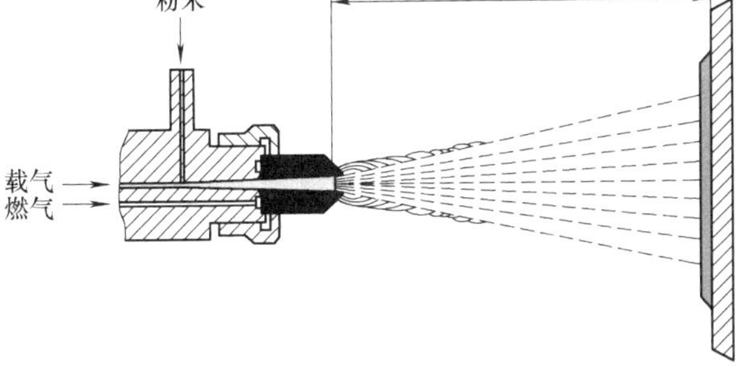

图 5-14 粉末火焰喷涂原理

2）氧乙炔焰金属粉末喷涂工艺。喷前清除待喷表面及邻近区域的油污、锈斑、疲劳层、腐蚀层、淬火层、渗氮渗碳层、涂镀层，修整磨损表面几何形状，表面粗糙度值达到 $Ra12.5 \sim 6.3\mu m$。

为加强涂层的结合力，常选用镍铝复合粉末作为过渡层粉末，粒度选用 0.08 ~ 0.60mm，火焰采用中性焰，喷涂距离为 180 ~ 200mm，工件旋转线速度为 6 ~ 30m/min，喷枪移动速度为 3 ~ 5mm/r，涂层厚度为 0.1 ~ 0.15mm。

过渡层喷涂完后立即喷涂工作层，以防过渡层氧化和污染工作层。粉末金属根据工作表面要求选择，其热膨胀系数应尽可能与工件接近，以免产生较大的收缩应力。粉末的熔点要低，流动性要好，球形要好，粒度要均匀。耐磨性能的涂层可选用成本较低的铁基合金粉末；耐磨、耐蚀等综合性能的涂层可选用钴包碳化钨粉末。粉末粒度选用 0.08 ~ 0.71，火焰为中性焰，喷涂距离为 150 ~ 200mm，工件旋转线速度为 20 ~ 30m/min，喷枪移动速度为 3 ~ 7mm/r。工作层要分层喷涂，每道涂层的厚度为 0.1 ~ 0.15mm，工作层总厚度不超过 1mm。喷涂时工件温度不超过 250℃，可用间歇喷涂的方法控制温度。

喷涂完毕，应缓慢自然冷却。由于大多数喷涂工艺所获得的涂层是有孔隙的，为防止涂层磨削加工时的磨粒污染涂层中的孔眼，对需要进行磨削加工的涂层，应在喷涂完毕后立即用石蜡封孔。

（4）电弧喷涂

1）电弧喷涂原理。电弧喷涂是以电弧为热源，将熔化了的金属丝用高速气流雾化并喷到工件表面而形成涂层的热喷涂工艺，如图 5-15 所示。用于熔化金属的电弧产生于两根连续送进的金属丝之间，金属丝通过导电嘴与电弧喷涂电源相连，压缩空气从喷嘴喷出，将熔化的金属雾化成细滴喷向工件表面而形成涂层，涂层厚度一般为 0.5 ~ 5mm。涂层可制成耐磨、防腐、假合金涂层。常用的喷涂材料有碳钢、不锈钢、铝、铜、锌等金属及合金。

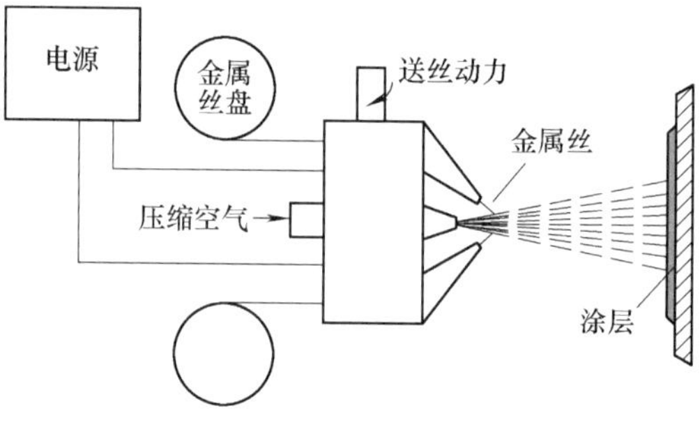

图 5-15　电弧喷涂示意图

2）电弧喷涂的特点。电弧喷涂的特点是生产率高，其生产率与电弧的电流值成正比；结合强度高。电弧喷涂的粒子尺寸较大，有较大的动能，且电弧温度可高达 5000℃，热能高，部分高动能、高热能粒子会与金属基体发生焊合现象，提高了喷涂层与基体的结合强度；可获得“假合金”，即采用两种不同性能的金属丝时，两种金属粒子紧密结合，具有这两种组成金属的性能。例如，铜-钢假合金制动盘兼有高导热性和良好的耐磨性。

电弧喷涂的缺点是涂层的组织较粗，工件温升高。

3）电弧喷涂设备。电弧喷涂设备主要由电源、喷枪、控制箱、供丝装置、供气系统等组成。

4）电弧喷涂工艺。

① 除净喷涂表面的油脂、疲劳层和氧化物，可用汽油、浓碱水、三氯甲烷等清洗。铸铁件需烘烤除油，大型工件可选择喷砂处理。

② 将待喷表面凹切、粗糙化或栽丝，以加强涂层结合强度，待喷表面的棱角应圆滑过渡。表面粗糙化用喷砂、开槽、滚花、毛车螺纹等方法，表面粗糙度值以 $Ra12.5 \sim 6.3\mu m$

为宜。

③ 非喷涂部位屏蔽保护。可用耐热胶带及化合物等保护，也可用机械法保护。

④ 喷涂时选择空气压力 0.55 ~ 0.6MPa，电压 24 ~ 30V，喷涂距离 180 ~ 200mm。一般选用含碳量高且收缩率小的 80 或 90 高碳钢丝，直径为 ϕ1.6 ~ ϕ1.8mm，两喷涂丝之间的夹角为 35° ~ 60°。对于直径为 ϕ70 ~ ϕ100mm 的工件，喷涂时工件旋转速度为 7 ~ 12m/min，喷枪轴向移动量为 5 ~ 10mm/r。喷涂过程中工件温度宜保持在 70 ~ 80℃，最高不得超过 150℃。

⑤ 喷涂一般工件时，应先从工件两端开始喷涂，然后由一端向另一端往复喷涂。喷涂大中型工件时宜向一个方向移动喷枪。对较厚喷涂层若一次喷涂，易使涂层应力增大而碎裂，应采取间歇喷涂法分层喷涂。

⑥ 喷涂完毕，工件缓慢自然冷却，若有防腐要求，则需进行封孔处理。

（5）热喷涂修复实例

某设备主轴两端轴承部位加工超差，用氧乙炔焰粉末喷涂法修复，喷涂工艺如下：

1）利用原加工空心轴的堵头，将轴两端夹持，两堵头用螺杆拉住。该件特点是精度高、空心薄壁、细而长，因而用堵头夹持时，应考虑受热膨胀而留有游隙，以防变形。然后在车床上用顶尖定位，安装找正。

2）表面清理擦净后进行粗糙化处理，火焰预热至 80℃。

3）用 Al/Ni（F511）喷 0.1 ~ 0.15mm 厚的打底层；用 F113 喷工作层至要求厚度。要求是不得变形，可采取低温喷涂措施，使喷涂温度低于 80℃，受热要尽量均匀。

4）旋转空冷至室温。

5）用 YW 型刀片车削至要求，用绿色碳化硅砂轮磨削至要求。

五、粘接修复技术

利用粘结剂等方法把两分离物体或损坏的零件牢固地粘接在一起的修复工艺称为粘接。

1. 粘接工艺的分类及特点

（1）粘结剂分类及性能　机械设备修理中常用的粘结剂见表 5-17。

表 5-17　机械设备修理中常用的粘结剂

类　别	牌　　号	主要成分	主要性能	用　　途
通用胶	HY—914	环氧树脂，703 固化剂	双组分，室温快速固化，室温抗剪强度为 22.5 ~ 24.5MPa	60℃以下金属和非金属材料的粘补
	农机 2 号	环氧树脂，二乙烯三胺	双组分，室温固化，室温抗剪强度为 17.4 ~ 18.7MPa	120℃以下各种材料
	KH—520	环氧树脂，703 固化剂	三组分，室温固化，室温抗剪强度为 24.7 ~ 29.4MPa	60℃以下各种材料
	JW—1	环氧树脂，聚酰胺	单组分，60℃时固化 2h，室温抗剪强度为 22.6MPa	60℃以下各种材料
	502	α—氰基丙烯酸乙酯	单组分，室温快速固化，室温抗剪强度为 9.8MPa	70℃以下受力不大的各种材料

（续）

类 别	牌 号	主要成分	主要性能	用 途
结构胶	J—19C	环氧树脂，双氰胺	单组分，高温加压固化，室温抗剪强度为 52.9MPa	120℃以下受力大的部位
	J—04	钡酚醛树脂，丁腈橡胶	单组分，高温加压固化，室温抗剪强度为 21.5 ~ 25.4MPa	250℃以下受力大的部位
	204（JF—1）	酚醛—缩醛有机硅胶	单组分，高温加压固化，室温抗剪强度为 22.3MPa	200℃以下受力大的部位
密封胶	Y—150 厌氧胶	甲基丙烯酸	单组分，隔绝空气后固化，室温抗剪强度为 10.48MPa	100℃以下螺纹堵头和平面配合处紧固密封堵漏
	7302 液体密封胶	聚酯树脂	半干性，密封耐压为 3.92 MPa	200℃以下各种机械设备平面法兰、螺纹连接部位的密封
	W—1 密封耐压胶	聚醚环氧树脂	不干性，密封耐压为 0.98 MPa	—

（2）粘接工艺的特点　粘接修复法的优点是工艺简单，操作容易，便于现场修复，成本低，使用方便；密封性能好，具有耐水、耐蚀和电绝缘性能。采用焊-粘、铆-粘、螺-粘等连接形式，不但可以提高接头的密封性，还可以提高接头的承载能力；粘接接头的应力分布均匀，粘接工艺所需温度不高，不会引起基体热变形及组织变化，不易产生裂纹，可修复铸铁件、有色金属、合金件、极薄件、微小件和细长件，从而改善了薄板金属材料在焊接和铆接中所遇到的烧损、应力集中和局部变形、强度下降等现象；不受材质限制，可粘接金属、非金属，也可粘接异种材料；用粘接代替铆接和螺纹连接时，因省去了铆钉和螺纹件，所以减轻了结构的重量。粘接修复法的缺点是不耐高温，大多数粘结剂只能在 150℃以下长期工作；多数粘结剂凝固后脆性较大，抗冲击性、抗剥离性、抗老化性能差，因此不宜用在受力较大、受力复杂的部位，且需要机械辅助加固。

2. 粘接工艺

（1）粘接接头设计　粘接接头的形式是保证粘接承载能力的主要环节之一，粘接接头的力学特点是抗拉及抗剪强度高，抗弯曲、抗冲击、抗剥离及抗扯离强度低。因此，应尽量使接头承受或大部分承受正拉力或剪切力，避免承受剥离力和扯离力。尽量增大粘接面积，以提高接头承载能力，如采用 V 形斜接、台阶对接、凹形对接等。

（2）粘接件表面处理　表面处理的目的是获得清洁、干燥、粗糙且有一定活性的表面，以实现牢固的粘接。对于普通工件，表面先用棉纱等擦拭，再用汽油等有机溶剂进行脱脂去油，然后进行除锈及氧化物处理，并使金属表面粗糙化，表面粗糙度值以 $Ra12.5 \sim 6.3\mu m$ 为宜，再用溶剂擦拭除油后即可进行粘接。如果要求粘接强度很高、耐久性好，或粘接铝、铜、不锈钢等时，表面要进行活化处理，可采用酸蚀法、阳极刻蚀法等，处理完毕用清水冲洗并干燥。

（3）粘结剂配制　对单液型液体胶在使用时应摇均匀；对多组分粘结剂的配制，一定要严格按规定的条件、配方、配比及调制程序进行，配胶器皿须清洁干燥，否则将影响粘接质量。

（4）涂胶　预处理好的表面应立即涂胶，以防再次氧化。涂胶时应特别注意要涂遍整个粘合面，且厚度均匀，中间可稍厚些，勿在胶中留有气泡，否则会形成应力集中而降低强度。胶层厚度以0.05～0.20mm为宜。

(5) 晾置 含溶剂的胶粘剂在涂胶后必须晾置一定时间，以挥发溶剂，否则固化后胶层结构松散有气孔，从而削弱了粘接强度。不同类型的粘结剂，不同种类的溶剂，晾置的温度和时间也不同。无溶剂的粘结剂在涂胶以后，虽可以立即进行胶合，但在室温下稍晾置为好，以利于排除空气、流匀胶层、增加粘性。晾置环境应湿度低、无尘埃、空气流通，晾置切忌过度，以免失去粘性。

(6) 粘接 将涂胶后经晾置的粘接表面对正合拢、压实排除空气，实施胶接。粘接后以挤出微小胶圈为宜。

(7) 固化 固化即通过一定作用使涂于粘接面上的粘结剂变为固体，并具有一定强度。固化工艺的三个重要参数是温度、压力和时间，不同粘结剂的固化条件也不相同。需加热固化的粘结剂，其温升和冷却应均匀缓慢，以减少应力及变形；对室温固化的粘结剂若适当提高固化温度，可缩短固化时间，提高粘接强度。固化时施加一定的压力有利于粘结剂的扩散渗透和粘接面的紧密接触，并有利于排除气体，从而得到理想的粘接强度。

(8) 加工 粘接件固化后，可通过机械加工或钳工修整达到使用要求。机械加工时应控制切削力和切削温度，钳工修整时严禁使用剥离力，以防粘接面开裂。

六、修复层的表面强化技术

机械零件的失效大多发生于零件表面，机械零件的修复不仅要恢复零件表面的形状和尺寸，还要提高零件表面的硬度、强度、耐磨性和耐蚀性等。因此提高零件的表面性能，对延长零件的使用寿命至关重要。目前，应用于修复层强化的表面强化新技术有表面机械强化、表面处理强化、激光表面强化处理、离子氮碳共渗、真空熔接、滚压强化等。

1. 表面机械强化

表面机械强化可通过喷丸、滚压和内挤压等方法使零件表面产生压缩变形，在表面形成深度达0.3～1.5mm的硬化层，使金属表面强度和疲劳强度显著提高。表面机械强化具有成本低、效果好的特点。

(1) 喷丸强化 喷丸强化是将高速运动的弹丸喷射到零件表面上，使金属材料表面产生剧烈的塑性变形，从而产生一层具有较高压应力的冷作硬化层，即喷丸强化层，其深度为0.3～0.5mm，能显著地提高零件在室温及高温下的疲劳强度和抗应力腐蚀性能，能抑制金属表面疲劳裂纹的形成及扩展。选择合理的喷丸强化工艺，可以使结构钢、高强度钢、铝合金、钛合金、镍基或铁基热强合金等材料的疲劳强度得到显著提高。凡承受循环（交变）载荷或在腐蚀环境中承受恒定载荷的零件，如弹簧类、齿轮类、叶片类、轴类、链条类等，均可通过喷丸强化技术提高其使用寿命。

喷丸强化用的弹丸材料可以是钢铁材料、非铁金属及非金属材料，常用的有钢丸、铸铁丸、玻璃丸、不锈钢丸、硬质合金丸等。弹丸形状近似于实心球形，无尖角，具有一定的冲击韧性和较高的硬度，弹丸直径一般为0.05～1.5mm，弹丸越细，获得的零件表面粗糙度值越小，反之越高。钢铁材料零件用钢丸、铸铁丸或玻璃丸；非铁金属零件应避免采用钢丸或铸铁丸，以免零件表面与附着的铁粉发生电化学反应。喷丸强化过程中，决定强化效果的工艺参数有弹丸直径、弹丸硬度、弹丸速度、弹丸流量及喷射角度，通常采用喷丸强度和表面覆盖率来评定喷丸强化的效果。常用的喷丸强化方法有风动旋片式和机械离心式喷丸。

（2）滚压强化　滚压强化是利用金刚石滚压头或其他形式的滚压头，以一定的滚压力对零件表面进行滚压运动，使经过滚压的表面由于形变强化而产生硬化层，达到提高零件表面力学性能的目的。滚压强化也是机械零件修复中常用的表面强化方法。

2. 表面处理强化

（1）表面热处理强化　表面热处理是应用最广泛的表面强化技术，常用的有火焰淬火、盐熔炉淬火、高频或中频感应淬火、接触电阻加热淬火等。

表面热处理是通过对零件表层进行快速加热，使表层温度升高至淬火温度，心部保持奥氏体以下温度，快速冷却使表面获得马氏体组织而心部仍保持原组织状态，从而达到强化的目的。

（2）表面化学热处理　常用的表面化学热处理强化方法有渗碳、渗氮、碳氮共渗等。离子氮碳共渗的加工温度较低，零件整体变形小，对零件材料内部组织影响小，所以在零件修复中得到了广泛应用。离子氮碳共渗在辉光离子轰击炉内进行，工艺如下：

1）炉内气氛。一般采用丙酮、氨混合气体，以丙酮：氨 =1∶9～2∶8 为宜。

2）温度。加热温度一般为（600±20）℃。硬度要求高的零件取较高的温度，要求变形小的零件取较低温度，也可选用 520～560℃；要求渗层厚的低碳钢、铸铁及合金钢取较高温度，在 620℃左右。

3）保温时间。含碳及合金元素较高的材料，其渗扩速度较慢，如中高碳钢、中高碳合金钢、高镍铬钢、奥氏体耐热钢等的保温时间在 4h 左右，工具钢保温 2h 左右，单纯防腐及高速钢刀具保温 1h 即可。

4）冷却速度。随炉冷却到 150～200℃，出炉后空冷。

3. 激光表面强化处理

利用激光特有的极高的能量密度、极好的方向性、单色性和相干性的特点，对零件表面进行强化处理，可以改变金属零件表面的微观结构，提高零件的耐磨性、耐蚀性及抗疲劳性。

激光表面强化处理技术与其他热处理方法相比，具有适用材料广、变形小、硬化均匀、快速、硬度高、硬化深度可精确控制等优点。

（1）激光表面固态相变硬化　具有固态相变的合金（如碳钢、灰铸铁及大部分合金）在高能激光束的作用下，使金属表面的温度迅速升到奥氏体转变温度，激光扫描过后，工件表层温度快速冷却，如同淬火，在 0.1～1mm 表层内获得超细化的马氏体，硬度比普通淬火高 15%～20%，而且只是表层受热，零件热变形很小。其用于处理导轨、曲轴、气缸套内壁、齿轮、轴承圈等时，效果十分明显。

（2）激光表面合金化　根据对零件表面性能的要求，选择适当的合金元素涂抹于零件表面，再利用高能激光束进行加热，使合金元素和基体表层同时熔化，在表层形成一种新的合金材料。这样，可以在低性能材料上对有较高性能要求的部位进行表面合金化处理，以提高耐磨性、耐蚀性、耐冲击性等性能。它比渗碳、渗氮、气相沉积等方法的处理周期短得多。

（3）激光表面涂敷　激光表面涂敷是将粉末状涂敷材料预先配制好并粘结在需要处理的部位，用高功率密度的激光加热，使之全部熔化。同时使基体表面微熔。激光束移开后，表面迅速凝结，形成与基体金属牢固结合的具有特殊性能的涂敷层。与热喷涂、电镀等工艺相比较，该工艺可在价格低廉的金属材料上覆盖一层具有特殊性能的材料，操作简单、加工周期短、节省材料。例如，在刀具上涂覆碳化钨或碳化钛，在阀门上涂敷 Co-Ni 合金等，既可满足性能要求，又可节约大量高性能材料，还可以在非铁金属表面涂敷非金属涂层。

（4）激光“上光”　用高能量的激光束使具有固态相变的金属表层快速熔化，激光移开后，熔化金属快速凝固获得超细的晶体结构，熔合表层原有的缺陷和微裂纹，有利于提高耐蚀性和抗疲劳性能，对于铸件效果十分明显。例如，柴油机铸铁缸套外壁经激光“上光”处理后，表面铸态结构变成超细马氏体和渗碳体的混合结构，大大提高了耐蚀性。

利用激光表面强化技术处理零件，由于强化层不仅有较高的耐磨性，而且强化过程中零件变形非常小，所以该工艺可安排在精加工后进行。同时可对不通孔底部、深孔侧壁等零件进行表面强化处理，以解决其他热处理工艺不易解决的难题。

4. 电火花表面强化

电火花表面强化工艺是通过电火花的放电作用把一种导电材料涂敷熔渗到另一种导电材料的表面，从而改变后者表面的性能。

（1）电火花强化的原理　金属零件表面电火花强化的原理是：在电极与工件之间接通直流或交流电，振动器使电极与工件之间的放电间隙频繁发生变化并不断产生火花放电，产生高温，瞬时高温使电极和工件上的局部区域熔化，经多次放电并相应移动电极的位置，就使电极材料熔结覆盖在工件表面上，从而形成强化层。金属零件表面之所以能够得到强化，是由于在脉冲放电作用下，金属表面发生了超高速淬火、渗氮、渗碳及电极材料的转移的物理化学变化。

（2）电火花表面强化的特点　电火花表面强化不需要特殊、复杂的处理装置和设施，可根据零件表面的不同要求选择适当的电极材料，以满足工件表面的性能要求；强化层厚度可通过电气参数和强化时间进行控制；强化过程变形小，可安排为最后的工序；电火花表面强化层较薄，最厚只有 0.06mm，且强化后的表面较粗糙。

（3）电火花表面强化的应用　通过电火花表面强化工艺，可以把硬质合金材料涂到由碳素钢制成的各类刀具、量具及零件表面，可大幅提高其表面硬度，硬度可达 70～74HRC，增加耐磨性、耐蚀性，将使用寿命提高 1～2 倍。它也经常用于修复各种模具、量具的已磨损表面，修复质量和经济性都比较好。

【任务实施】

1. 任务实施前的准备

做好班前安全教育，使学生具有安全生产意识和相关安全生产知识。

2. 知识要求

1）能够说出选择修复技术时应考虑的因素。

2）能够说出拟订机械零件修理工艺时应注意的问题。

3）明确机械零件的机械修复技术、焊接修复技术、电镀修复技术、粘接修复技术等的工艺特点及适用场合。

3. 工作任务的实施

到教学矿井的机修车间，与现场工作人员一起交替进行零件的各类修理工作，注意各种机械零件修理技术的工艺方法和修理过程，锻炼自己对零件失效的分析判定、工艺制订和机械零件修理的动手能力。

【任务考评】

过程考评	配分	考评内容	考评实施人员
素质考评	12	生产纪律	专职教师和现场教师结合进行综合考评
	12	遵守生产规程情况、安全生产	
	12	团结协作情况、与现场工程人员交流情况	
实操考评	12	理论知识口述：选择修复技术时应考虑的因素，机械零件修理时应注意的问题，机械修复技术、焊接修复技术、电镀修复技术、粘接修复技术等的工艺特点及适用场合	
	12	工具使用或任务实施过程正确	
	12	手指、口述：具体零件的机械修复技术、焊接修复技术、电镀修复技术、粘接修复技术的工艺	
	12	完成本次工作任务，效果良好	
	16	按工作任务实施指导书完成学习总结，总结所反映出的工作任务完整、信息量大	

【思考与练习】

1. 选择机械设备零件修复技术时应考虑的因素有哪些？
2. 在拟订机械零件修理工艺时应注意的问题是什么？
3. 与机械制造中的焊接工艺相比较，焊修工艺有何特点？
4. 为什么在焊接修复零件之前需要了解该零件的技术要求？
5. 为什么焊接修复应考虑到零件焊接修复后的机加工问题？举例说明。
6. 零件焊接修理前应做好哪些准备工作？什么是磨损零件的堆焊？
7. 什么是焊接修复过程中的热应力和残余内应力？它们是怎样产生的？它们对被修理的零件有何影响？
8. 焊接修复过程中，如何减小和防止变形的发生？
9. 减小和防止焊接修复零件的变形中，焊接规范包括哪些内容？如何合理选择焊接规范？
10. 什么是电镀修理法？电镀修理法有何特点？说明各种常用电镀层的性质。
11. 什么是金属刷镀？它有何特点？
12. 说明金属电喷涂的工作原理及特点。
13. 粘接工艺有哪些特点？
14. 常用表面强化技术有哪些？各有何特点和应用？

第六单元

典型零部件的维修

【学习目标】

本单元由轴类零件的修理与装配、轴承的修理与调整、齿轮的修理与装配、联轴器的检验与调整和液压系统的故障预防与维修五个课题组成。通过本单元的学习，学生应能够说出各种常用件的维修方法和过程，能够针对各种故障现象采取相应的维修措施恢复其功能；通过各课题的实施，锻炼学生分析问题和解决问题的能力，提高动手能力，为今后的工作打下坚实基础。

课题一　轴类零件的修理与装配

【任务描述】

轴类零件是机械设备上最常用的重要零件，其受力复杂。本课题对轴类零件的检验方法、修理方法及静连接的装配方法作详细的分析和介绍，使学生掌握轴类零件的检验与维修方法，掌握相关的计算和装配方法。

【知识学习】

轴是机械设备维修工作中的主要对象之一。轴失效的形式主要为轴颈的磨损，弯曲、扭转变形，键槽损坏和轴的断裂。轴类材料大多数采用低、中碳钢或合金钢。轴的设计尺寸、形状、表面粗糙度、配合性质和装配质量等，对轴的强度及使用寿命都有很大影响。

一、重新配制轴时需要考虑的因素分析

1. 轴的形状及结构对其强度的影响

同样的尺寸，由于形状和结构不同，其强度和寿命相差很大，尤其是在承受变载荷和冲击载荷时，其影响更为突出。无圆角变化断面的轴，其强度最小，较等直径的轴低10%～30%，其危险断面就在轴径突变处；轴上的孔和槽对轴强度的影响更为显著，轴有钻孔，虽然孔径仅有$\phi 2 \sim \phi 3$mm，但有此类钻孔的轴一般是在孔的根部产生裂缝；若轴上开有键槽，则强度

也会被削弱。轴上不同轴径用圆角过渡，疲劳强度会有很大提高，若圆角半径不小于轴径的10%，则轴的疲劳强度与光轴的疲劳强度近似。所以，一般要求轴应具有尽量小的变径断面，尽量少开孔和槽。

2. 表面状态对轴疲劳强度的影响

轴的表面粗糙度值对轴的疲劳强度影响也较大，若以表面抛光的轴的疲劳强度作为100%，则其他类表面的轴的疲劳强度分别约为：极粗加工表面60%～85%，粗加工表面40%～60%，锈蚀表面45%～55%，热处理时表面脱碳30%～50%。

3. 轴上安装的各种零件对强度的影响

在轴上安装各种静配合的零件（过渡配合的联轴器、齿轮、带轮），如错误地采用较大的过盈量会降低配合处轴的强度。因为这样的配合会使轴产生很大的应力集中，使其疲劳强度降低1/3～2/3，即使过盈量合适，也会对轴的疲劳强度有所影响。所以过盈配合数值一定要选择适当，并且在轴的结构上也要采取相应措施。为了便于装配，轴的端部及配合的起点应做出一定的倒角；为防止应力集中，轴的变径处及包容件的端部需要做成圆角或倒角。

二、轴类零件的拆卸方法

轴与包容件之间的装配，根据不同的工作要求，有着不同的配合性质。拆卸时，应根据其配合性质，采用不同的拆卸方法和工具。

1）配合过盈不大的轴类零件，一般可用锤击的方法，或用退卸器、压力机、千斤顶等工具拆卸。用锤击时应在轴头处垫以铜棒、铅块或硬质木块，切勿直接击打轴头，以免轴头变形损坏。

2）对一些不旋转的心轴，轴端有轴向螺纹孔供拆卸用。拆卸时先松开定位螺栓或挡板，再拧入一螺栓，通过螺栓将轴拉出来。

3）对于过盈较大的配合件，拆卸前需要在轴的包容零件上加热。加热时可视情况采用浇热油或用喷灯等方法。在加热过程中，包容件受热要均匀，注意不要使轴同时受热而随之膨胀。通常包容零件的加热温度不应超过700℃，否则会使零件过分氧化、退火，如不再进行热处理，可能会降低零件的强度和寿命。

加热温度一般可按下式计算

$$t=\frac{\delta_1}{d\alpha}K \tag{6-1}$$

式中，t 为拆卸零件中包容件需加热的温度℃，一般加热温度控制在240℃以下，不会影响零件质量；d 为轴的直径，单位为mm；α 为被加热零件材料的热膨胀系数，单位为1/℃，可查表6-1和表6-4；δ_1 为过盈尺寸，单位为mm，如在维修中不清楚具体数值，对于静配合件可取轴径的0.08%～0.14%，对于过渡配合件可取轴径（ϕ80～ϕ300mm）的0.02%～0.05%，轴径小取大值，轴径大取小值；K 为系数，考虑过盈值的估计误差，加热后运到拆卸地点过程中的温度降低，拆卸时的温度降低及其他影响温度的因素，一般 $K=2\sim6$，过盈小取大值，过盈大取小值。

表 6-1 材料的热膨胀系数 [单位：(1/℃)]

材料	温度范围/℃					
	20～100	20～200	20～300	20～400	20～600	20～700
碳钢	$(10.6\sim12.2)\times10^{-6}$	$(11.3\sim13)\times10^{-6}$	$(12.1\sim13.5)\times10^{-6}$	$(12.9\sim13.9)\times10^{-6}$	$(13\sim14.3)\times10^{-6}$	$(14.7\sim15)\times10^{-6}$
铬钢	11.2×10^{-6}	11.8×10^{-6}	12.4×10^{-6}	13×10^{-6}	13.6×10^{-6}	—
40CrSi	11.7×10^{-6}	—	—	—	—	—
铸铁	$(8.7\sim11.1)\times10^{-6}$	$(8.5\sim11.6)\times10^{-6}$	$(11.0\sim12.2)\times10^{-6}$	$(11.5\sim12.7)\times10^{-6}$	$(12.9\sim13.2)\times10^{-6}$	—
黄铜	17.8×10^{-6}	—	—	—	—	—
锡黄铜	17.6×10^{-6}	—	—	—	—	—

零件加热时，须注意加热温度，达到加热温度后，应立即停止加热，准备压出或打出。由加热地点到拆卸地点间的运输时间不允许过长，否则轴会因温度升高而膨胀，对拆卸不利。

三、轴拆卸后的检查和修复

轴的磨损主要是轴颈磨损后的表面擦伤，圆度和圆柱度的变化等情况。用游标卡尺、千分尺、千分表等量具都能检查其精度。

1. 磨损的检查与修复

（1）轴颈圆度的检查　轴颈圆度应在车床或专用托架上用千分表检查，也可用游标卡尺手工检查。检查时需要在每一测量段上测量三处，两处在距轴颈端处约 30mm，另一处在中间测量。如果将轴颈旋转一周，千分表的指针读数增大或减少两次，而且正负读数值大致相等，则说明轴颈在该断面处磨损呈椭圆形，并可根据读数差求得其圆度。检查圆度是否合格可参阅技术文件或相关标准。

（2）轴颈圆柱度的检查　圆柱度的检查可参照检查圆度的方法进行，只是检查处不是在轴颈的同一横截面处，而是在相距一定轴向长度（一般为 50～120mm）的位置，至少应在轴颈的根部、中部和端部测量轴颈的磨损情况。

轴颈的圆柱度不应超过其圆度公差，而配合处的圆柱度应在配合尺寸公差范围内。轴颈圆柱度应符合技术要求规定值，其大小可参阅技术文件或相关标准。

（3）轴颈磨损的修复　轴颈上具有不大的磨痕和擦伤时，可用细锉和砂布消除。没有配合尺寸精度要求的轴颈，直径小于 ϕ250mm 以下的轴颈磨损后，其圆度和圆柱度在 0.1mm 以下时，可手工适当修复，手工修复磨损量一般不应超过 0.2mm 。重要轴的轴颈有较大磨损时，应在机床上进行外圆车削修复，其车削量不应超过原直径的 5%，表面粗糙度值不大于 $Ra0.8\mu m$，以保证其强度不降低。如在配合处可重新考虑配合方式和性质，必要时可采用刷镀、电镀或喷涂工艺修复，在强度许可的条件下，也可采用镶套处理。

2. 轴直线度的检查与修理

（1）直线度的检查　轴的直线度检查可在车床上用千分表进行，也可在特制的滚动轴承托架上进行，如图 6-1 所示。当轴缓慢转动时，用千分表在轴的全长上测定三处，即轴的两端和中间。当轴转动时，千分表指针在表盘上移动的最大读数与最小读数之差即为轴直线度误差的 2 倍。测量时应注意，千分表的触头应置于轴的未经磨损或无损伤痕迹的圆形处，以免产生挠度与圆度或外形尺寸的相互混淆。轴的直线度是否合格可参阅技术文件或相关标准。

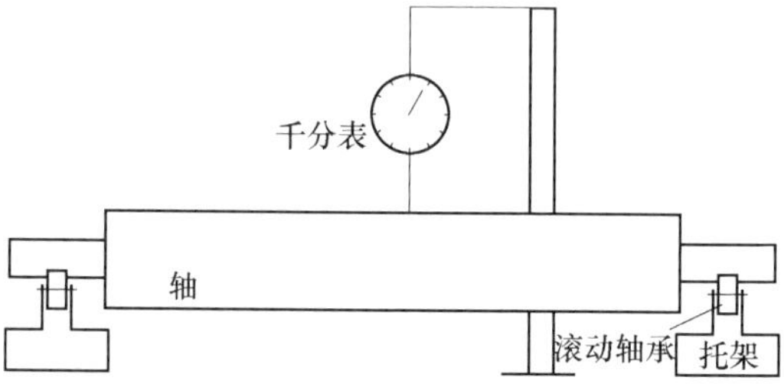

图 6-1　轴直线度的检查

（2）轴弯曲的矫直　对机械设备的轴尤其是细长轴，无论在拆卸、装配或保管过程中，都应注意防止其发生弯曲变形。对已弯曲的轴进行矫直是一项较精细的工作。矫直方法有冷矫或热矫两种。

1）冷矫直法。一般用于弯曲量较小的轴。对直径较细的轴，应在车床上进行矫直。将轴的一端用卡盘夹紧，另一端用顶尖顶住，使轴的弯曲处向下，两侧各用一个带钩的拉杆钩住，拉杆另一端固定于床身下，再用一个千斤顶顶住床身和轴最大弯曲处，向弯曲的反方向加力，将轴矫直。矫直过程中注意不要将床身损坏。

直径较粗的轴，可用螺杆压力器矫直。压力器的钩子钩住轴最大弯曲处的两端，弯曲处向上，转动螺杆，给轴的弯曲处加力矫直。

采用冷矫直法时，应注意矫直后轴的恢复量，一般应反方向多矫 0.5 ~ 1mm，以弥补压力消除后的弹性回复。矫直后应用锤子轻轻敲打矫直范围的圆周，以消除变形应力。如果操作者有经验，冷矫直法的精度可达 0.05 ~ 0.15mm/1000mm。

2）热矫直法。热矫直法的简单原理是在轴弯曲的最高点加热，如图 6-2 所示。由于加热区受热膨胀，会使轴的两端向下弯曲，但当轴冷却时，加热区会产生较大的收缩应力，使轴的两端向上翘起，而且超过了加热时的弯曲度，这个超过的量就是需矫直的部分。冷却时可采用水冷却，也可采用自然冷却。

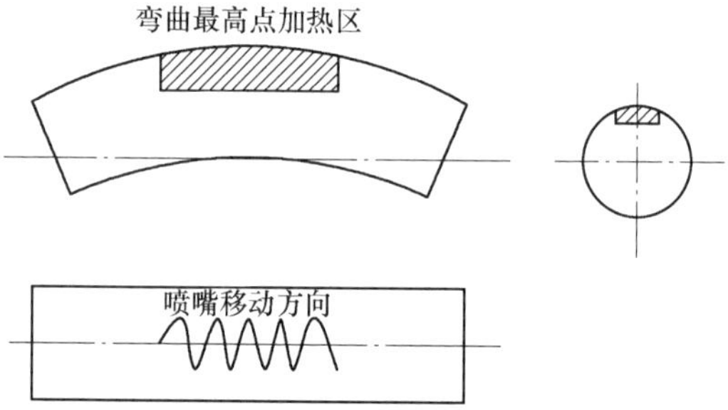

图 6-2　轴类零件的热矫直

热矫直轴的关键所在是弯曲的位置及方向必须找准，加热火焰要和弯曲的方向一致，否则会出现扭曲或更大的弯曲。若弯曲量较大，可分数次加热矫直，一次加热时间不可过长，以免烧坏工件表面，加热温度应控制在 250℃以内，可用千斤顶或压力机配合热矫直。

矫直后须在车床上检查，经多次操作直到符合要求为止。如加热温度高，则热矫后应进行退火，使轴缓慢旋转，加热至 350℃左右，保温 1h 以上，然后用石棉包住加热处，轴旋转冷却至 70℃左右再在空气中冷却。

轴类零件的冷矫和热矫方法都属于塑性变形修理法。冷矫时有冷作硬化和内应力现象发生，轴的变形量越大，这种现象就越严重。在热矫时，则会因局部加热使金属的组织和力学性能发生局部变化。这对经热处理过的轴影响更大，故热矫后应尽量恢复原有的热处理条件。

3. 轴上裂纹的检查与修理

（1）轴上裂纹的检查　对轴上裂纹，可用各种无损探伤方法作精确检查，可参阅相关章节。在没有条件的现场常用的方法是：在怀疑有裂纹的部位用煤油抹擦后，将轴表面的煤油擦净，立即涂上粉笔，如有微小裂纹，则会立即出现明显的浸线。

（2）轴上裂纹的修理　对机械设备重要部位的轴，在其裂纹深度超过直径5%或扭转变形角超过3°时应当更换。对于不受冲击载荷、次要的轴，轴上较浅的裂纹，可用电焊进行补焊。当轴的材料为低碳钢时，用低于轴本身含碳量的一般低碳钢焊条进行补焊效果较好。如果为中碳钢材质，即使用低于其含碳量的焊条进行焊接，有时效果也不理想，其主要原因是焊接后增碳，导致应力集中，使疲劳强度大大下降。焊前可在裂纹处剔坡口，将轴整体缓慢加热到300℃左右，再进行焊接，并在焊接后采取热处理等技术措施，效果会明显改善。

4. 轴的装配方法及检验

（1）轴装配前的准备

1）轴在开始装配前，应对轴和包容件孔的配合尺寸进行校对，确认无误后方可进行装配。

2）应在配合表面涂一层清洁的全损耗系统用油，以减少配合表面的摩擦阻力。

3）过渡配合的装配件，在装配时应注意不要歪斜，在仔细检查装正后方可施加压力，以防止压入时因位置歪斜而刮伤轴或孔。

4）对已装配好的轴部件，应均匀地支承在轴承上，用手转动应感到轻快，各装配件轴间的平行度、垂直度、同心度均应符合要求。

（2）轴装配过程中的检查方法

1）轴间平行度的检查。轴间平行度可根据具体情况，用弯针和挂线配合检查。如图6-3所示，此时钢丝线应与轴2的轴线垂直，使间隙 a 相等，然后检查钢丝线与轴弯针之间的间隙 b 是否相等。这种检测方法的误差较大。

用图6-4所示测量轴间距离的方法，用内径千分尺或游标卡尺测量两轴间的两处距离，被测两处距离应量相距远些。如在两处所测的距离数值相等，则说明两轴平行度较好。这种方法较前种方法所测的精确度高。

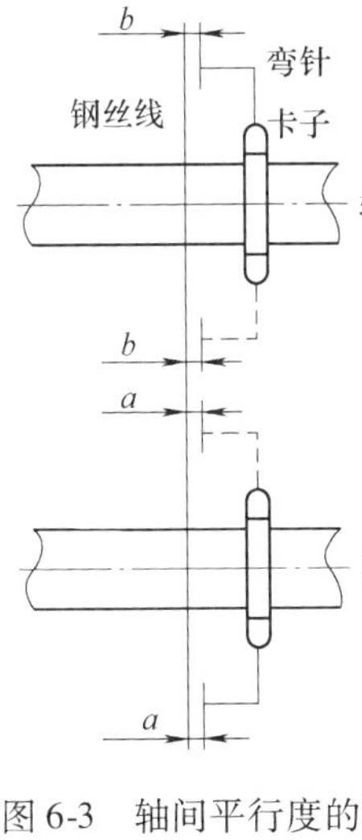

图6-3　轴间平行度的检查

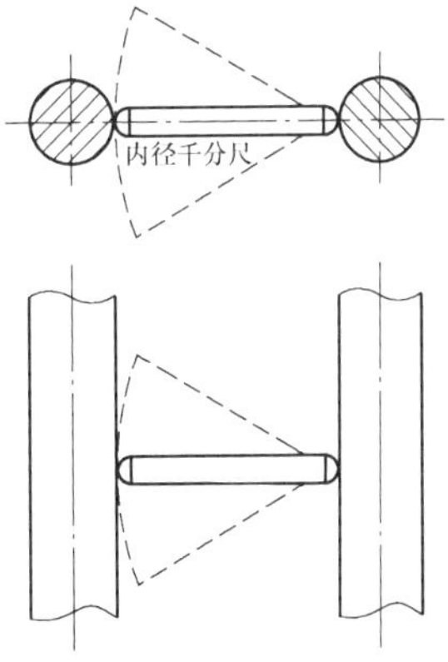

图6-4　内径千分尺测量轴间平行度

2）轴的垂直性的检查。可用弯针检查两根相垂直的轴的垂直度。如图6-5所示，如测量所得的 a 和 b 值相等，则说明两轴相垂直。

3）轴的同心度的检查。如图6-6所示，可用装有螺钉的卡子，将螺钉安装在一定的位置上，当缓慢转动轴时，如果用塞尺量得螺钉末端与轴间的间隙不变，则说明两轴同心。

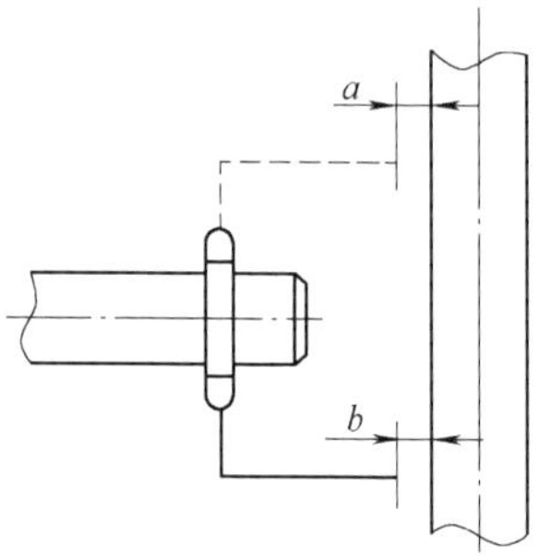

图 6-5　轴垂直度检查

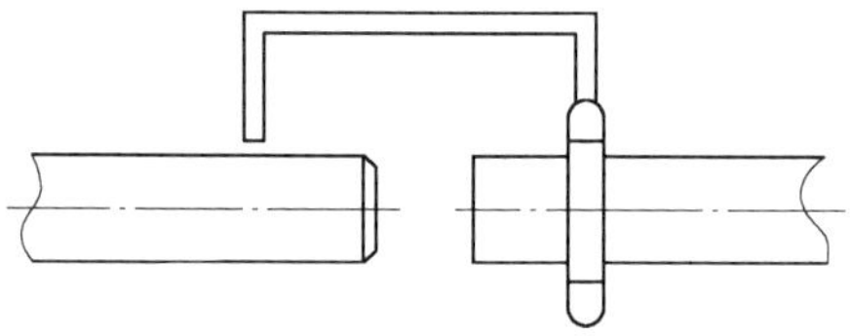

图 6-6　轴的同心度的检查

四、过盈配合连接件的装配

过盈配合也称静配合，在机械设备中应用很广。

1. 对过盈配合连接的要求

为了保证过盈配合连接件在装配后能正常工作，必须满足下列要求：

1）装配后最小的实际过盈量应保证两个零件具有一定的紧密度。在传递轴向力、较大的扭矩或动载荷时，配合表面之间不应发生松动。

2）装配后最大的实际过盈量所引起的应力不应使装配零件损坏。

2. 过盈配合实际过盈量的计算

在压入装配时，零件的测量过盈量和连接中的实际有效过盈量是不一致的。因为零件表面压平，所以有效过盈量总是小于测量过盈量，两者的差值等于因粗糙表面在装配后被压缩拉平而引起的变形值。在其他条件相同的情况下，零件加工表面越粗糙，压入后其连接强度越低。所以，一般压入配合零件的表面粗糙度应不大于 $Ra0.8\mu m$。

（1）测量过盈量 Y_c 的计算　测量过盈量 Y_c 为

$$Y_c = d_1 - d_2 \tag{6-2}$$

式中，d_1为轴的测量直径，单位为 mm；d_2为孔的测量直径，单位为 mm。

（2）实际过盈量 Y_s的计算　实际过盈量 Y_s为

$$Y_s = Y_c(H_1 + H_2) \tag{6-3}$$

式中，H_1、H_2为轴、孔的表面粗糙度最大高度值，单位为 mm，其大小见表 6-2。

表 6-2　各种结构方法的表面粗糙度最大高度值 *H*　（单位：μm）

加工种类		表面粗糙度最大高度值 H	
轴	孔	轴 H_1	孔 H_2
光车	光镗	30	25
光车	镗和铰	30	10
磨削	镗和铰	10	10
磨削	磨削	10	10
精车	精镗	5	3
细磨	细磨	0.5	0.5

3. 过盈配合压入装配轴向力 P_y 的计算

对过盈配合压入装配时所需加的轴向压力 P_y，要根据压入零件面积的大小、摩擦因数和单位压应力的大小而定，即

$$P_y \geqslant p_y \mu F \tag{6-4}$$

式中，μ 为压入装配时的摩擦因数，见表6-3；F 为压入零件表面积，单位为 mm^2；p_y 为压入装配时零件表面的压应力，单位为 N/mm^2。

表 6-3　压入装配时的摩擦因数

零件材料		润滑状态	摩擦因数 μ	
被包容件	包容件		轴向和圆周移动	压入
钢 30～50	钢 30～50	全损耗系统用油	0.08～0.12	0.06～0.22
	铸铁 HT250	干的	0.09～0.17	0.06～0.14
	黄铜	干的	0.04～0.10	0.05～0.10
	镁铝合金	干的	0.08～0.09	0.02～0.08
	塑料	干的	0.03	0.054

压入装配时的压应力可按下式计算

$$p_y = \frac{y_c \times 10^6}{d\left(\frac{C_1}{E_1} + \frac{C_2}{E_2}\right)} \tag{6-5}$$

式中，p_y 为压入装配时零件表面的压应力，单位为 N/mm^2；E_1、E_2 为被包容件和包容件材料的弹性模量，单位为 N/mm^2，常用材料的弹性模量见表 6-4；d 为配合件公称直径，单位为 mm；C_1、C_2 为系数，可由表 6-5 选取。

表 6-4　常用材料的弹性模量 E 和线膨胀系数 α 值

材料	$E/(N/mm^2)$	$\alpha \times 10^{-6}$	
		加热	冷却
钢和钢铁件	200000～210000	11	−8.5
铸铁（$R_m < 200N/mm^2$）	75000～105000	10	−8
可锻铸铁	90000～150000	10	−8
铜	125000	16	−14
锡青铜	85000	17	−15
黄铜	80000	18	−16
铝合金	65000～75000	23	−18
镁合金	36000～47000	26	−21
塑料	4000～16000	46～70	

表 6-5　C_1、C_2 值与 d_0/d 或 d/D 的关系

d_0/d 或 d/D	0.0	0.1	0.2	0.3	0.4	0.5	0.6	0.7	0.8	0.9
C_1	0.70	0.72	0.78	0.89	1.08	1.37	1.83	2.63	4.25	9.23
C_2	—	1.32	1.38	1.49	1.68	1.97	2.43	3.22	4.85	9.83

注：d_0/d 为被包容件的内外径之比；d/D 为包容件的孔径与毂径之比。

4. 过盈配合装配的要求

过盈配合的最小实际过盈量必须保证在工作中承受轴向负荷时不会产生沿轴向的滑动，传递转矩时不产生圆周滑动，保证其连接强度，即满足下式

$$P_{\mathrm{I}} = p_{\mathrm{y}}\mu F \geqslant P_{\mathrm{h}} \tag{6-6}$$

$$M_{\mathrm{I}} = p_{\mathrm{y}}\mu FR \geqslant M_{\mathrm{h}} \tag{6-7}$$

式中，P_{I} 为过盈配合承受的轴向力；M_{I} 为过盈配合所能传递的转矩；P_{h} 为过盈配合件工作中的轴向负荷；M_{h} 为过盈配合件工作中的转矩。

5. 过盈配合件的安全性验算

为保证安全性，过盈配合件的最大实际过盈应保证应力不超过零件材料强度的允许值。

（1）包容件安全性验算　包容件材料为延伸率大于 5% 的塑性材料时，其安全性应根据第三强度理论计算，应满足下式要求

$$p_1 = [\sigma]_1 \frac{D^2 - d^2}{2D^2} \geqslant p_{\mathrm{y}} \tag{6-8}$$

包容件材料为延伸率小于 5% 的脆性材料时，其安全性应根据第一强度理论计算，应满足下式要求

$$p_1 = [\sigma]_1 \frac{D^2 - d^2}{D^2 + d^2} \geqslant p_{\mathrm{y}} \tag{6-9}$$

（2）被包容件安全性验算　被包容件的安全性应根据第三强度理论计算，应满足下式要求

$$p_1 = [\sigma]_2 \frac{d^2 - d_0^2}{2d^2} \geqslant p_{\mathrm{y}} \tag{6-10}$$

式中，$[\sigma]_1$、$[\sigma]_2$ 分别为包容件和被包容件材料的许用应力，单位为 $\mathrm{N/mm^2}$，对于塑性材料取其下屈服强度 R_{eL}，对于脆性材料取 $[\sigma] = R_{\mathrm{m}}/n$，$R_{\mathrm{m}}$ 为材料的抗拉强度，n 为安全系数，一般取 2 ~ 3；p_{y} 为实际压应力，按最大实际过盈量计算。

对承受很大轴向力或转矩的零部件，过盈配合不能保证可靠的连接时，应采用固定螺栓、键等装置，以防零件移动。

6. 过盈配合连接件的装配方法

过盈配合连接件常用的装配方法有冷压装配、热压装配和冷却轴件装配三种方法。

（1）冷压装配法　冷压装配法适用于配合压力较小的过盈配合，如 s5、r5 和 s6 等，在成批大量生产中装配较为方便、迅速。

在过盈配合冷压装配过程中，使用垫块或用爪形退卸器装配时，爪钩钩住零件的部位应尽可能地靠近配合处，以防在施加压力时损坏包容件。

为有利于压装和便于日后拆卸，压装前应在零件的配合表面上涂抹润滑油。当遇到用键来辅助固定时，应先装配键，之后进行压装。轴端的压配件也可以在压装后再行装配，但须

用引键来找正键槽位置，引键要求较原键略松，顶端应有螺孔，引键比键槽短些，压入装配后利用螺孔将引键拉出，再装配原键。

过长的轴不能在轴端施加压力压装，否则会使轴弯曲变形，只能采用加热孔或冷却轴的方法进行装配。

（2）热压装配法　热压装配法俗称红装，其基本原理是利用加热包容件，使其直径膨胀到一定数值后，将被包容件自由装入孔中并定位，待零件冷却后，产生非常大的应力，达到过盈装配的要求。在具有一定经验的情况下，这种方法比较简单、易操作，而且质量可靠。与冷压装配法比较，热压装配法避免了粗糙的接触表面因轴向移动而被压平的问题，所以具有较大的紧固力。

1）加热温度的计算。一般在热装时，应使孔径比轴径大（1/2000 ~ 1/1000）d + 0.015mm，就是使孔径加热膨胀到原来过盈量的 2 ~ 3 倍。使孔膨胀到需要尺寸，有下列关系

$$K = d\alpha t \tag{6-11}$$

式中，K 为加热膨大量，单位为 mm；d 为孔的公称尺寸，单位为 mm；α 为孔件材料的线膨胀系数，见表 6-1 和表 6-4；t 为加热升高的温度，单位为℃。

假设 K 要达到 $d/1000 + 0.015 + Y_c$，考虑室温 t_0，装配过程中的热量损失按增加 25% 计。于是得到孔件加热温度的计算式

$$t = \left(\frac{d + 1000Y_c + 15}{1000d\alpha} + t_0\right) \times 1.25 \tag{6-12}$$

必须注意，孔件的加热温度不能超过 600℃，以避免金相组织发生变化，影响零件的力学性能。

2）加热方法。热压装配时孔件常用的加热方法有热油加热法、氧乙炔焰加热法、炉内加热法和电感应加热法等。

热油加热法适用于体积和过盈都较小的零件，加热温度不能超过油的“闪点”温度，零件加热要均匀。

炉内加热是维修中常用的方法。当机件壁厚较大时，应注意加热后保温一定时间，使表面温度和内部温度趋于均匀。保温温度应比加热温度高 10 ~ 30℃，保温时间一般为 20 ~ 50min。

电感应加热法是利用电磁感应涡流原理对零件进行加热。此方法加热均匀，温度容易控制，适用于精密零件的加热和需要防火的场所。

3）装入。当孔件温度达到所需加热温度时开始装配，装配前去掉孔件表面的灰尘、污物，装配时必须一次装到预定位置，不能在中途停留，装配后避免人为强迫冷却，以免引起内应力。一般热压配合件的轴都由轴肩来定位，如果轴上没有轴肩，则应在轴上预先装一定位圈。

（3）冷却轴件装配　这种装配方法是将轴件放在装有冷却剂的冷却箱中，使轴径缩小，并与孔件构成间隙后，立即把孔件和轴件装配在一起，一次到位。现场常用的冷却剂有固体二氧化碳，冷却温度可达 -75℃，液体空气冷却温度可达 -180℃，氨液冷却温度可达 -120℃。冷却时必须注意操作安全，防止冻伤。

【任务实施】

1. 任务实施前的准备

做好班前安全教育，使学生具有安全生产意识和相关安全生产知识。

2. 知识要求

1）能够说出重新配制轴时需要考虑的因素。

2）能够说出轴类零件的拆卸方法、轴拆卸后的检查和修复方法。

3）能够说出过盈配合连接件的装配方法和过程。

3. 矿山机械设备轴类零件的检验维修工作任务实施

到教学矿井机修车间，与现场工程技术人员一起对矿山机械待修理的轴进行外观、精度等检验，根据损坏情况、使用受力情况和轴的具体材料等因素，确定维修方法，完成轴的维修；与现场工程技术人员一起完成对静连接件的现场装配，注意加热温度的计算要正确，加热方法要合理，注意装配过程，保证一次安装到位。

【任务考评】

过程考评	配分	考评内容	考评实施人员
素质考评	12	生产纪律	专职教师和现场教师结合进行综合考评
	12	遵守生产规程情况、安全生产	
	12	团结协作情况、与现场工程人员交流情况	
实操考评	12	理论知识口述：重新配制轴时需要考虑的因素、轴类零件的拆卸方法、轴拆卸后的检查和修复方法，过盈配合连接件的装配方法和过程	
	12	工具使用或任务实施过程正确	
	12	手指、口述：一般轴类零件的修理过程，静连接件的加热、装配过程	
	12	完成本次工作任务，效果良好	
	16	按工作任务实施指导书完成学习总结，总结所反映出的工作任务完整、信息量大	

【思考与练习】

1. 轴类零件有哪些拆卸方法？怎样进行拆卸？
2. 轴类零件拆卸后有哪些检验项目？怎样进行检验？
3. 轴类零件的常见缺陷有哪些？怎样进行修理？
4. 如何检验轴间平行度、垂直度和同心度？
5. 对零件的静连接有哪些要求？怎样进行实际过盈量计算？
6. 静连接装配力如何计算？
7. 静连接配合有哪些装配方法？热压装配加热温度如何计算？

课题二 轴承的修理与装配

【任务描述】

本课题主要对滑动轴承和滚动轴承的修理和调整作详细分析和介绍。通过本课题的实施，使学生掌握轴承的修理和调整知识，能够对滑动轴承和滚动轴承进行现场维修和调整，具备现场维修的技能。

【知识学习】

一、滑动轴承的修理与装配

滑动轴承广泛地应用于低速大负荷的机械设备中，如绞车传动轴、大型水泵轴、空压机活塞销及十字头销轴等处。下面以应用较普遍的对开式双金属滑动轴承为例，说明滑动轴承的润滑原理、装配调整和修理方法。

1. 滑动轴承的失效形式

滑动轴承的失效形式有轴颈与轴瓦结合面的刮伤、磨粒磨损、咬伤、疲劳磨损，轴承衬的剥离，轴承材料的腐蚀，气蚀，流体侵蚀，微动磨损，电侵蚀等。

另外，轴承材料的金相组织缺陷、轴承安装缺陷、运转维护不良等都可造成滑动轴承的损坏。

2. 轴承合金的重新浇注

对于双金属的滑动轴承，当轴承由于磨损不能继续使用时，就必须重新浇注轴承合金，经修复后再用。

（1）浇铸前的准备工作

1）将旧轴瓦在沸水中煮20min后，清除油垢，用喷灯在轴瓦背面均匀加热，熔脱旧的轴承合金。熔脱的轴承合金仍可收集复用。应注意加热温度不要过高，以200～250℃为宜，当合金开始熔化时，将轴瓦放在木板上轻轻敲打瓦背使合金脱离瓦胎。操作中不得使瓦胎损伤变形。

2）用钢丝刷清除轴瓦上的污垢、锈蚀、残留的合金碎片等，尤其是瓦胎的沟槽和燕尾槽部位更应仔细清除。

3）将清理后的瓦胎放进浓度为10%～15%的盐酸或硫酸溶液，进行5～10min酸洗，除去锈蚀。再放入80～100℃的热水中清洗，除去残留的酸。

4）检查瓦胎是否有裂纹、损伤和变形。

5）经酸洗后的瓦胎，再放入70～90℃的浓度为10%的碱（苛性钠或苛性钾）溶液中，进行10min的碱洗脱脂，然后放入100℃的热水中清洗剩余的碱。

6）选择合适的心棒。心棒材料为金属和木质，最好采用金属心棒，这样有利于保证浇注质量。心棒直径应小于轴颈直径，以留出加工余量和合金冷缩量。

7）浇注用容器的容积应略大于轴瓦所需浇注的合金层的容积与加工余量的容积之和，以保证一次浇注完成。在倒入熔化的合金熔液前，事前将浇注容器预热至200℃。对小型轴承，可用熔化锅直接浇注。

（2）镀锡　为确保轴承合金能更好地附着在瓦胎上，并防止其表面氧化，影响浇注质量，清洗干净的瓦胎内表面和沟槽，在浇注巴氏合金前3min应进行镀锡。在准备镀锡的瓦胎表面上，用毛刷涂上氯化锌溶液，然后将瓦胎加热到镀锡的温度（260～300℃），再涂一次氯化锌溶液，用钳子夹住锡块，迅速涂擦瓦胎表面，形成一层薄的“锡衣”。对未镀上锡的边角和沟槽应再涂氯化锌溶液，用电烙铁、焊锡条补镀。镀好锡的瓦胎表面，应呈明亮均匀的银白色，如呈现褐黄色，则说明“锡衣”已被氧化，不能浇注轴承合金，必须清除氧化层重新镀锡。

（3）瓦胎的固定和浇注用心棒的组装

1）瓦胎的固定。同时浇注两个轴瓦时，应在两瓦的结合面之间各夹上一块钢片，每块钢片的厚度等于轴瓦正常工作时所加的全组调整垫片的总厚度，宽度为瓦胎厚度与应浇注合金的最大加工余量的厚度之和，长度等于瓦胎的轴向长度，最后用两副特制的卡子将两瓦胎固定卡紧。

2）心棒的组装。将固定好的瓦胎垂直放在平整的木板上，放入心棒并使心棒与瓦胎的孔同心，不允许有偏心。为利于浇注后取出心棒，钢制心棒表面应涂上一层石墨和汽油的混合物，木制心棒应包一层薄纸。浇注前应将瓦胎所有对接口缝、瓦胎与底部木板接合处的口缝等所有可能泄漏的地方用粘土堵严，以防浇注时合金熔液漏出，导致浇注失败。瓦胎上部还应用粘土或钢环制成冒口，以弥补轴承合金浇注冷却后轴向尺寸的收缩量。

（4）轴承合金的熔化　轴承合金一般在钢制的深底小口锅内熔化，以使合金熔化时液面与空气接触面积小，减少合金的氧化和化学成分的烧损。熔化锅须清扫干净，不准有异物，并先预热至400℃，将一次浇注量的轴承合金放入锅内熔化。浇注轻负荷的轴瓦时，可在合金中加入25%重量的同一成分的合金切屑或旧合金。熔化合金时，为防止表层合金氧化，要在其表面覆盖一层粒度在10mm左右、厚度为20mm的干燥木炭。

熔化过程中要不断用热的铁棒搅拌，防止合金的化学成分偏析。为延长浇注时间，可加入粉末状氯化氨，以利于脱氧，加入氯化铵的总量为熔化合金重量的0.5%～1%。

要严格控制合金熔化温度，温度过高会增加合金的烧损量，使晶粒粗大，力学性能低；温度过低，则浇注后易产生气孔，组织不致密，与瓦胎的结合不牢固。锡基轴承合金ZSnSb11Cu6的浇注温度在440℃左右，铅基轴承合金ZPbSb16-Sn16Cu2的浇注温度在480℃左右。

（5）轴承合金的浇注　轴承合金的浇注过程和注意事项如下：

1）将瓦胎和心棒按要求组装固定，做好准备工作。

2）将镀好锡的瓦胎预热至200～250℃，一般从镀锡完毕到开始浇注的时间在30s左右，大型轴瓦可稍长些。

3）浇注前清除浮在合金熔液面上的熔渣和碎木炭等杂物，以免其随同熔液一起被注入瓦胎内而影响质量。

4）浇注时速度不宜过快，应逐渐加快。液流要保持连续、均匀，不应有中断现象，防止产生气泡。尽量少散热，注意浇好冒口。

5）绝不允许二次补浇。

6）轴瓦的冷却须从下而上，先外壁后心部，这样有利于自上而下补缩和轴承合金向瓦胎内壁的收缩，使瓦胎结合致密，避免产生气泡和质地疏松的现象。

7）在轴瓦未完全冷却之前，决不允许移动心棒或整个轴瓦。

（6）轴承合金浇注后的质量检查　浇注冷却后的轴承合金表面应呈无光泽的银白色，若呈现较重的黄色则表示浇注的温度过高，应重新浇注。用锤子轻轻敲打瓦胎外部，浇注质量好的瓦应发出清脆的声音，如发出浊哑的杂音，则表明浇注的合金层与瓦胎附着不牢固，须重新浇注。浇注表面上不应有深气孔和缺陷，如镗孔时合金表面有少数小气孔，允许将气孔补焊修好使用；如有较大、较深气孔或严重缺陷，则应重新浇注。

3. 轴瓦的加工

轴瓦浇注好后，为保证要求的配合尺寸，需要对其内孔进行机械加工。加工内孔前首先用刨床将上、下瓦的接合面修平，表面粗糙度值为 $Ra6.3\sim1.6\mu m$。然后根据轴颈与轴瓦顶间隙和侧间隙相互关系要求的不同进行加工。

1）侧间隙为顶间隙的一半，即 $b=\Delta/2$。确定顶间隙 Δ 值，在上、下瓦之间设置一对厚度等于 Δ 的临时垫片，将上、下瓦合紧固定后镗孔，镗孔直径为

$$D=d+\Delta-2C \tag{6-13}$$

式中，D 为镗孔直径，单位为 mm；d 为轴颈公称直径，单位为 mm；C 为孔的刮削余量，单位为 mm；Δ 为顶间隙。

镗孔后刮削去掉 C 值，用厚度为 Δ 的正式垫片替换临时垫片，即得到 $b=\Delta/2$ 的配合。

2）侧间隙与顶间隙相等，即 $b=\Delta$。先确定顶间隙 Δ 和调整垫片 a 厚度值，若 a 小于或等于 Δ，则在上、下瓦接合处放置厚度为 $\Delta+a$ 的临时垫，固定上、下轴瓦后镗孔，镗孔直径为

$$D=d+2\Delta-2C \tag{6-14}$$

镗孔后取出临时垫，放入厚度为 a 的正式垫片，经刮削后，即可得到 $b=\Delta$ 的配合。若调整垫片厚度 a 大于顶间隙 Δ，则应在加工前在上瓦接合面刨削掉超过量，然后放置厚度为 $\Delta+a$ 的临时垫片，进行镗孔。

3）侧间隙为顶间隙的 2 倍，即 $b=2\Delta$。先确定顶间隙 Δ 值，然后在上、下瓦接合面设置一对厚度为 $3\Delta+a$ 的临时垫片，固定上、下轴瓦后镗孔，镗孔直径为

$$D=d+4\Delta-2C \tag{6-15}$$

镗孔后取出临时垫片，经刮削后放入厚度为 a 的正式垫片，即可得到 $b=2\Delta$ 的配合。

4. 滑动轴承间隙的确定

（1）滑动轴承留有间隙的目的　滑动轴承的间隙是轴颈和轴瓦之间的空隙，分为径向间隙和轴向间隙两种，径向间隙又分为顶间隙 Δ 和侧间隙 b，如图 6-7所示。留有径向间隙的目的：一是使润滑油能流到轴颈和轴瓦之间，形成油膜而达到完全的液体润滑；二是控制机械设备零部件在运转中的精确度。径向间隙小能提高运转精度，但如果太小，则很难形成满足要求的油膜，会使运转时轴颈与轴承的金属产生相互摩擦而发热，甚至烧坏轴承。径向间隙太大，轴颈运转时会产生冲击和跳动，冲击负荷会破坏润滑油形成的油膜，机械设备零部件在运转中将产生较大振动和噪声。因此，轴承在装配时应具有适当的径向间隙。

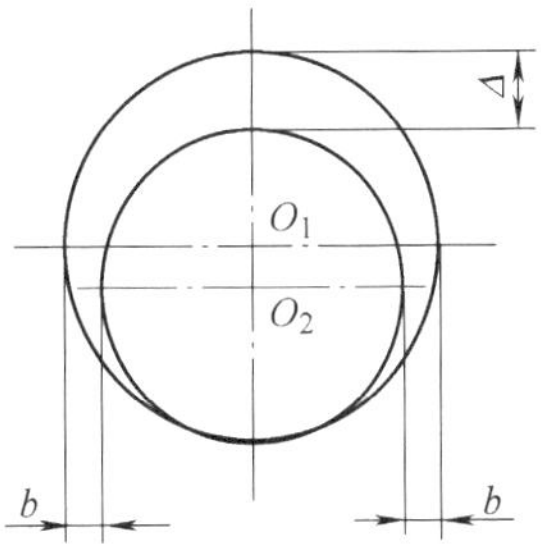

图 6-7　轴承与轴颈配合间隙示意图

滑动轴承的侧间隙 b 主要起散热作用，同时在侧间隙处开油沟，将润滑油连续地引到轴承的承载部分。侧间隙还可防止因运转中发热使轴承膨胀而将轴颈抱死。

滑动轴承轴向间隙的作用确保轴运转导致温度升高而发生长度方向变化时，留有自由伸缩的余地。

（2）滑动轴承间隙的选择

1）按图样上标的配合偏差和公差等级，查得轴与孔的上、下极限偏差值，计算出最大和最小间隙值，按下式计算得到滑动轴承的顶间隙

$$\Delta=\frac{1}{2}\left[\frac{1}{2}(X_{max}+X_{min})+X_{max}\right] \tag{6-16}$$

式中，Δ 为滑动轴承的顶间隙，单位为 mm；X_{max} 为轴颈与轴瓦配合的最大间隙，单位为 mm；X_{min} 为轴颈与轴瓦配合的最小间隙，单位为 mm。

2）在缺乏图样资料的情况下，可按以下经验公式计算滑动轴承顶间隙

$$\Delta=Kd \tag{6-17}$$

式中，d 为轴颈直径，单位为 mm；K 为系数，见表 6-6。

3）滑动轴承径向间隙也可通过查表 6-7 和表 6-8 得到。

表 6-6　滑动轴承的径向间隙经验系数表　（单位：mm）

序　　号	类　　别	K 值
1	一般精密机床轴承或一级配合精度的轴承	>0.0005
2	二级精度配合的轴承	0.001
3	一般冶金设备轴承	0.002 ~ 0.003
4	粗糙机械轴承	0.0035
5	透平机类轴承	0.002

表 6-7　滑动轴承的径向间隙经验数据表（一）　（单位：mm）

轴颈直径	>30 ~ 50	>50 ~ 80	>80 ~ 120	>120 ~ 180	>180 ~ 250	>250 ~ 315	>315 ~ 400	>400 ~ 500
径向间隙	0.050 ~ 0.128	0.060 ~ 0.152	0.072 ~ 0.180	0.085 ~ 0.211	0.170 ~ 0.314	0.190 ~ 0.352	0.210 ~ 0.382	0.230 ~ 0.424
最大磨损间隙	0.20	0.25	0.30	0.35	0.45	0.50	0.60	0.70

表 6-8　滑动轴承的径向间隙经验数据表（二）　（单位：mm）

轴 承 类 别	顶 间 隙	轴 的 直 径							
		>18 ~ 30	>30 ~ 50	>50 ~ 80	>80 ~ 120	>120 ~ 180	>180 ~ 260	>260 ~ 360	>360 ~ 500
非主要传动轴的轴承	初间隙	0.07	0.10	0.15	0.22	0.30	0.40	0.50	0.60
	极限间隙	0.25	0.35	0.50	0.80	1.20	1.60	2.00	2.40

（续）

轴承类别		顶间隙		轴的直径							
				>18～30	>30～50	>50～80	>80～120	>120～180	>180～260	>260～360	>360～500
主要传动轴的轴承	低速传动轴（转速小于1000r/min），减速机和齿轮传动等的轴承	载荷≤3MPa	初间隙	0.04	0.05	0.06	0.07	0.08	0.10	0.12	0.14
			极限间隙	0.13	0.16	0.20	0.25	0.30	0.40	0.50	0.60
		载荷>3MPa	初间隙	0.02	0.03	0.04	0.05	0.06	0.07	0.08	0.10
			极限间隙	0.07	0.09	0.12	0.15	0.20	0.25	0.30	0.36
	高速传动轴（转速大于1000r/min），齿轮传动离心泵和带传动的轴承	载荷≤3MPa	初间隙	—	—	0.25～0.30	0.30～0.35	0.35～0.45	0.45～0.60	0.60～0.70	0.70～0.80
			极限间隙			0.90～1.20	1.20～1.40	1.40～1.80	1.80～2.30	2.30～2.50	2.50～2.80
		载荷>3MPa	初间隙	—	—	0.10～0.15	0.15～0.20	0.20～0.25	0.25～0.35	0.35～0.45	0.45～0.55
			极限间隙			0.35～0.50	0.50～0.70	0.70～0.90	0.90～1.40	1.40～1.80	1.80～2.20

4）滑动轴承轴向间隙的选择。轴向间隙值应按轴的结构形式进行选择，大小符合设备技术文件的规定值，如无规定，应考虑轴的热膨胀伸长量。

（3）滑动轴承间隙的测量及调整　滑动轴承顶间隙常用塞尺、压铅等方法测量。轴向间隙可用塞尺或百分表测量。

1）用塞尺测量。轴瓦与轴颈之间的侧间隙通常可用塞尺测量，测量时注意塞尺塞进间隙中的长度不应小于轴瓦长度的2/3。

2）压铅测量法。测量时选用的铅丝直径不能太大或太小，最好为规定顶间隙值的1.5～2倍，长度为30～100mm。铅丝应柔软，测量时先将轴承盖打开，将小段铅丝涂上一点油脂，放在轴颈上部及轴承上、下轴瓦的接合处，如图6-8所示。之后合上轴承盖，均匀地拧紧轴承盖螺栓，待螺栓紧到位后，再松开螺栓，取下轴承盖，用游标卡尺测量出每节压扁了的铅丝厚度，计算出轴承的顶间隙

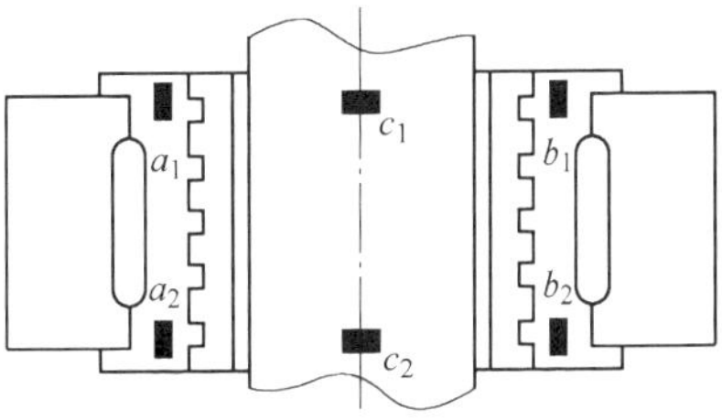

图6-8　压铅法测量轴承顶间隙

$$A=\frac{a+b}{2}$$

$$\Delta=\frac{(c_1-A_1)+(c_2-A_2)}{2} \tag{6-18}$$

当顶间隙的测量数值超过极限数值时，应通过减少轴瓦调整垫片厚度的方法进行调整，使其顶间隙值恢复到初始间隙数值。与此同时，还应检查下轴瓦面上轴颈与轴瓦磨损后的接触角，若接触角接近或达到120°，则下轴瓦磨损已达极限，必须在减少调整垫片的同时刮下轴瓦，将接触角恢复到初始接触角。当测量轴套径向最大间隙达到或超过极限允许间隙数值时，说明轴套磨损严重，应当更换轴套。

3）百分表测量法。主要用于轴向间隙或顶隙的测量，其方法是沿轴的轴线将轴从一侧极限位置推到另一侧极限位置，或者将轴从下极限位置向上顶起到上极限位置，观察并记录百分表的读数，即可测出轴向间隙或顶隙。

5. 滑动轴承接触角的确定

接触角是指轴颈与轴瓦接触面所对应的圆心角，如图6-9所示。接触角不可太大，也不能太小。太大时会影响油膜的形成，使轴瓦较难取得稳定的液体摩擦的润滑条件，从而加速轴瓦的磨损；接触角太小会使轴瓦的压应力增大，导致轴承合金的变形破损或油膜破坏而加剧磨损，使轴瓦损坏。

当作用在轴上载荷的方向一定时，滑动轴承在载荷作用方向受到局部磨损，轴承不仅因磨损而使间隙增大，而且会产生几何形状的改变，如图6-9所示。轴承内孔因磨损而形成凹陷，使轴颈与轴承的曲率半径相同，所以难以形成楔形间隙。当轴颈与轴承的接触角达到120°时，轴承将不能正常工作。

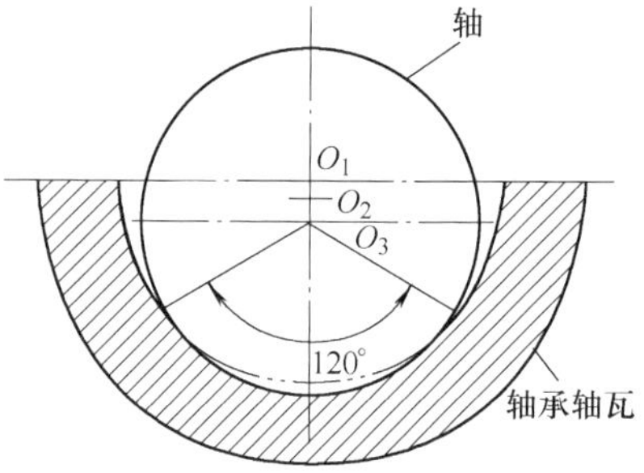

图6-9 局部磨损使下轴瓦几何形状改变

滑动轴承承受压力的接触角的极限范围是120°。因此在不影响轴承受压强度的条件下，轴承的接触角应尽可能小，接触角越小，越不会较快地磨损到120°，寿命也就越长。对于转速高于500r/min的滑动轴承，接触角宜采用60°；转速低于500r/min的滑动轴承，接触角采用60°~90°，并对称地分布于负荷作用线的两侧。对于煤矿机械，轴颈直径小于或等于300mm的，接触角为70°~120°；轴颈直径大于300mm的，接触角为60°~90°。

6. 轴瓦的接触点

接触点是指轴颈与轴瓦接触面上的实际接触情况，以每25mm×25mm面积上的接触点数来表示。由于机械加工和刮削精度的限制，轴承与轴颈的表面不可能完全接触，而只能局部接触。为使轴瓦在接触角范围内承载均匀，可通过对轴瓦进行刮研，使轴瓦的接触面积上保持细密、均匀的接触斑点。经刮研后的轴瓦接触斑点多、细且分布均匀，则刮研质量好，使用寿命也就越长。如图6-10a所示的刮研质量较好，图6-10b所示的刮研质较差，应再进行刮研。

a) b)

图6-10 接触点及刮研对比
a）较好 b）不好

接触点主要根据轴的旋转精度和速度来确定，表6-9所列为滑动轴承不同精度和转速接

表6-9 滑动轴承接触点（25mm×25mm）

二级精度轴承		三级精度轴承	
转速/(r/min)	接触点	转速/(r/min)	接触点
100以下	3~5	100~300	2~3
100~500	10~15	300~500	3~5
500~1 000	15~20	500~1 000	5~8
1 000~2 000	20~25	1 000以上	8~10
2 000以上	25以上		

触点数值，对煤矿机械规定每25mm×25mm面积内的接触点数为：中负荷、连续运转不能少于12点；低速、间歇运转不应少于6点。沿轴向接触范围为：检修质量标准不得小于轴瓦长度的80%；对安装质量标准，轴径小于或等于300mm时，不小于轴瓦长度的3/4。

7. 轴瓦及轴套的刮研

刮研轴瓦是一项细致且费时的工作。轴瓦的刮研，要使轴颈与轴瓦接触细密、均匀，使轴承具有合适的间隙，接触角在要求的范围内，接触点点数及分布达到要求。

轴瓦的刮研应与轴的安装精度的调整和同一组轴承的刮研统筹进行，应在轴承座安装完后再进行。刮研前应对轴颈和轴瓦进行清洗、除锈，轴颈表面如有碰伤缺陷，应修光滑。刮研前还应仔细检查轴颈与轴瓦的接触情况。

准备好刮研用的材料和工具，在轴颈表面涂上一层均匀的显示剂，将轴稳在轴瓦上，慢慢地转动轴，正、反方向各转2~3转后，将轴移开可看见轴瓦上有着色点，根据着色点对两个瓦进行全面判断后，刮去一部分或全部接触点。清除轴瓦上的刮屑，在轴颈上再涂显示剂，将轴再放到轴瓦上，转动轴着色，对两个轴瓦的着色点再进行判断，再刮去较重的接触点，然后按上述操作程序继续下去，直到符合技术要求为止。

一般的工作方法是先刮削接触点，与此同时照顾接触角，最后刮侧间隙，但必须注意，接触部分与非接触部分不能有明显的界线，应该是较光滑的过渡。

对于上、下轴瓦之间有调整垫片的轴瓦，应该上、下轴瓦同时研刮，在刮研前将垫片拆除，把上轴瓦和轴承盖安装上，拧紧轴承盖螺栓，然后转动轴着色，打开轴承盖，移开轴，按照前述刮研方法刮研，直至符合技术要求为止。刮研好后再用垫片调整轴承的顶间隙。如果上、下轴瓦之间没有调整垫片，可以直接将轴瓦取出，放在轴颈上检查刮研情况。上轴瓦的侧间隙、接触角及接触点的要求应该和下轴瓦一样。上、下轴瓦之间无调整垫片的轴承，刮上轴瓦时必须注意轴承的顶间隙，先刮出上轴瓦顶间隙，使顶间隙大致满足要求时再刮接触角和接触点。

8. 油槽的种类与开凿

滑动轴承的润滑原理是要使轴颈与轴衬之间生成一层油膜，要生成油膜，除了与配合间隙有关外，还与润滑油的供给情况有密切关系，最主要的是要保证供给轴承内足够的润滑油，滑动轴承需要在轴衬上开凿油槽。

（1）油槽的种类　为保证轴承内有足够的润滑油，油槽的形状有直线形、十字形和王字形，如图6-11所示。

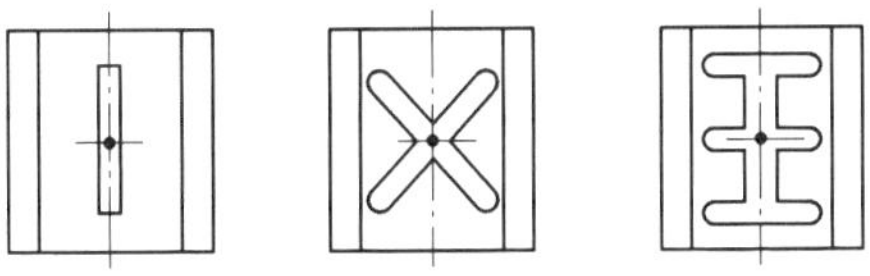

图6-11　油槽的形状

a）轴向直线形　b）斜向十字形　c）径向王字形

（2）开凿油槽的原则

1）应保证润滑油从无负荷部位进入，否则会破坏油膜的完整性，降低油膜的承载能力。轴颈圆周速度小于0.5m/s的低转速轴承，因通常使用润滑脂润滑，所以在轴瓦的承载部位开凿油槽是允许且必要的。

2）轴瓦内的油槽绝不能直通到轴瓦之外，否则润滑油就会流失而降低润滑效果。

3）在上、下轴瓦的接合处必须开油槽，用以储油，当供油发生断续现象时，它能暂时供给润滑油，同时可存留轴颈与轴衬相互摩擦所产生的金属屑，以减少对轴衬的磨伤。大型轴套的旁侧必须开凿油槽。

4）尽可能避免开凿轴向油槽，否则会促使轴颈与轴衬发生金属摩擦。

5）轴承的进油孔一般应开在轴颈旋转的前方，以利于向楔形间隙内带油。

6）较长的轴套润滑油供给比较困难，可开螺旋沟槽，当轴旋转时有利于将油从油槽带入轴套内。

7）负荷方向随转向而变化，应在轴颈上钻孔，通过轴颈引入润滑油；或者通过轴承中的环形油槽引入轴颈的纵向油槽里。

8）在垂直轴承中，油槽的位置应开在轴套的上端并成环形。

9）通常油槽的形状以直线形为宜，为了改进润滑效果，有时在不受载荷的上轴瓦开凿十字形或王字形的油槽。

9. 滑动轴承的装配和调整

滑动轴承装配质量的好坏，直接影响到设备的运行状况和轴承的使用寿命。滑动轴承有两点支承和多点支承，滑动轴承的装配主要包括检查、轴承座与轴瓦的装配和调整定位、轴承盖的紧固和间隙调整，须确保装配关系、同轴度和水平度等要求。

（1）轴瓦与轴承座、轴承盖的装配与要求　轴瓦与轴承座的常用配合为 H7/k6、H8/k7，要求不得有较大过盈或较大间隙。轴瓦瓦背与轴承座孔的接触面积不得小于整个面积的 40% ~50% ，上、下轴瓦与轴承座的接触面圆心角不应小于 90° ~120°。上、下轴瓦装配后接触面不得有漏缝。一般轴瓦有翻边或止口，以免轴瓦在轴承座内产生移动；上、下轴瓦结合面上装配稳钉，使轴瓦不致错位。

（2）轴承座的装配与调整　滑动轴承的同轴度和水平度可以通过拉线法、高精度水准仪和对研等方法进行检验和调整。

在多点支承的轴上，轴承座的同心度和水平度可以用拉线法检查，如图 6-12 所示。在轴承座的一端固定一条直径为 ϕ0. 25 ~ ϕ0. 5mm 的钢丝，另一端用重锤拉紧，并用水平尺将其调整为水平。用划线的方法划出每个轴瓦的中心线。从钢丝线上吊下重锤，移动轴承座把各轴瓦的中心线调整在一条直线上，然后用卡钳、卡尺测量并调整各轴承座的高度，使钢丝到轴瓦表面中心线的距离为 R。此法的测量精度可达 0. 07 ~ 0. 15mm（两点间距在 2m 以上）。

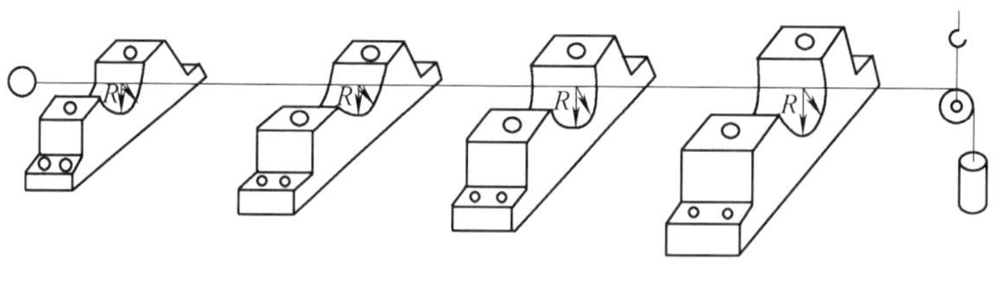

图 6-12　拉线法调整和检验滑动轴承的同心度和水平度示意图

滑动轴承中心线高度的更精确的测量，可采用高精度水准仪、方水平尺等，各轴瓦在高度方向上的测量精度可达 0. 001 ~ 0. 01mm。

经测量调整后，在轴颈上均匀地涂上一层显示剂，将轴放于轴瓦上，手动盘车后检查轴瓦表面的接触情况，只有在达到要求的标准后，方可进行下一道工序。

在调整轴瓦的接触情况时，注意轴瓦与轴承座之间应接合紧密，调整片要在轴承座与机座之间垫实。对高速重载运转的机械，如空压机、提升机等要求间隙小于 0. 1mm，以免设备运转中发生颤动而引起事故。调整合适后，拧紧螺栓，装设稳钉。机座上有限位块的，还要在轴承座与限位块之间加上楔铁。

（3）轴承盖与轴承座的装配　轴承盖与轴承座间常用的定位方式有销钉、止口和榫槽。在轴承盖与轴承座装配前，将选择好的垫片穿在瓦口的稳钉上，然后将轴承盖装到轴承座上，轴承座及轴承盖上的螺栓必须紧固。在拧紧各螺栓时，应注意对称拧紧，用力大小均匀、逐渐增大，保证轴承座与机座之间、轴承盖与轴承座之间结合紧密，受力均匀。

（4）轴套的装配　在转速较低的设备中，常用摩擦因数较低的耐磨材料制成轴套来代替轴瓦。轴套与轴承体间为过盈配合，用螺钉或销钉加以固定，一般采用压入式装配。轴套式滑动轴承的装配要点如下：

1）装配前将轴承内表面按轴颈实际尺寸刮研，所留间隙应符合配合的规定值。

2）根据轴套外圆尺寸和规定的过盈量，选用敲入或压入的方法将轴套装入轴承座。装配前必须对配合表面进行清洁处理并涂润滑油。为防止装配中发生歪斜，可用导向工具，如导向环、导向心轴等导向。

3）轴套装入轴承座后，因过盈配合使其产生附加应力，导致轴套内孔尺寸微量减小，应使用内径千分尺复查其内径尺寸，并用刮研的方法恢复轴套内径的理想尺寸。

4）安装定位销或紧定螺钉，将轴套固定于座孔内。

5）用内径千分尺在轴套内孔的两、三处作相互垂直方向的检查，以确定其圆度、圆柱度及尺寸精度是否满足要求。

10. 轴瓦的修理

新浇注经加工后的轴承合金表面有三个以下的散布气孔，气孔最大尺寸小于2mm，相互间距不小于15mm；仅在角端处有轻微裂纹，或剥落面积小于 $1mm^2$，且不多于三处的不严重的局部缺陷时，可不必重新浇注，而采用堆补轴承合金的办法进行修理。轴承运转一定时间后，因磨损其径向间隙增大，当范围不大，或出现小裂纹、局部熔坑和掉块时，也可采用上述方法修补，以恢复间隙尺寸。补焊方法及操作过程如下：

1）补焊前仔细地用汽油、热碱溶液清洗需补焊地方的油垢，在缺陷上修出宽5～10mm、深2～3mm的焊道，使其露出合金的金属光泽。如果是为了恢复正常的间隙尺寸，应在上部的轴承合金上铲出不太深的花纹。

2）堆补用的轴承合金制成直径为 $\phi5\sim\phi7$mm 的焊条，其成分应与基体合金相同。如补焊的面积很小，可用焊锡（锡70%，铅30%）。

3）补焊处预热至100℃，然后进行焊补。如果焊补的面积较大，应用气焊修补。在焊补过程中，为了限制火焰在轴瓦的轴承合金层上的烘烤范围，应使用装有1号或2号焊嘴的焊枪，氧气压力控制在0.1～0.2MPa。

4）放置轴瓦时，应使要堆焊的地方处于下部位置，并使其呈水平状态。为增加补焊的粘合强度，焊条和轴承基体均应涂上膏状氯化锌。堆焊时，将焊枪的火焰引向轴承基体合金上，同时把焊条也送进火焰中，使基体合金与焊条同时熔化，灌满被修补的部位。逐渐地沿着要修复的地方移动焊枪与合金焊条，即可在轴瓦的基体上堆补出一层新的轴承合金。堆焊层的厚度至少在2mm以上。

5）特别注意，无论是基体还是堆焊层上的轴承合金，都不能加热过度，以防轴承合金氧化。

6）堆焊工作结束后，焊补的表面应加工到公称尺寸并留有0.5mm的刮削余量，再用刮刀与轴颈修配。

青铜轴瓦或轴套的磨损及缺陷，可以用电焊修理，填平磨损和缺陷部分，最后进行加工和刮削。

二、滚动轴承的修理与装配

滚动轴承的特点是摩擦阻力小，效率高，工作可靠，维护简单，对过负荷敏感性高。

1. 滚动轴承的配合选择

轴承内圈与轴颈的配合按基孔制，而外圈与轴承箱孔的配合则按基轴制。轴承工作时所承受的负荷类型可分为局部负荷、循环负荷和摆动负荷三种。修配工作中轴承与轴颈、轴承箱孔的配合种类，应根据负荷类型、大小和方向、轴承的类型和尺寸精度，参照有关技术文件而定。

在选择配合性质时应注意，如果轴承的内圈和外圈都采用过渡配合，由于内圈的扩大及外圈的收缩，使轴承的径向间隙变小，滚动体会被卡住。若内座圈及轴一起转动的内圈与轴采用过渡配合，则外圈与箱体采用动配合；若外圈是与轴承箱一起转动的，且其采用过渡配合，则内圈与轴颈应采用动配合。

2. 滚动轴承的失效形式

滚动轴承的失效形式主要有滚动体、内圈和外滚道的点蚀，润滑不良造成的烧伤，磨损造成的滚动体和滚道间隙增大，装配不当造成的轴承卡死，内、外圈裂纹和保持架变形等。

3. 滚动轴承的拆卸、清洗、检查和装配

（1）滚动轴承的拆卸　滚动轴承常用锤击或拆卸器等专用器具拆卸，禁止直接击打轴承。拆卸时必须保证不损伤轴承和座体，拆卸力要均匀地加在压紧的套圈上。从轴承箱上拆卸轴承时，力要加在轴承外圈上，如图6-13和图6-14所示。当遇到与轴颈锈死或配合较紧的情况时，可预先用煤油浸渍配合处，之后用拆卸器拆卸，必要时可用120℃的热全损耗系统用油浇轴承，使其内圈受热膨胀以便于拆卸。

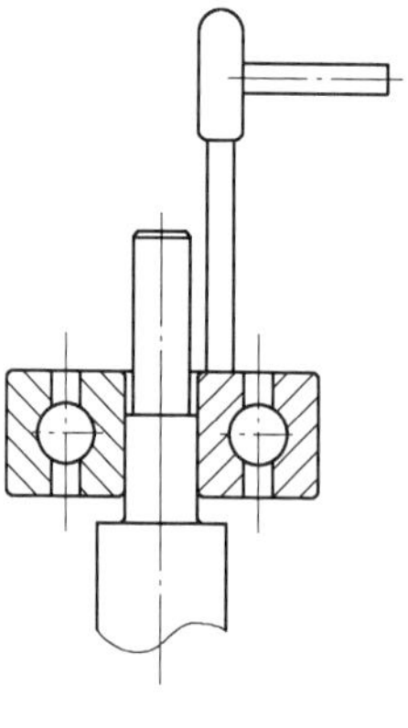

图6-13　用击杆和锤子装配轴承

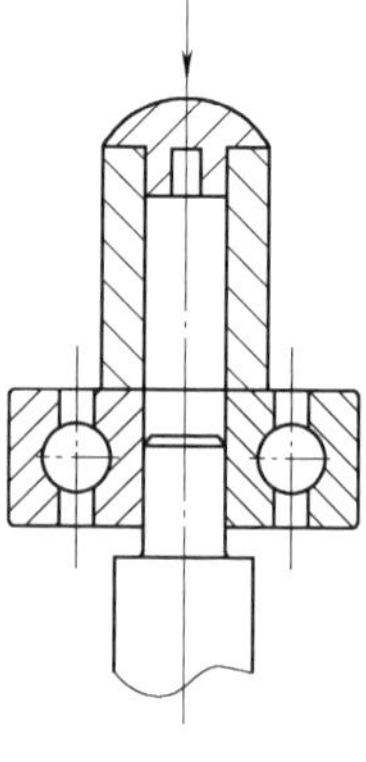

图6-14　用套筒装配轴承

（2）轴承的清洗和检查　拆卸下来的轴承一般用煤油清洗。清洗时一个手拿住内圈，另一个手慢慢反复转动外圈或在木板上敲打振击，将滚道内和保持架上的污物除掉。清洗后的轴承用手旋转时，如果声响太大或有卡紧现象，则说明质量不好。检查发现其工作间隙因磨损超过规定、滚动体和内外圈有裂纹或滚道有明显斑点、变色疲劳脱皮、保持架变形等现象时，轴承就不能再使用。清洗干净后擦干，经检查能复用的涂抹上全损耗系统用油，用纸包好待用。

（3）轴承的装配 装配滚动轴承前应注意检查其与轴颈或轴承箱孔的配合尺寸、几何精度、表面粗糙度值是否符合技术要求。零件表面的碰伤、毛刺、锈蚀等局部缺陷均应修平整。装配时应当保持清洁，防止杂物进入，将标有字样的端面朝外以便于查询。装配后，用手转动应感到轻松灵活。滚动轴承的安装方法根据不同类型和配合性质而定。

1）圆柱孔轴承的安装。小型或中型轴承的过盈量不大，压入所需的轴向力较小，在常温下可采用锤击法安装。锤击时不能直接敲击轴承本体，不能通过滚动体来传递装配力，应注意加力的均匀性和对称性，防止将轴承装偏斜与轴颈或轴孔咬死。用压力机压装的装配质量更好。为减小装配时的摩擦阻力和有利于今后拆卸，装配时应在配合表面涂一层润滑油。对于可分离的轴承，安装时应注意不得将轴承内、外圈等零件混乱，安装过程中要适当地转动轴或壳体，以免滚动体歪斜。

对中、大型轴承，因过盈量较大，可采用热装的方法。但对封装润滑脂密封的轴承，为防止润滑脂流失或变质，则不能用热装。热装常用的加热方法是把轴承放入油箱中均匀加热至 80 ~ 100℃。加热好的轴承应立即装入轴颈，一次到位。冷却过程中要始终使轴承靠紧配合部位的轴肩，并不时地转动轴承，以防装配倾斜或卡死。对内径在 ϕ100mm 以上的可分离型滚子轴承，可采用电磁感应加热的方法。

2）圆锥孔轴承的安装。圆锥孔轴承可直接装在有锥度的轴颈上，或装在直轴带紧定套和退卸套的锥面上。这类轴承一般要求有较紧密的配合，配合公差由轴承相对于轴颈配合面上的距离决定。轴承压进有锥度的轴颈，由于内圈膨胀使轴承径向游隙减小，轴承在装配前需测量径向游隙，装配过程中也要经常用塞尺测量，直到达到所需要的游隙减少量为止。当径向游隙不能用塞尺测量时，可测量轴承在锥度轴颈上的移动距离，计算出径向游隙减小量。对于实心轴，1∶12 标准锥度，轴向压入距离约为径向游隙减小量的 15 倍。分离型轴承可直接用外径千分尺来测量内圈的膨胀量。

3）滚动轴承的轴向固定。轴承内圈与轴间的固定一般采用螺母及保险垫，弹簧圈固定及双螺母固定；轴承外圈的固定采用弹簧圈或轴承压盖。

4. 滚动轴承间隙

滚动轴承间隙分为径向间隙和轴向间隙。径向间隙是指轴承一个套圈固定不动，另一个套圈在垂直于轴承轴线的方向，由一个极端位置移动到另一个极端位置的移动量。轴向间隙是指轴线方向的移动量，就是轴的轴向窜动量。径向间隙和轴向间隙间有密切的关系，一般径向间隙越大，则轴向间隙越大。

根据滚动轴承在装配前、后和运转时所处的状态不同，轴承的间隙又可分为原始间隙、配合间隙和工作间隙。原始间隙是指轴承在未安装前自由状态下的间隙，是出厂时具有的间隙。配合间隙是指轴承装配到机械部件的轴或轴承箱孔内以后的间隙。由于过盈的影响，配合间隙永远小于原始间隙。工作间隙是指轴承在工作时的间隙，它受内、外圈温差的影响使配合间隙减小，又因工作负荷的作用，使滚动体与套圈产生弹性变形而使间隙增大，一般情况下工作间隙大于配合间隙。

5. 间隙不可调整的滚动轴承的装配调整

（1）轴承类型　深沟球轴承、调心球轴承、圆柱滚子轴承、调心滚子轴承的间隙，在制造时已按标准规定调好，安装时一般不再调。这类轴承装配后主要是检查间隙变动后是否符合要求。

（2）间隙的检查方法　对单列向心滚珠轴承，可用手沿轴向晃动轴承外圈检查有无配合间隙，此种方法对径向间隙的检查精度可达0.01mm。径向配合间隙也可用塞尺或千分表测量。

有些装配间隙不可调整的滚动轴承要留有一定的轴向间隙，以免工作时由于温度升高而轴伸长使轴承的内、外圈发生相对位移，从而使径向间隙减小，甚至滚动体被卡死。间隙大小根据实际情况选取0.2～0.5mm。

6. 间隙可调整的滚动轴承的装配调整

（1）轴承类型　间隙可调整的轴承有角接触球轴承、圆锥滚子轴承、推力球轴承、双向推力球轴承、单向推力圆柱滚子轴承和单向推力圆锥滚子轴承等。这些滚动轴承的间隙一般都在安装时调整。

（2）调整方法　各种间隙可调整的滚动轴承的轴向间隙、径向间隙及相互关系可查阅相关手册或技术文件。间隙可调整的滚动轴承间隙的主要调整方法有箱体与轴承盖间加调整垫片、轴上螺母定位、箱体上螺纹定位等方法。

圆锥滚子轴承的调整方法如图6-15所示。图6-15a所示是用箱体上的内螺纹调整轴承外圈，得到适当的轴向间隙。图6-15b所示是采用螺钉和挡碗来调整间隙，调整方法是将螺钉拧紧直到轴不能转动，然后按间隙的要求将螺钉反转，反转数按螺纹导程计算。图6-15c所示是在箱体与侧盖之间加调整垫来调整轴承外圈得到适当的轴向间隙。图6-15d所示是用螺母调定轴承内圈，得到适当的轴向间隙。推力球轴承间隙的调整方法如图6-16所示。

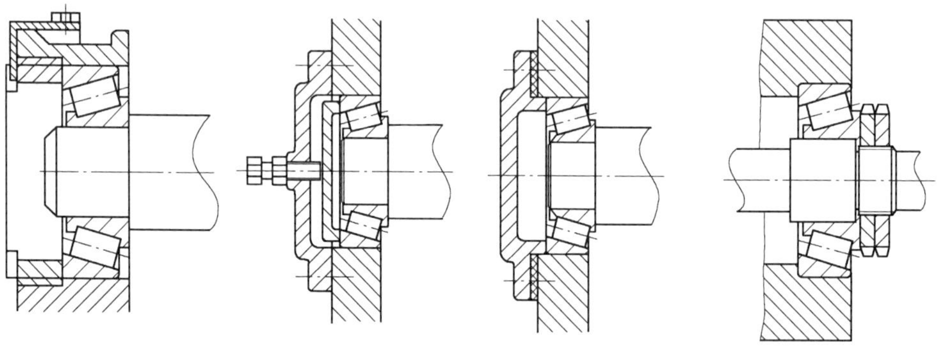

a)　b)　c)　d)

图6-15　圆锥滚子轴承间隙的调整方法

向心推力球轴承的调整方法如图6-17所示，其调整方法视结构形式而定。图6-17a所示为通过在箱体与轴承盖之间加垫来调整轴向间隙。把不装垫片的轴承盖安装在箱体上，中间对称夹以铅丝，然后匀称地慢慢拧紧轴承盖螺钉，直至转动轴感到发紧为止。此时说明轴承已没有间隙，然后拆下轴承盖，量出铅丝的平均厚度值，此值与需要的

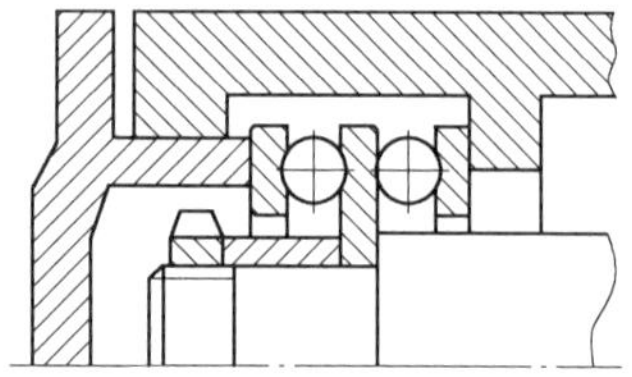

图6-16　推力球轴承间隙的调整方法

轴向间隙值之和即为调整垫片的厚度。图 6-17b 所示是在轴承的内圈与螺母之间预留出装配轴向间隙的方法。旋动螺母把轴承的内圈或外圈压紧，之后将螺母松开至用手能自由转动轴为止，再用螺母锁紧，最好根据螺纹的螺距和需要的轴向间隙算出反转螺母的圈数和角度。

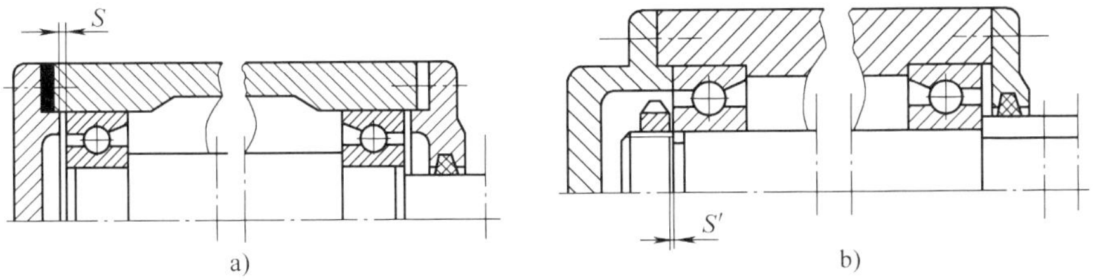

图 6-17　向心推力球轴承间隙的调整方法

【任务实施】

1. 任务实施前的准备

做好班前安全教育，使学生具有安全生产意识和相关安全生产知识。

2. 知识要求

1）能够说出滑动轴承的失效形式，滑动轴承的浇注方法和过程，滑动轴承间隙的计算和确定方法。

2）能够说出浇注后滑动轴承的机加工方法，滑动轴承轴瓦的刮研方法和过程；能够对滑动轴承进行测量和检验。

3）能够说出滑动轴承的装配、调整、修理方法。

4）能够说出滚动轴承的失效形式。

5）能够说出滚动轴承的装配和调整方法。

3. 矿山机械设备轴承的现场维修和调整工作任务实施

到教学矿井机修车间，与现场工程技术人员一起对滑动轴承、滚动轴承进行检验、拆卸、装配、调整，具有对轴承的维修、维护技能。

【任务考评】

过程考评	配分	考评内容	考评实施人员
素质考评	12	生产纪律	专职教师和现场教师结合进行综合考评
	12	遵守生产规程情况、安全生产	
	12	团结协作情况、与现场工程人员交流情况	
实操考评	12	理论知识口述：滑动轴承浇注的方法及过程，轴瓦加工方法及过程，轴瓦的修理方法；滚动轴承拆卸、清洗、检查和装配，滚动轴承间隙的调整	
	12	工具使用或任务实施过程正确	
	12	手指、口述：滑动轴承失效形式、间隙计算和确定、检验方法、修理和装配方法和过程；滚动轴承的失效形式、装配和调整方法	
	12	完成本次工作任务，效果良好	
	16	按工作任务实施指导书完成学习总结，总结所反映出的工作任务完整、信息量大	

【思考与练习】

1. 滑动轴承的润滑油膜是怎样形成的？正常运转的滑动轴承为什么起动频繁时磨损速度较快？

2. 说明滑动轴承轴瓦重新浇注的主要工艺过程及注意事项。

3. 为了保证滑动轴承有可靠的润滑应留有哪些间隙？各间隙有何作用？它们的值是如何确定的？

4. 为了保证滑动轴承顶间隙和侧间隙之间的相互关系，同时使刮削工作量最小，轴瓦的内孔应当怎样加工？调整垫片有何作用？

5. 当作用在滑动轴承上的载荷方向一定时，在运转中轴颈与轴承的接触角将发生何种变化？对轴承正常工作有何影响？

6. 滑动轴承的各处间隙如何测量？

7. 滑动轴承磨损后，径向间隙超过极限数值，应当采取什么措施？

8. 滑动轴承为什么要开油槽？说明开油槽的原则。

9. 滑动轴承为什么要进行刮研工作？如何进行刮研？对刮研后的接触角和点有何要求？

10. 滑动轴承容易产生哪些缺陷？怎样修理？

11. 滚动轴承的失效形式有哪些？

12. 说明拆卸滚动轴承的方法。

13. 滚动轴承拆卸后怎样进行清洗和检查？

14. 滚动轴承为什么要有间隙？间隙过大或过小在工作中会产生什么不良后果？

15. 滚动轴承的间隙按轴承所处的状态分哪几种？它们之间有什么联系？

16. 间隙不可调整的滚动轴承有哪几类？装配前后间隙是怎样检查的？

17. 间隙可调整的滚动轴承有哪些类型？如何检查和调整间隙？

课题三　齿轮的修理与装配

【任务描述】

本课题主要对齿轮的检验、修理、装配等方法作详细的介绍。通过本课题的实施，使学生熟知齿轮的装配要求、检验和装配方法。通过现场对齿轮进行修理与装配工作任务的实施，锻炼学生的现场维修技能。

【知识学习】

一、齿轮传动的特点及分类

机械设备中广泛应用齿轮传动装置。齿轮传动效率高、结构紧凑、工作可靠、寿命长、传动比稳定，但制造和安装精度要求高，制造费用较大，不适用于较大距离的传动。

常用的齿轮传动装置有圆柱齿轮、锥齿轮和蜗杆副三种。齿轮常用材料有铸铁、球墨铸铁、铸钢、轧制钢、锻钢等。蜗轮一般由铸铁轮芯和配在轮芯上的青铜轮缘组成，蜗杆用钢制成。齿轮传动按圆周速度分为：最低速 $v<0.5\text{m/s}$，低速 $v=0.5\sim3\text{m/s}$，中速 $v=3\sim15\text{m/s}$，高速 $v>15\text{m/s}$。

二、齿轮和蜗轮传动装配的要求

齿轮和蜗轮传动正确装配的基本要求：齿轮正确地装配在轴上，精确保证齿轮的位置，使齿间具有合适的间隙，保持正确的中心距，保证齿的表面接触良好。

三、圆柱齿轮的装配和调整

1. 传动齿轮装配的检查

（1）装配前的检查内容

1）齿轮的主要技术参数，如齿形、模数、齿宽、压力角等要符合要求。

2）齿轮内孔和轴径配合部位的精度与配合公差要符合要求。

3）齿轮的材质和加工质量要符合要求。

4）高速齿轮应进行平衡试验。

（2）传动齿轮装配过程中的检查内容

1）齿轮的径向圆跳动和轴向圆跳动。

2）齿轮内孔中心线与轴中心线的同轴度误差，齿轮端面与轴中心线的垂直度误差。

3）有关啮合中心线的平行度误差和扭斜。

4）啮合齿轮对中心距的尺寸误差。

5）轮齿啮合的顶间隙和侧间隙。

2. 圆柱齿轮传动的精度等级

圆柱齿轮传动的精度等级按国标规定划分为十二级，每个精度都分为三个公差组，相关精度指标可参阅国家标准或行业标准。

3. 齿轮的径向和轴向圆跳动的检查

齿轮装配后径向和轴向圆跳动过大，会使啮合性能严重恶化，振动及动负荷、噪声、磨损均加重。其标准见表 6-10 和表 6-11。

表 6-10 齿轮径向圆跳动允许偏差值（8、9 级精度）

齿轮直径/m	0.1～0.2	0.2～0.35	0.35～0.5	0.5～0.75	0.75～1.0	1.0～1.5	1.5～2.0	2.0～3.5	3.5～5.0
允许偏差值/mm	0.08～0.12	0.12～0.16	0.16～0.20	0.20～0.24	0.24～0.28	0.28～0.34	0.34～0.42	0.42～0.52	0.52～0.65

表 6-11 齿轮端面跳动允许偏差值

齿轮宽度/mm	50～100			100～150			150～250			250～450		
齿轮直径/m	0.1～0.2	0.2～0.4	0.4～0.6	0.5～0.7	0.7～1.0	1.0～1.3	1.0～1.5	1.5～2.0	2.0～2.5	2.5～3.0	3.0～4.0	4.0～5.0
允许偏差值/mm	0.05～0.09	0.08～0.16	0.15～0.24	0.15～0.21	0.20～0.30	0.28～0.38	0.20～0.30	0.30～0.40	0.40～0.50	0.30～0.45	0.45～0.60	0.60～0.75

齿轮的径向和轴向圆跳动可使用量规和千分表检查，如图6-18所示。测量时，将量规放置在齿间，两个千分表分别置于齿轮的径向和轴向位置，缓慢旋转轴，应沿圆周测6～8个点，测2～3次，取平均值作为测量结果。

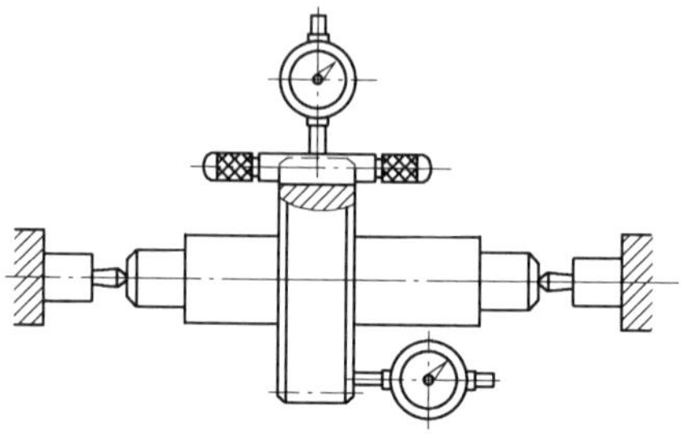

图6-18　齿轮径向和轴向圆跳动误差测量

通过对径向和轴向圆跳动的测量，还可以判断出齿轮和轴的同轴度与垂直度误差。当同轴度误差过大时，齿轮运转时会产生径向摆动，使一对啮合齿轮的中心距发生周期性变动，在一个圆周的回转中，产生周期性的冲击或不正常声音，严重时还会有偶然咬死现象。当垂直度误差过大时，会使齿轮产生较大的轴向摆动，使啮合轮齿的作用力集中在齿面的局部位置，引起齿面局部磨损过快、振动和噪声。

4. 齿轮中心距和轴轴线的平行度误差、扭斜度检查

（1）中心距检查　在齿轮轴未装入齿轮箱内以前，可用特制的游标卡尺测量两轴承孔的中心距，装配后可用内径千分尺及水平仪测量，如图6-19所示。中心距偏差与齿轮传动的精度有关，可查阅表6-12。外啮合齿轮的中心距取“+”值，内啮合齿轮的中心距取“-”值。

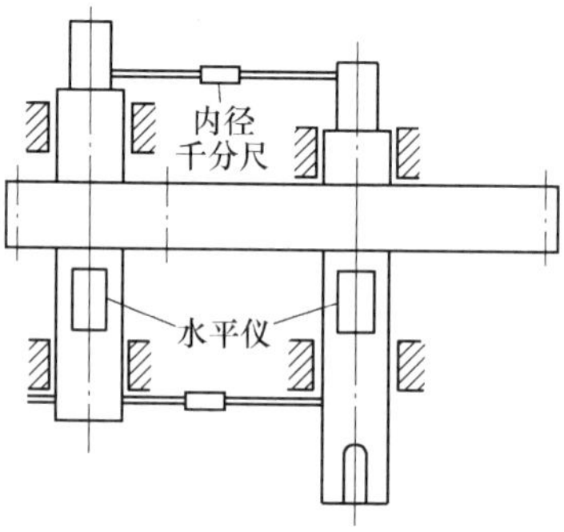

图6-19　两轴中心矩和平行度检查

表6-12　渐开线圆柱齿轮中心距的极限偏差（±）　（单位：μm）

精度等级		5～6	7～8	9～10
齿轮副中心距/mm	>80～120	17.5	27.0	43.5
	>120～180	20.0	31.5	50.0
	>180～250	23.0	36.0	57.0
	>250～315	26.0	40.5	65.0
	>315～400	28.5	44.5	70.0
	>400～500	31.5	48.5	77.5
	>500～630	35.0	55.0	87.0
	>630～800	40.0	62.0	100.0
	>800～1000	45.0	70.0	115.0
	>1000～1250	52.0	82.0	130.0
	>1250～1600	62.0	97.0	155.0
	>1600～2000	75.0	115.0	185.0
	>2000～2500	87.0	140.0	220.0
	>2500～3150	105.0	165.0	270.0

（2）两轴的轴线平行度误差和扭斜度的检查　两轴的轴线平行度误差和扭斜度的测量与中心矩的测量方法相同。检查前，先将齿轮轴或检验心轴放置在齿轮箱的轴承孔内，然后用内径千分尺测量轴轴线平行度，再用水平仪测量轴线的扭斜度。

5. 齿轮啮合间隙的检查

（1）塞尺法 用塞尺可以直接量出齿轮的齿顶间隙和齿侧间隙。

（2）千分表法 用千分表测量齿轮的侧间隙，如图 6-20 所示。测量时使下齿轮固定不转，沿正、反方向微微转动固定在上齿轮轴上的拨杆，千分表上的指针便沿正、反方向摆动，可以得到读数 A，按下式换算出实际的齿侧间隙

$$c = A\frac{R}{L} \tag{6-19}$$

式中，c 为齿轮啮合侧间隙，单位为 mm；R 为上齿轮的节圆半径，单位为 mm；L 为拨杆的长度，单位为 mm。

（3）压铅丝法 这是现场常用的测量齿顶间隙和齿侧间隙的方法。测量时，先将铅丝大致按照齿形弯曲并放置在齿轮上，然后使齿轮啮合滚压。变形后的铅丝厚度，最厚部分的厚度值为顶间隙，相邻两较薄部分的厚度值之和为侧间隙，其大小可以用游标卡尺测量。

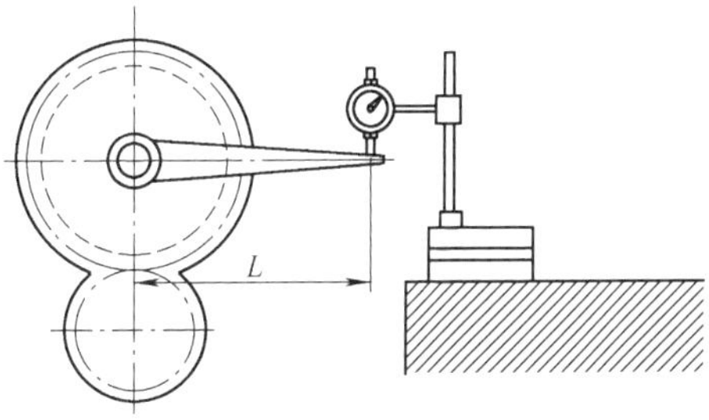

图 6-20 用千分表测量齿轮侧间隙

齿轮在正常啮合传动时，齿间必须保持一定的齿顶和齿侧间隙。齿轮间隙的作用主要是储存必要的润滑油，减少轮齿接触表面的磨损，补偿轮齿在负荷作用下的弹性变形与热膨胀变形。齿顶间隙和齿侧间隙过小，运转时将产生很大的相互挤压应力，润滑油被挤出，引起齿间缺油，导致齿面磨损加剧，附加负荷相应加大，严重时会损坏轴承，使传动轴弯曲、轮齿折断。齿侧间隙过大，则会在传动中产生齿间冲击、齿面磨损加快、噪声和振动加大、轮齿折断等问题。装配后圆柱齿轮副的最小齿侧间隙可查阅表 6-13。

表 6-13 圆柱齿轮副的最小齿侧间隙（$C_{n\min}$） （单位：μm）

中心距/mm	>125~180	>180~250	>250~315	>315~400	>400~500	>500~630	>630~800	>800~1000	>1000~1250	>1250~1600	>1600~2000	>2000~2500	>2500~4000
开式	160	185	210	230	250	280	320	360	420	500	600	700	950
闭式	250	290	320	360	400	440	500	550	660	780	920	1 100	1 500

矿山机械中的齿轮最大齿侧间隙可用模数 m 的倍数计算，达到计算值后应立即更换。

7 级精度齿轮：$C_{n\max}=(0.15\sim0.25)m$；8 级和 9 级精度齿轮：$C_{n\max}=(0.25\sim0.40)m$；特殊情况下，慢速齿轮传动齿轮可允许 $C_{n\max}=(0.25\sim0.40)m$。

6. 齿轮啮合接触面积的检查

齿轮啮合接触面积的大小和接触位置，是衡量齿轮制造和装配质量的重要标志。传动齿轮在工作过程中，沿齿宽和齿高方向要有足够的接触长度，承受负荷应均匀分布，发生的磨损沿其工作面高度和宽度一致。否则会加大载荷的集中和齿的过早磨损。齿轮啮合接触斑点可用涂色法检查，将显示剂涂在小齿轮上，盘动小齿轮驱动大齿轮，使大齿轮转动 3~4 圈，根据色迹可以判定齿轮装配的正确与否。接触斑点面积要符合表 6-14 中规定的数值。

表 6-14　齿轮副接触斑点规定数值

齿轮类型	接触斑点	精度等级			
		6	7	8	9
渐开线圆柱齿轮	按齿高不小于(%)	50（40）	45（35）	40（30）	30
	按齿长不小于(%)	70	60	50	40
圆弧齿轮（磨合后）	按齿高不小于(%)	55	50	45	40
	按齿长不小于(%)	90	85	80	75

圆柱齿轮正确啮合，即中心线间距和啮合间隙均符合技术规定时，其接触色迹的位置必然均匀地分布在轮齿的节线上下，图 6-21 所示为圆柱齿轮传动啮合齿面接触情况，图 6-21a 所示为啮合正确，图 6-21b 所示为齿轮中心距偏大，图 6-21c 所示为齿轮中心矩偏小，图 6-21d所示为齿轮中心线扭斜。

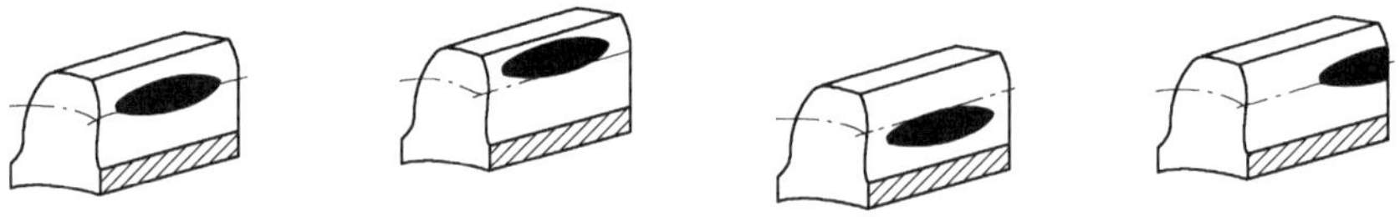

a)　b)　c)　d)

图 6-21　圆柱齿轮传动啮合齿面接触情况

a）啮合正确　b）齿轮中心距偏大　c）齿轮中心距偏小　d）齿轮中心线扭斜

四、锥齿轮的装配与调整

正确装配的两锥齿轮，其节圆锥素线应该吻合，节圆锥顶点必须重合。即两锥齿轮轴的轴线垂直相交，不发生扭斜和偏移。锥齿轮传动装置的装配方法和步骤与圆柱齿轮基本相同。装配工作中产生的主要问题是轴线夹角的偏差，装配时必须检查轴承孔轴线的夹角和偏移量，检查啮合间隙和接触面积。

1. 轴中心线夹角检查

轴线夹角的检查方法如图 6-22 所示，检验心棒上千分表的读数差为检验长度上的垂直度误差，其轴线夹角的极限偏差值见表 6-15。

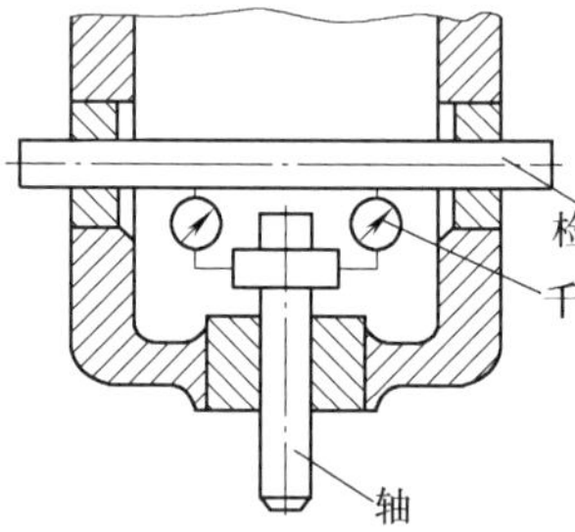

图 6-22　轴线夹角的检查

表 6-15　锥齿轮轴中心线夹角的极限偏差

传动形式	锥距/mm							
	≤50	50～80	80～120	120～200	200～320	320～500	500～800	800～1250
	偏差/μm							
闭式	±45	±58	±70	±80	±95	±110	±130	±160
开式	±70	±95	±100	±120	±150	±180	±210	±250

2. 轴的轴线偏移量的检查

轴线偏移量的检查方法如图 6-23 所示。检查时，如果轴线没有偏移，则两根检验心轴的槽口平面之间没有间隙；如果轴线有偏移，可用塞尺测量槽口平面之间的间隙值，此值即为两轴轴线的偏移量，其极限偏差值见表 6-16。

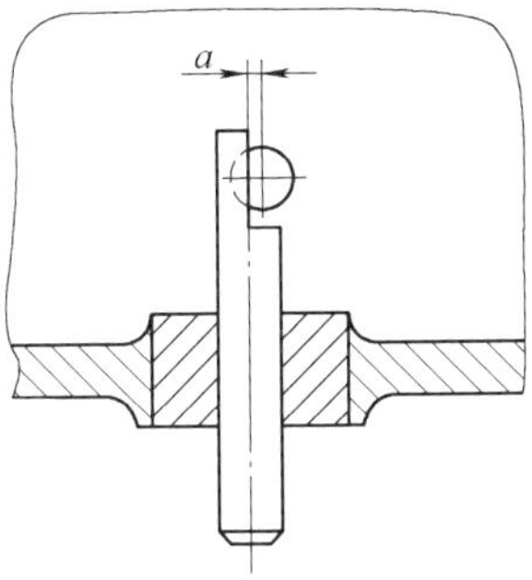

图 6-23 轴线偏移量的检查

表 6-16 锥齿轮轴线偏移的极限偏差

精度等级	端面模数 m_n/mm	锥距/mm				
		≤200	200～320	320～500	500～800	800～1250
		偏差/μm				
7	1～16	19	22	28	36	48
8	1～16	24	28	36	45	58
9	2.5～16	30	36	45	55	75

五、蜗杆蜗轮的装配

1. 装配蜗杆蜗轮传动装置时必须符合的要求

1）蜗杆和蜗轮的轴线具有一定的中心距精度和不歪斜精度。

2）蜗杆螺旋侧面与蜗轮齿侧面之间应有一定的间隙和接触精度。

3）传动轻便灵活。

2. 蜗杆传动的检查

（1）中心距偏差的检查 蜗杆与蜗轮的中心距可以用检验棒和样板检查，如图 6-24 所示。

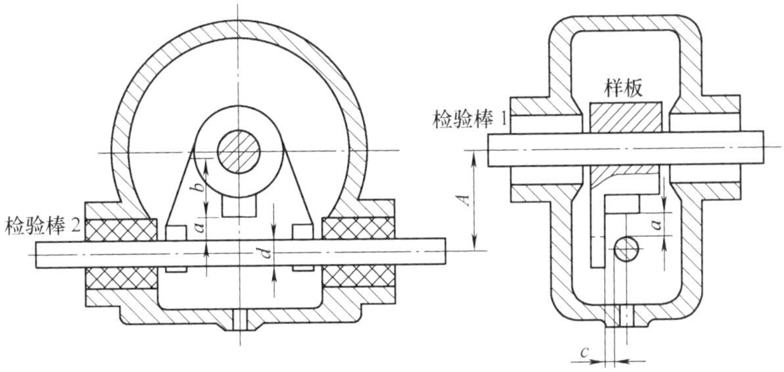

图 6-24 蜗轮传动装配的检验

将检验棒1插入蜗轮轴的座孔，其上套着样板。然后在蜗杆的座孔中插入检验棒2，用量规检验样板上测量平面与检验棒2之间的距离 a，根据尺寸 a、b 和检验棒直径 d 可以计算出实际中心 A

$$A = b + a + \frac{d}{2} \tag{6-20}$$

用量块或塞尺测量样板下部测量平面与检验棒之间的距离 c，根据左右两边的距离数值是否一致，可以判断出蜗杆与蜗轮轴线是否歪斜。

（2）蜗杆与蜗轮的轴线扭斜的检查　蜗轮蜗杆轴线是否扭斜也可以用图6-25所示的方法检验。把心轴1和2放在蜗杆和蜗轮的轴孔中，心轴2上用摆杆3固定一个千分表，根据千分表在长度 L 上 m、n 两点的读数差即可算出两轴的扭斜度。如果两轴没有扭斜，则 m 和 n 点处千分表的读数应该相同。当 m 点和 n 点间的读数差为 Δ 时，其扭斜度 δ 为

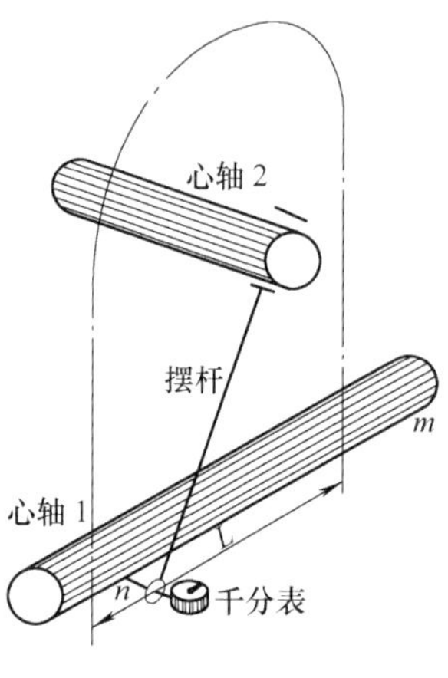

图6-25　检验轴的扭斜

$$\delta = \frac{\Delta}{L} \tag{6-21}$$

蜗杆蜗轮传动装置的中心距允许误差和轴线扭斜偏差见表6-17和表6-18。

为保证蜗杆蜗轮正常运转，蜗轮与蜗杆之间应有一定的齿侧间隙。新的蜗杆蜗轮传动装置的齿侧间隙值 Δ_c 为：7级精度 $\Delta_c = 0.015 \sim 0.02$mm，8级精度 $\Delta_c = 0.02 \sim 0.03$mm。

蜗杆与蜗轮的接触在常用的7级精度传动中，印痕的长度和高度应不小于蜗轮齿长的2/3和齿高的3/4；在8级精度传动中，不少于蜗轮齿长的1/2和齿高的2/3。

表6-17　蜗杆蜗轮传动中心距偏差

精度等级	轴向模数 m_x/mm	中心距					
		~40	40~80	80~160	160~320	320~630	630~1250
		中心距偏差/μm					
7	1~30	±30	±42	±55	±70	±85	±110
8		±48	±65	±90	±110	±130	±180
9		±55	±105	±140	±180	±210	±280

表6-18　蜗杆蜗轮传动轴线扭斜偏差

偏差项目	轴向模数 m_s/mm	精度等级		
		7	8	9
		偏差/μm		
轴线扭斜偏差	1~2.5	13	17	21
	2.5~6	18	22	28
	6~10	26	34	42
	10~16	36	45	55
	16~30	58	75	95

六、齿轮的失效形式

齿轮的损坏多数是由于齿轮传动超过负荷；安装不正确、啮合轮齿接触不均匀，致使轮齿局部承载过大，或者材质不合要求、内部有裂纹或缺陷，热处理不当；冲击载荷过大，齿间落入硬物，缺乏润滑剂或润滑材料不符合要求等原因。

齿轮工作时，其工作齿面间同时产生滑动摩擦与滚动摩擦，这必然会引起齿面的磨损。当磨损达到一定程度后，正常的啮合受到破坏，从而加大动力传动的不均衡性，增大齿侧间隙。其结果是产生振动、噪声、附加动负荷，使传动效率下降。齿轮的失效主要表现为下面几种形式。

（1）断齿　一般断齿先发生于齿轮根部，然后沿齿宽、齿厚方向发展，直致齿轮折断。

（2）齿轮的磨料性磨损

（3）齿面疲劳点蚀　点蚀是齿面在循环变化的接触应力作用下产生的表层疲劳破坏现象，其特征是在分度圆附近沿齿宽出现许多麻点和凹坑。

（4）齿面粘着（胶合）　防止或减少粘着破坏的方法如下：

1）使用抗粘着能力强的润滑油。

2）提高齿面硬度，减小表面粗糙度值。

3）选择合适的齿轮副材料。

4）进行良好的跑合。

5）减小齿轮的模数，以及采用角度变位齿来降低啮合轮齿之间的相对滑动率等措施。

七、齿轮的修理

失效齿轮的修复方法有堆焊加工法、镶齿法、变位切削法和轮缘轮毂裂纹的修理等。

【任务实施】

1. 任务实施前的准备

做好班前安全教育，使学生具有安全生产意识和相关安全生产知识。

2. 知识要求

1）能够说出齿轮和蜗杆传动的装配要求，圆柱齿轮的径向和轴向圆跳动的检查方法，圆柱齿轮中心距和轴线的平行度、扭斜度的检查方法，齿轮啮合间隙的检查方法，齿轮啮合接触面积的检查方法。

2）能够说出锥齿轮轴线夹角、轴线偏移量的检查方法。

3）能够说出蜗杆、蜗轮的装配方法。

4）能够说出齿轮常见的失效形式、齿轮的修复方法。

3. 矿山机械设备齿轮或齿轮箱现场检验及维修工作任务实施

到教学矿井机修车间，与现场工程技术人员一起对各类齿轮进行检验、拆卸、装配、调整，具有齿轮的维修维护技能。

【任务考评】

过程考评	配　分	考评内容	考评实施人员
素质考评	12	生产纪律	专职教师和现场教师结合进行综合考评
	12	遵守生产规程情况、安全生产	
	12	团结协作情况、与现场工程人员交流情况	
实操考评	12	理论知识口述：齿轮和蜗杆传动的装配要求，齿轮的各项检验和安装、修理方法	
	12	工具使用或任务实施过程正确	
	12	手指、口述：齿轮各项精度项目的检验仪器、过程，各类齿轮失效形式的修理方法和过程，各类齿轮的装配方法和过程	
	12	完成本次工作任务，效果良好	
	16	按工作任务实施指导书完成学习总结，总结所反映出的工作任务完整、信息量大	

【思考与练习】

1. 对齿轮和蜗杆传动装置的基本要求是什么？装配前应进行哪些检查？
2. 齿轮和蜗杆传动装置在装配中主要有哪几项检查内容？怎样检查？
3. 齿轮常见的失效形式有哪些？是什么原因造成的？常用什么方法进行修理？

课题四　联轴器的检验与调整

【任务描述】

本课题主要对联轴器的径向偏差、倾斜偏差的检验、计算、安装调整方法及过程作详细介绍。通过本课题的实施，使学生掌握各类联轴器检验、计算和调整的方法及过程；通过教学矿井现场工作任务的实施，具有对联轴器进行检验和调整的技能。

【知识学习】

联轴器是用来连接两轴使其同步旋转的一种装置。连接后两轴的轴线必须精确地处于一条直线上，否则运转时轴及其上的机件会发生振摆，引起轴承发热和局部损伤，甚至引起整台设备振动，所以联轴器的合理安装关系到设备是否能正常工作。

常用的联轴器有凸缘联轴器、十字滑块联轴器、齿轮联轴器、蛇形弹簧联轴器、弹性圆柱销联轴器等。

一、联轴器的安装检查

1. 联轴器定心检查的意义

安装时，把联轴器的两个轴的旋转中心调整到同一直线上，这样才能保证联轴器和传动装置的正常运转。否则会加速联轴器的磨损，严重时会使靠近联轴器部分的机体发生强烈振动，在高速运转的机械设备中更为显著。

2. 联轴器的定心检查

（1）联轴器的定心偏差　联轴器的定心偏差有两种情况，一种是水平方向和垂直方向的径向偏差，另一种是水平方向和垂直方向的倾斜偏差，如图6-26所示。

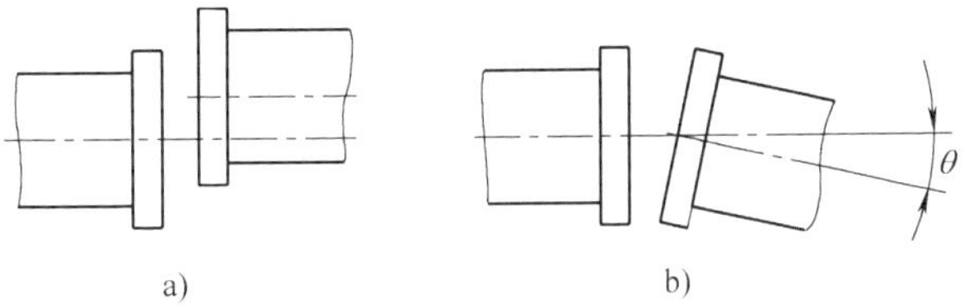

图6-26　径向偏差和倾斜偏差示意图
a）径向偏差　b）倾斜偏差

（2）定心检查方法　如图6-27所示，将定心检查工具固定在联轴器上，在联轴器上作出标记，用量具测出间隙 a 和 s 值，第一次所测得的值为 a_1、s_1；将两轴同时旋转90°对准标记，进行第二次间隙测量得 a_2、s_2；沿上次旋转方向把两轴同时旋转90°对准标记，进行第三次间隙测量得 a_3、s_3；然后把两轴同时旋转90°对准标记，进行第四次测量间隙得 a_4、s_4。

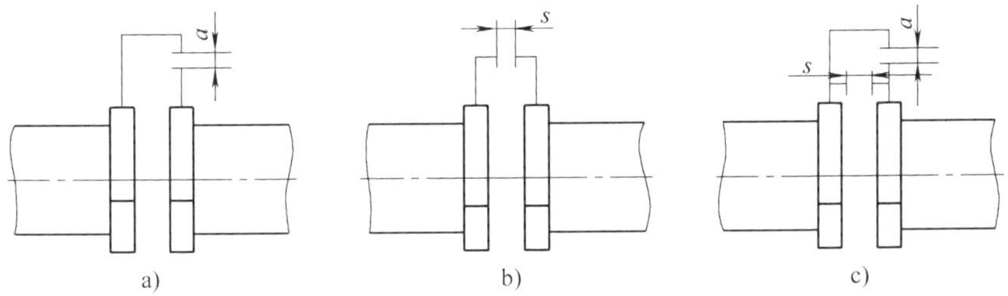

图6-27　定心检查原理示意图

如果 $a_1=a_2=a_3=a_4$，则表示没有径向偏差；若 $s_1=s_2=s_3=s_4$，则表示没有倾斜偏差，两轴同心。检查过程中可能有下列几种情况：

1）径向偏差。若 $a_1\neq a_3$ 且 $a_2\neq a_4$，则表示在垂直方向和水平方向均有径向偏差（见图6-28c）；$a_1=a_3$ 且 $a_2\neq a_4$ 时，表示在垂直方向没有径向偏差，在水平方向有径向偏差（见图6-28a）；若 $a_1\neq a_3$ 且 $a_2=a_4$，则表示在垂直方向有径向偏差，在水平方向没有径向偏差（见图6-28b）。

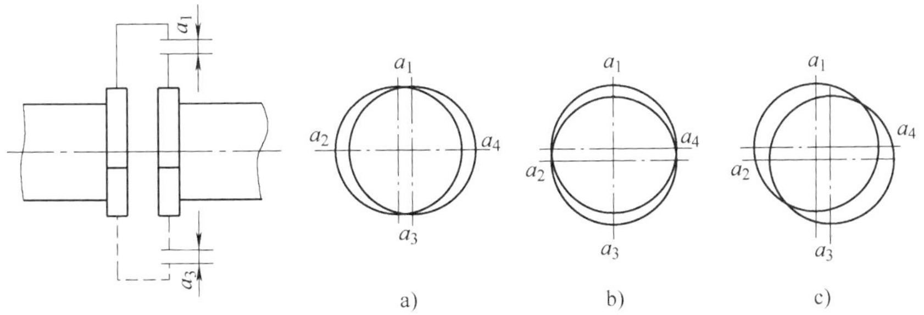

图6-28　径向偏差示意图

2）倾斜偏差。若 $s_1\neq s_2$ 且 $s_3\neq s_4$，则表示在垂直方向和水平方向均有倾斜偏差（见图6-29c）；若 $s_1\neq s_3$ 且 $s_2=s_4$，则表示在垂直方向有倾斜偏差，在水平方向没有倾斜偏差

（见图6-29b）；当 $s_1=s_3$ 且 $s_2\neq s_4$ 时，表示在垂直方向没有倾斜偏差，在水平方向有倾斜偏差（见图6-29a）。

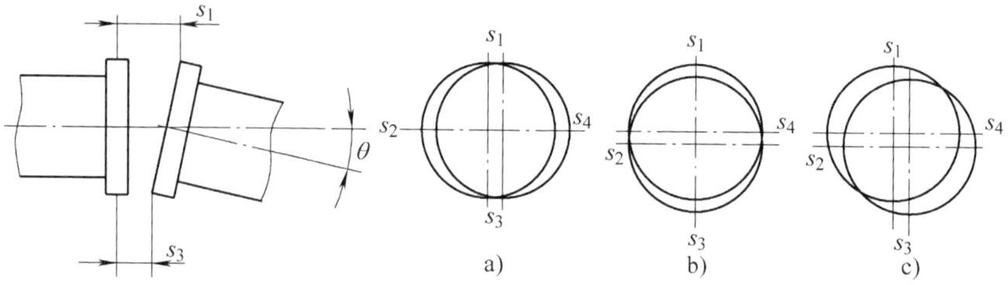

图6-29　倾斜偏差示意

检查数据相互垂直的两个数值之和应该相等，即 $a_1+a_3=a_2+a_4$，$s_1+s_3=s_2+s_4$，否则表示检查过程中有误差。一般情况下，这种误差最大不应超过0.02mm。如果出现了较大的误差，就必须检查其原因，改善测量方法，再次进行复查。由于现场条件所限，若不能检测第四个数值，还可用已经测得的三个数值算出第四个数值。

定心检查的常用工具有直角尺和塞尺、垫板和楔形塞尺、千分表法等。

（3）定心偏差的计算

1）径向偏差的计算。如图6-30所示，m 点沿其转动中心 O_1 旋转360°，画出一个半径为 R 的圆，n 点沿其转动中心 O_2 旋转360°，画出一个半径为 r 的小圆。这两个圆的中心偏差就是联轴器的中心偏差，X 是水平方向的偏差，Y 是垂直方向的偏差，e 是两中心的实际总偏差，得到

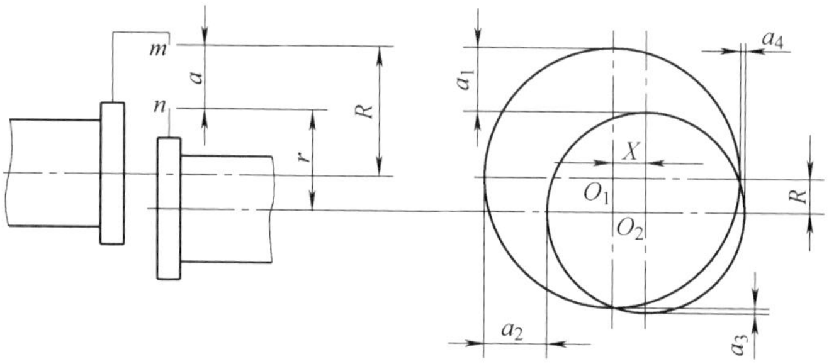

图6-30　径向偏差的测量

$$e=\sqrt{\left[\frac{1}{2}(a_2-a_4)\right]^2+\left[\frac{1}{2}(a_1-a_3)\right]^2} \tag{6-22}$$

在机械设备的安装调整中，知道水平方向的径向偏差 X 值就可以确定机械设备水平调整的距离，知道垂直方向的径向偏差 Y 值就可以确定机械设备垂直调整的距离。

2）倾斜偏差的计算。根据图6-31所示的几何关系可以得到水平方向倾斜偏差为

$$h_X=\frac{s_2-s_4}{2R} \tag{6-23}$$

垂直方向倾斜偏差为

$$h_Y=\frac{s_1-s_3}{2R} \tag{6-24}$$

式中，R 为轴心至测点的垂直距离，单位为 mm。

倾斜偏差更为精确的检查方法如图 6-32 所示，计算时可消除由轴向窜动引起的误差。

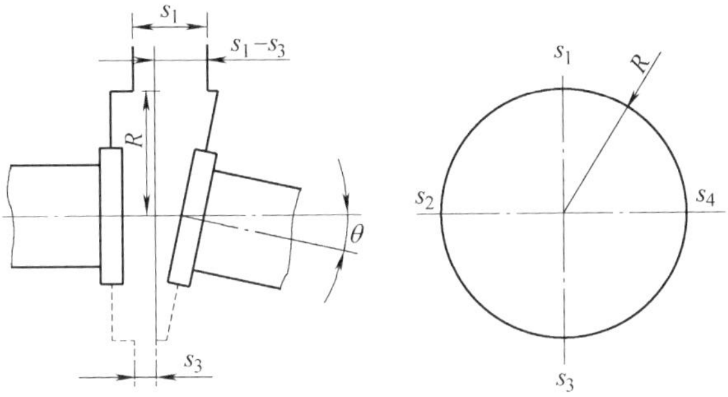

图 6-31　倾斜偏差的测量

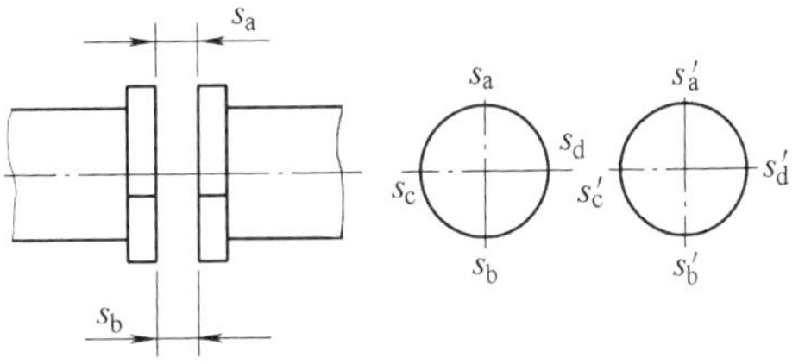

图 6-32　倾斜偏差检查示意图

首先检查垂直面内的倾斜偏差，用量块（千分块、楔形塞尺或其他工具）测量联轴器端面上部及下部的间隙，得两数值 s_a 和 s_b，测量端面的左部及右部的间隙得数值 s_c 和 s_d，然后将两轴同时旋转 180°，使两联轴器上的标记对准后，进行第二次检查，得另外两组数值 s'_a 和 s'_b，s'_c 和 s'_d，将测得的间隙数值代入下面的公式，即可求出倾斜偏差

$$h_Y=\frac{1}{2D}[(s_a-s_b)+(s'_a-s'_b)] \tag{6-25}$$

$$h_X=\frac{1}{2D}[(s_c-s_d)+(s'_c-s'_d)] \tag{6-26}$$

二、联轴器的调整

联轴器的径向偏差和倾斜偏差测定并计算以后，就可根据偏差情况对机械设备进行位置调整。一般先调整轴向间隙，使两半联轴器平行，然后调整径向位移，使两半联轴器同心。为了准确、快速地进行调整，应经过计算，确定在主动轴支承处应加上或减去的垫片厚度。如图 6-33 所示，Ⅰ为从动机轴，Ⅱ为主动机轴，定心测量的数据 $s_1>s_3$、$a_1>a_3$，即两半联轴器既不平行又不同心。

1. 调整两半联轴器平行

由图 6-33a 可知，为使两半联轴器平行，必须在主动机轴的支承 2 下加上厚度为 x 的垫片。x 的数值可以利用图上画有阴影线的两个相似三角形的比例关系算出

$$\frac{x}{L}=\frac{b}{D}$$

即

$$x=\frac{b}{D}L \tag{6-27}$$

式中，b 为在 0°与 180°两个位置上测得的轴向间隙的差值，单位为 mm，$b=s_1-s_3$；D 为联轴器直径（或对称测量点的距离），单位为 mm；L 为主动机纵向两支承间的距离，单位为 mm。

如图 6-33b 所示，垫高支承 2，轴Ⅱ将以支承 1 为支点转动，这时两半联轴器的端面虽然平行了，但是主动机轴上的半联轴器的中心却下降了 y 的高度。计算得到

$$y=\frac{x}{L}l=\frac{\frac{b}{D}L}{L}l=\frac{b}{D}l \tag{6-28}$$

式中，l 为支承 1 与半联轴器测量平面之间的距离，单位为 mm。

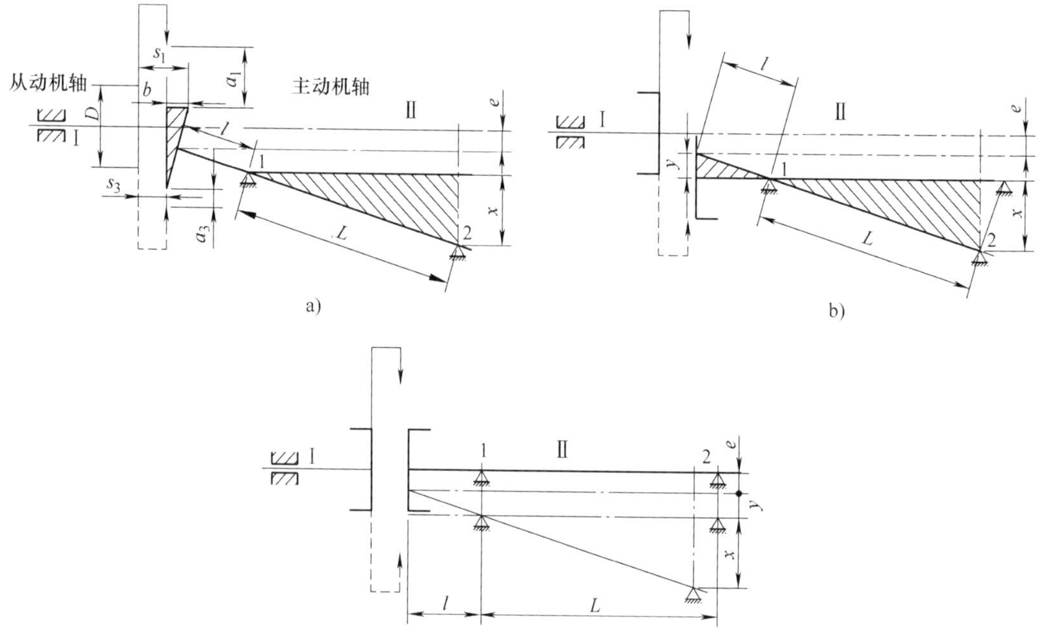

图 6-33　联轴器找正计算和加垫调整法

2. 调整两半联轴器同心

由于 $a_1 > a_3$，即两半联轴器不同心，第一步调整前原有径向位移量为 $e=(a_1-a_3)/2$，再加上在第一步找正时又使联轴器中心的径向位移量增加了 y。所以要使两半联轴器同心，必须在主动机的支承 1 和 2 下同时加上厚度为（$y+e$）的垫片。

由上述调整过程可见，为使主动机轴上的半联轴器和从动机轴上的半联轴器同心，必须在主动机的支承 1 下加上厚度为（$y+e$）的垫片，而在支承 2 下加上厚度为（$x+y+e$）的垫片。

【任务实施】

1. 任务实施前的准备

做好班前安全教育，使学生具有安全生产意识和相关安全生产知识。

2. 知识要求

1）能够说出煤矿常用联轴器的形式。

2）能够说出联轴器径向偏差和倾斜偏差的检验方法及过程。

3）能够说出依据检验数据进行偏差计算的方法。

4）能够说出依据计算数据对联轴器进行对心调整的方法和步骤。

3. 矿山机械设备联轴器现场调整的工作任务实施

到教学矿井设备安装现场，与现场工程技术人员一起对各类联轴器进行对心调整，掌握联轴器现场调整的方法和过程，具有联轴器的现场检验和调整能力。

【任务考评】

过程考评	配　分	考评内容	考评实施人员
素质考评	12	生产纪律	专职教师和现场教师结合进行综合考评
	12	遵守生产规程情况、安全生产	
	12	团结协作情况、与现场工程人员交流情况	
实操考评	12	理论知识口述：联轴器偏差检验方法、偏差计算，联轴器对心调整方法及过程	
	12	工具使用或任务实施过程正确	
	12	手指、口述：联轴器形式，偏差检验仪器及检验方法，联轴器对心调整的过程	
	12	完成本次工作任务，效果良好	
	16	按工作任务实施指导书完成学习总结，总结所反映出的工作任务完整、信息量大	

【思考与练习】

1. 煤矿常用联轴器的形式有哪些？
2. 联轴器偏差形式有哪些？如何进行检验和计算？
3. 根据联轴器偏差检查的数据，如何进行对心调整工作？

课题五　液压系统的故障预防与维修

【任务描述】

本课题主要对机械设备液压系统的故障诊断、预防及故障排除的常规方法作较详细介绍。通过本课题的实施，使学生掌握液压系统的故障预防、故障诊断、油液污染防治、液压元件检查及故障排除等方法，通过现场工作任务实施，增强液压系统维修技能。

【知识学习】

一、液压系统故障预防

液压系统故障预防是复杂的系统工程，应从液压元件的选型、安装、使用、维护等各个环节给予重视，从每一个细节入手，做到防患于未然。

1. 安装

液压件安装质量的高低，直接影响到其使用寿命和系统的工作效率。液压系统总装前，所有液压元件和辅助件必须进行清洁，并测试检验其性能，系统中所用测量仪表、电气元件须经检验校对，以保证准确性和可靠性。

（1）液压泵的安装

1）液压泵的旋转方向应与规定的方向一致，进、出油口不得反接。

2）泵的吸油管管径应尽可能大一些，长度尽可能短，使吸油表压力在 -0.03MPa 以内。泵吸油管道中应安装规定的粗过滤器，以保证泵的使用寿命。

3）液压泵进、出油管连接部位须密封良好，不得泄漏或吸入空气，以免产生气穴现象。

4）液压泵应靠近油箱，吸油高度不大于油箱最低液位 0.5m，或处于油箱液面以下，以利于泵吸油。

5）泵与电动机应采用共同的基础，基础、连接法兰和支座都必须有足够的刚度和强度，以免液压泵运转时产生振动和噪声。泵传动轴与电动机轴的同轴度误差应在 0.02 ~ 0.06mm 之间，齿轮泵不大于 0.06mm，叶片泵为 0.02 ~ 0.05mm，柱塞泵不大于 0.02mm，角度偏差不超过 1°，安装时不可过力敲打泵的传动轴。

6）采用刚性或挠性联轴器连接，其内孔不能有过盈量。

7）齿轮泵与齿轮马达的传动轴不能承受径向力和轴向力。

8）轴向柱塞泵有两个泄油口，将高处的泄油口接通油箱的油管，使其无压回油，而将低处的泄油口堵死。

9）经拆洗重新安装的泵，在安装后要检查轴的回转方向和排油管的连接是否正确可靠。再从高处的泄油口往泵体内注满工作油，用手盘转 3 ~4 周再起动，以免把泵烧坏。

（2）液压缸的安装　液压缸的安装是指液压缸缸体与各种底座或液压设备机架的连接与固定。

对液压缸的安装要求：保证设备正常工作，发挥机械效率，方便拆装，方便维护保养和修理。

（3）液压阀安装　各类液压阀要与管路中设置的过滤器精度相适应，安装位置应便于操作和维护，各阀连接处密封良好，有泄油口的阀必须畅通且直接接入油箱，背压不可大于 0.5MPa。

1）压力阀。常见压力阀有溢流阀、减压阀、顺序阀和压力继电器。作为安全阀的溢流阀，其调定压力不得大于系统最高压力。若采用远程控制，可把远程控制口与控制油路接通，压力调定后，用锁紧螺母紧固。

压力继电器安装时必须处于垂直位置，调节螺钉头部向上，不允许水平安装或倒装，顺时针方向转动时减压，逆时针转动时升压，调定后锁定，以免因振动引起变化。由于调压弹簧的作用，压力继电器中微动开关的原始位置，可通过杠杆把常开变为常闭，接线时应注意。

2）流量阀。流量阀的节流口必须从小到大逐渐调节，以确保液压缸运动安全。

3）换向阀。电磁换向阀多为板式连接，用螺钉将阀固定在经过加工的基面上。安装时不允许用管路支承。滑阀轴线应水平安装。

4）伺服阀。伺服阀可安装在任何位置，但靠近执行机构时可得到更好的性能。

首次安装伺服阀前，液压系统必须冲洗干净，人工将执行机构抽动几次以带走被困的油液。冲洗时间在4h左右，冲洗时用一块冲洗板代替伺服阀，冲洗的温度、流量尽量模拟正常工作时的情况。在伺服阀位置的上游安装一个超大容量5μm或10μm的大容量过滤器，如冲洗2h过滤器无明显的压降升高现象，则表明多数有害的污染物已被滤除。

伺服阀上的机械式调零装置能在±20%的范围内调节其零点，一般用内六角扳手调±1圈能使伺服阀有效地回零。如经±2圈的调节仍不能让伺服阀达到零点，则进一步的调节也不能解决问题。

如果伺服阀有零偏，则执行机构会沿某个方向移动，供油压力变化，有些伺服阀零点会产生漂移。压力较高时，阀的性能会明显提高。

（4）过滤器的安装　为了保证液压系统正常工作，必须控制油液污染，为此，在液压系统的不同位置安装不同精度的过滤器。过滤器的安装原则如下：

1）吸油路上设网式粗过滤器，通流能力大，是泵额定流量的2倍，阻力小（0.01～0.02MPa），主要用来保护液压泵。

2）重要元件，如比例阀、伺服阀的上游路上应设精过滤器，其旁通控制弹簧的刚度应较低。

3）回油路过滤器处于低压，强度可较低，为了防止杂质堵塞时过滤器承受过大的压力冲击，应在过滤器油路上并联一背压阀或可以产生堵塞报警的双联过滤器，以便轮流使用。

4）泵出油口路上多采用精过滤器，用来保护除泵、溢流阀以外的液压件，一般采用带堵塞报警的双联过滤器，压降不大于0.35MPa，强度要高，耐冲击压力。

5）所有外部接管应压缩至最短以避免额外的压降，过滤器进油口油管的尺寸不应小于进油口的尺寸，不要采用变径接头以免减小进油口。

（5）蓄能器的安装

1）充气方法和步骤。蓄能器一般使用干燥型氮气，充气压力按规定或铭牌标注的“工作压力范围”充气。充气时先把蓄能器中的油放掉，如蓄能器在系统中，则打开排油阀使油液回油箱，如图6-34所示。

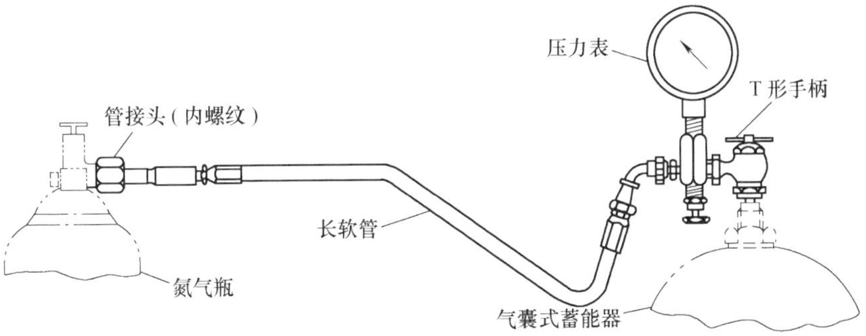

图6-34　蓄能器充气

把长软管与氮气瓶相接，慢慢打开氮气瓶上的开关阀或减压阀给蓄能器充气，并观察压力值。达到压力后立即关闭所有阀门，卸掉充气软管，盖好蓄能器气阀的保护盖和气瓶盖。

2）蓄能器应垂直安装，气阀向上，周围留一定空间，以便进行检查和维护。

3）蓄能器的接口应尽量短而粗，用于吸收液压泵的压力脉动及缓和管路冲击的蓄能器，应尽量安装在靠近液压泵和冲击源处。

4）在蓄能器和液压泵之间应设单向阀，以防液压油向液压泵倒流。

5）在蓄能器和管路之间应设操作简单的截止阀，供充气、检查、调整或长期停机时使用。

6）蓄能器应牢固地装在托架上，容积在 1L 以下的超小容量蓄能器才可像法兰那样装在管路上。

7）蓄能器的安装位置应远离热源，而且不得用焊接法固定，以防气囊损坏。

8）气囊式蓄能器充气前，应往油口灌注少许液压油，以实现气囊润滑。

（6）管道的安装　液压系统所用管道有钢管、纯铜管、橡胶软管、尼龙管、塑料管。不同种类的油管，其安装方法和要求不同。安装方法和步骤如下：

1）检查管子质量和参数。保证管子外表面、内壁无缺陷，确定管子直径、壁厚、长度等符合选型要求。

2）管子弯曲半径应符合要求，弯曲质量和接头应满足质量要求。

3）管道清洗。不同种类管子的清洗方法不同，要保证清洗后管内壁无异物附着。

4）管道连接。管道连接要求牢固、无泄漏，有些系统要求拆装方便。

2. 系统清洗

液压系统故障有 70% 来自油液污染。颗粒状杂质侵入系统后会引起液压元件磨损、动作不灵活或卡死等现象，严重时会造成系统瘫痪。清洗是消除污染及使液压油、液压元件和管道系统等保持清洁的重要手段。清洗分一次清洗和二次清洗。一次清洗是指试装后，将管道及元件全部进行第一次清洗；二次清洗是指将液压系统二次安装后进行的第二次清洗，二次清洗包括主回路清洗和全系统清洗。

一次清洗主要是把液压元件及管件等的金属毛刺、粉末砂粒、灰尘、油渍、棉纱、胶粒、氧化皮等污物全部清洗干净。清洗方法有手工清洗和机械清洗两种。手工清洗有浸渍刷洗和浸渍擦洗，适用于批量清洗。机械清洗有压力喷射机清洗和超声波清洗机清洗。

3. 系统调试

为了确保经二次安装和二次清洗的液压系统能正常工作，必须对二次清洗后的液压系统进行调试。调试内容包括外观检查、起动准备和调试运转三方面。

（1）调试前的外观检查　油箱内介质的种类、牌号及液面高度符合要求；油箱内进、出管道的深度和斜口方向正确；液压件上的杂物、污物应清除；各防护装置正常完好；各液压阀进、出、回、泄油口连接正确，松紧合适；各指示仪表安装位置及指针状态正确；电气控制系统连接正确可靠；电源电压、电流、频率等符合设计要求。

（2）起动准备　包括运动部件润滑、液压泵旋向、泵轴平稳性、同轴性的检查和介质温度检查等多项内容。

（3）调试运转　首先点动几次，若无异常，则空载运行 25min，分别进行空载程序运转、压力调整运转、流量调整运转、短时间负荷运转、全负荷运转。全负荷运转正常后，锁紧调整部位，再次紧固固定件，写出 12h 或 48h 全负荷运转报告。

二、液压系统的维护

液压设备的维护要做到严格控制液压油的污染、温升，减少液压系统的泄漏，防止和减少液压系统的振动和噪声，严格执行定期紧固、定期清洗、定期过滤和定期更换制度。

1. 日常检查

日常检查的内容有泵起动前检查、液压泵起动和起动后的检查、液压泵使用中和停车前的检查。

2. 定期检查

定期检查是以专业维修人员为主，生产工人参加的一种有计划的预防性检查。检查方法除了靠人的感官外，还要用一些检查工具和仪器来发现和记录设备异常、损坏、磨损和漏油等情况，以便确定修理部位、应更换的零部件、修理的种类和时间等，据此安排计划修理。定期维护检查往往配合进行系统清洗及换油。定期维护检查做得好，可使日常检查简单、顺利。定期检查按时间分为每季、半年和全年分别进行不同项目的检查。

每季的维护检查按日常检查的内容作详细检查：过滤器的拆开清洗，对污物进行分析；液压缸活塞杆表面有无拉伤的检查；电动机与泵联轴器的检查，必要时更换挠性圈并加润滑脂；电磁阀解体检查；压力阀解体检查；流量阀解体检查；蓄能器的充填气体压力检查；液压油污染状况检查，必要时换油；管路检查，特别要检查橡胶尼龙软管等是否有损伤破裂等情况。

每年的维护检查，按上述项目进行总检查。拆修液压泵，更换液压泵磨损零件或换新泵；拆修液压缸，更换液压缸密封和已损坏的零件；油箱清洗换油；管接头密封可靠性检查和紧固；解体检查溢流阀，根据情况作出处理；空气过滤器的清洗或更换。

三、液压故障诊断与防止

1. 液压故障诊断的要求与方法

（1）液压故障特性　液压故障具有隐蔽性、交错性、随机性和差异性。

（2）液压故障诊断内容　液压故障诊断的主要内容有：判定故障的性质与严重程度、查找失效元件及失效位置、查找引起故障的初始原因、液压故障机理分析、预测故障发展趋向。

（3）液压故障诊断的基本要求　生产现场故障诊断与处理的目的是保证设备的正常运行，保证生产秩序的正常。故障诊断应尽量满足简捷、快速、正确、精确、超前的要求。

（4）液压设备故障诊断的方法　液压设备故障诊断的方法有感观诊断法、逻辑分析法、专用仪器检测监测法等。

2. 液压油故障与控制

（1）液压油污染的检查　液压油要通过简易的经验方法随时检查，并定期使用仪器现场定量检测污染等级、水分和机械杂质。如果油的颜色变得更深，不透明且浑浊，则表明油已完全劣化或严重污染。表 6-19 列出了液压油污染程度及其处理方法。超过表 6-20 中所列的允许污染等级，就必须更换液压油。将液压油粘度值与新油的运动粘度进行比较，变化量超过 ±5% 的范围，应更换液压油。液压油的更换周期和更换极限标准见表 6-21 和表 6-22。

表 6-19　液压油污染程度及其处理方法

外　观	气　味	状　态	处理方法
颜色透明无变化	良	良	仍然可使用
变成乳白色	良	混入空气和水	分离掉水分，可使用
透明但色变淡	良	混入别种油	检查粘度，若好可使用
透明而闪光	良	混入金属粉末	过滤后使用；部分或全部换油
透明而有小黑点	良	混入杂质	过滤后使用；部分或全部换油
变成黑褐色	不好	氧化变质	全部更换

表 6-20　不同系统、压力液压油允许的污染等级

	液压伺服系统	液压传动系统		
系统压力/MPa	≤21	>35 高压	7～35 中高	<7 低压
过滤精度/μm	3～5	5～10	10～25	2～50
NAS1638 标准/级	3、4、5、6	7	8、9、10	11、12

表 6-21　液压油更换周期

液压油种类	普通液压油	专用液压油	机　械　油	汽 轮 机 油
更换周期/月	12～18	12	6	12

表 6-22　液压油更换极限标准

液压油性能	液压油种类		
	普通液压油	抗磨液压油	低凝液压油
40℃粘度变化/%	±10～±15	±10～±15	±10
污垢含量/（mg/100mL）	10	10	10
水分（%）	0.1	0.1	0.1
酸值增加（mgKOH/R） 铜片腐蚀/（100℃·3h）	0.3 2	0.3 2	0.3 2
闪点（开口）变化	-60	-60	-60
固体颗粒污染度/NAS1638	10～11	10～11	10～11

（2）液压系统污染物的控制　液压系统污染物引起的故障结果是最严重的，许多污染物是磨粒，会加速液压元件的磨损。液压油可能遭受到两种类型的污染物：一种是来自外部的污染，包括灰尘、铁锈、纤维和水垢等；另一种是由于油液添加剂变质所形成的可溶解的和不可溶解的成分造成的污染，油温过热时，会加速这种污染物的形成。由于氧化、冷凝和酸的形成，油液最终会变质。须定期地更换和过滤油液以控制污染物含量。

为预防污染物进入系统，首先要保持盛装液压油的容器清洁，使用清洁的加油设备，配置粗、精过滤器，经常检查油液并根据工作情况定期清洗、更换过滤器，一般应在累计工作10000h 后换油；油箱应加盖密封，防止灰尘落入，在油箱上面应设有空气过滤器；装拆元件一定要清洗干净，防止污物落入；发现油液污染严重时，应查明原因并及时消除；必要时检查并更换防尘圈和密封圈。

3. 系统泄漏

（1）液压系统泄漏的防治　液压系统的泄漏可分为内部泄漏和外部泄漏两种类型。系统泄漏的防治方法有：

1）控制压力的大小。压力越高，发生泄漏的可能性越大。使用过程中不应随便调整或改变设计压力的大小。

2）控制温度的变化。油温升高不仅会使油液的粘度降低，使油液泄漏量增加，还会造成密封元件加快老化、提前失效而引起严重泄漏。

3）保持液压油的清洁度。

4）合理地选择密封装置。密封装置选择得合理，能提高设备的性能和效率，延长密封装置的使用寿命，从而有效地防止泄漏。

5）液压元件的加工精度、液压系统管道连接的牢固程度及其抗振能力、设备维护状况等，都会影响液压设备的泄漏。

（2）密封失效原因分析　密封失效原因主要有密封件的损坏，产品结构不合理，装配使用不当。另外，工作条件恶劣，维护保养不及时、不彻底，液压冲击太大等都会造成密封件失效。

（3）提高密封性的措施　提高液压系统密封的措施有采用高性能的密封材料、合理选择密封结构形式、改善密封状况、改进液压系统的连接方式等。

4. 系统油液温度的控制

（1）液压系统油液温度升高的原因分析　液压系统油液温度升高的原因有设计不当引起的温升过高、因使用不良引起的温升过高、液压元件磨损或系统存在泄漏口引起的温升过高。

（2）液压系统控制油液温度的方法　液压系统控制油液温度的方法是尽量选用功率适合的液压泵，尽量减少液压泵带负载运行时间，尽量简化液压系统，选用质量精度高的液压元件，避免油路串通，改进冷却条件等。

四、液压元件故障检查

1. 液压泵故障检查

（1）齿轮泵的拆检　齿轮泵拆开后主要检查：泵前、后端盖的磨损情况；齿轮端面的磨损情况；齿顶与泵壳的磨损情况；泵轴断裂情况（与不供油有关）；轴承磨损情况（与压力波动、噪声增大有关）。

（2）叶片泵的拆检　拆开叶片泵后主要检查：内曲线、配流盘的磨损情况（与输出流量、压力下降、波动增大、内泄漏增大、元件发热等有关）；转子安装方向是否正确（与噪声增大有关）；转子端面、转子叶片槽磨损情况（与内泄增大有关）；转子是否断裂（与流量下降、脉动、噪声增大有关）；叶片、轴承磨损情况（与噪声增大有关）；叶片有无磨损（与流量脉动下降有关）；密封件的磨损（与外泄露有关）；轴是否断裂，泵内沉积磨屑、污物情况。

（3）轴向柱塞泵的拆检　拆开轴向柱塞泵后主要检查：配流盘磨损情况，柱塞与缸孔间隙的大小（与压力流量下降、泄漏油管内泄漏增大有关）；中心弹簧是否疲软或折断（与压力流量下降有关）；柱塞阻尼孔是否阻塞（与滑靴干摩擦、运行中发出尖叫声、磨损发热烧坏有关）；滑靴与柱塞头是否松动（与噪声增大有关）；滑靴与斜盘磨损情况（与泵效率下降、发热、噪声增大有关）；内部零件是否因气蚀出现表面损坏，泵内是否沉积磨屑、污物等。

2. 液压阀故障检查

（1）换向阀的拆检　主要检查：阀芯是否卡死在阀孔内（与不换向有关）；阀芯与阀孔配合间隙是否过大（与阀内泄漏增大、液压缸自走有关）；复位弹簧是否疲软或损坏（与换向不复位或复位不良有关）；推杆是否弯曲（与换向不灵敏有关）。

（2）先导溢流阀的拆检　主要检查：主阀芯是否卡死（与压力调节无效有关）；阀芯与

阀孔配合间隙是否过大（与阀内泄漏增大，液压缸自走有关）；主阀芯阻尼孔是否堵死（与系统无压力有关）；主阀芯上部与阀盖孔之间配合面的磨损情况（与压力调不高有关）；阀芯与阀孔配合面有拉毛、卡滞现象（与压力波动、压力上升滞后、内泄有关）；主弹簧是否疲软折断（与阀的振动、噪声、压力调不高有关）；先导阀及阀座是否磨损（与阀的振动、噪声、压力调不高有关）；调压弹簧是否疲软（与阀的振动、噪声有关）。

（3）调速阀的拆检　主要检查：阀中减压阀是否被卡死（与压力补偿失灵有关）；减压阀端部小孔是否堵死（与压力补偿失灵有关）；节流阀心是否卡死（与速度调节无效有关）；节流阀口是否有脏物（与执行件低速不稳定有关）。

3. 液压缸、马达故障检查

（1）液压缸　主要检查：活塞与缸孔间隙是否过大（与内泄漏、推力、速度下降有关）；活塞上的密封件是否磨损或老化（与内泄漏、推力、速度下降有关）；缸孔是否局部磨损（与液压缸爬行有关）；端盖上活塞杆密封件是否磨损，安装是否正确（与外泄漏有关）；活塞杆是否弯曲（与爬行有关）；活塞杆是否拉毛（与缸盖密封不良、外泄增大有关）；活塞与活塞杆间连接是否牢靠（与换向冲击有关）；缓冲装置是否磨损（与压力冲击有关）；导向套是否向单侧磨损（与活塞杆拉毛、外泄、出力小有关）。

（2）径向柱塞低速大转矩马达　主要检查：配流轴磨损情况（与回转缓慢无力、内泄漏有关）；集流轴卡死（与转速不均有关）；柱塞、缸孔间间隙磨损情况（与回转缓慢无力、内泄漏有关）；柱塞是否卡死（与转速不均有关）；轴承是否损坏（与振动异常有关）。

（3）液压件磨损判别数值标准　一般情况下，参照液压制造标准，常见液压件的配合间隙标准见表 6-23。

表 6-23　常见液压件的配合间隙标准

名　　称	部　　位	配 合 间 隙
中低压齿轮泵	齿顶与壳体内孔 齿顶轴向	0.05～0.10 0.04～0.08
中高压齿轮泵	齿顶与壳体内孔 齿顶轴向	0.05～0.10 0.03～0.05
中低压叶片泵	叶片与转子槽 叶片与配流盘	0.02～0.03 0.01～0.03
柱塞泵	转子与配流盘	0.02～0.04
	柱塞与缸体内孔	d≤12，0.01～0.02 d≤20，0.015～0.03 d≤35，0.02～0.04
	配流盘与缸体	0.01～0.02

五、液压系统常见故障

1. 压力失控

液压设备的压力失控是最常见的故障。主要表现在：系统无压力，压力不可调，压力波动与不稳，卸荷失控等。

（1）系统无压力及其原因分析

1）液压系统压力突然下跌至零并无法调节。多数情况下是调压系统本身的问题。应从下列方面去找原因：溢流阀阻尼孔被堵住；溢流阀的密封端面上有异物；溢流阀主阀芯在开启位置上卡死；卸荷换向阀的电磁铁烧坏，电线断或电信号未发出；对于比例溢流阀，还有可能是电控信号中断。

2）设备在停开一段时间后，重新起动，压力为零。可能的原因有：溢流阀在开启位置锈结；液压泵电动机反转；液压泵因过滤器阻塞或吸油管漏气未吸上油。

3）设备经检修，元件装拆更换后出现压力为零的现象。可能原因是：液压泵未装紧，不能形成工作容积；液压泵内未装油，不能形成密封油膜；换向阀芯装反，换向阀装反，如果系统中有 U 型换向阀，一旦装反，便会使系统泄压。

（2）系统压力不高及其原因分析　系统压力不高一般由内泄漏引起，主要原因如下：

1）液压泵磨损，形成间隙，达不到规定压力值，同时输出流量下降。

2）溢流阀主阀芯与配合面磨损，控制压力下降，引起系统压力下降。

3）执行件磨损或密封损坏，使系统压力下降或保持不住原来的压力。

4）系统内有关的阀、阀板存在缝隙，会形成泄漏，使压力下降。

（3）系统压力高且调节无效　一般都是溢流阀问题，当主阀芯在关闭位置上被卡死时，必然会出现系统压力上升且无法调节的现象。

当溢流阀的先导控制油路被堵死时，控制压力剧增，系统压力也突然升高。

（4）系统压力漂移与波动　系统压力漂移是指系统压力不能稳定在调定值上。压力波动是指系统的压力出现明显的振动。

1）引起系统压力漂移的原因：油温的变化，系统设计不合理，系统中存在泄漏口，系统冷却能力不好或失效，溢流阀的调节螺栓松动，比例压力阀控制电路的参数漂移。

2）系统压力波动的原因：溢流阀磨损、内泄漏严重等；溢流阀内混入异物，其内部状态不确定，引起压力不稳定；油内混入空气，系统压力较高时气泡破裂，引起振动；导轨安装及润滑不良，引起负载不均，使系统工作压力波动；液压泵磨损，如叶片泵定子内曲线磨损，泵轴承磨损等均会引起明显的压力波动与噪声，且症状随着工作压力的升高而变得严重；柱塞式液压马达产生脱落与撞击现象，也会引起压力波动。

（5）卸荷失控　通过溢流阀卸荷的液压系统，主要症状是卸荷压力不为零。原因是溢流阀主阀芯不能完全打开。溢流阀主弹簧预压缩量太大、弹簧过长或主阀芯卡滞等都会造成卸荷不彻底；当换向阀卡死，不能充分打开时，也会使系统压力不能正常卸荷。

M 型换向阀装反、换向阀复位弹簧折断、阀芯不回中位是采用中位机能换向阀回路卸荷失控问题的原因。

2. 执行元件速度失控

液压系统的速度（转速）失控，主要表现在爬行、速度慢、速度不可调、速度不稳等。

（1）液压爬行　爬行是液压系统中常见的问题，引起爬行的直接原因有：油内混入空气，引起执行件动作迟慢，反应滞后；压力调得过低，负载与液压力大致相当；系统内压力与流量过大的波动引起执行元件运动不均；液压系统磨损严重，工作压力增高，引起内泄漏显著增大；导轨与液压缸运动方向不平行，或导轨拉毛，润滑条件差，阻力大，使液压缸运动困难且不稳定；电路失常也会引起执行元件运动状态不良。

（2）其他速度失控问题

1）速度慢。液压系统运动速度慢的原因有液压泵磨损，容积效率下降；换向阀磨损，产生内泄漏；溢流阀调节压力过低，使大量的油经溢流阀回油箱；执行元件磨损，产生内泄漏；系统中存在未被发现的泄漏口；串联在回路中的节流阀或调速阀未充分打开，或因其他原因使油路不通畅；系统的负载过大，难以推动。

2）速度不可调。速度不可调的原因是流量控制阀卡死、锈死等；调速阀本身损坏；电液比例调速阀的电气信号不能调节。

3）速度不稳定。速度不稳定的原因是：温度的变化引起泄漏量的变化，节流阀节流口的低速稳定性差，液压系统混入空气等。

3. 执行元件动作失控

（1）动作不能按设定的秩序起始　直接原因主要是换向阀没有正常开启，可能的影响因素有：换向阀阀芯卡死；换向阀顶杆弯曲；换向阀电磁铁烧坏；电线松脱；控制继电器失灵，使电信号不能正常传递，以及电路方面的其他原因使电信号中断；操作不当。有的开关与按钮没有处在正确的位置便会切断控制信号。

（2）动作不能按设定的秩序结束　一般是由换向阀不能及时关闭所引起的，可能原因有：换向阀卡死，阀芯不能复位；换向阀弹簧折断，阀芯不能复位；换向阀的电信号未能及时消失（如继电器故障等）。

（3）出现意外的动作　主要由换向阀故障与电信号故障引起的。可能的原因有：换向阀的阀芯装反，换向阀内部磨损严重，电路故障等。

（4）消除动作秩序混乱缺陷的改进措施　消除动作秩序混乱缺陷的改进措施有提高控制信号的准确性，提高液压系统本身的准确性等。

4. 振动噪声大

若液压设备在运行时产生的振动、噪声超过了正常状态，则说明系统存在异常。振动、噪声的诊断与排除是液压技术中较复杂的问题。

（1）液压系统振动与噪声的来源　液压系统振动与噪声的来源有机械振动噪声，流体振动噪声，液压泵和液压马达的振动与噪声，溢流阀的振动与噪声，其他阀类元件引起的振动与噪声，管道的振动与噪声，液压系统中混入空气而产生的振动与噪声，装配、操作与维修不当产生的振动与噪声等。

（2）振动与噪声的防治和改进措施　振动与噪声的防治和改进措施：正确安装液压泵，正确安装管道，采用低噪声的液压元件，减少液压泵的数量，在系统中设蓄能器，在系统中设消振器和液压滤波器，正确选择和使用油液，防止液压冲击。

【任务实施】

1. 任务实施前的准备

做好班前安全教育，使学生具有安全生产意识和相关安全生产知识。

2. 知识要求

1）能够说出液压系统故障预防的方法及内容。

2）能够说出液压系统故障诊断的一般方法。

3）能够说出液压系统污染防止方法和清洗方法及其要求。

4）能够说出液压元件的检查及维修方法。

5）能够说出液压系统的常见故障及其排除方法。

3. 矿山机械设备液压系统现场运行维护与保养工作任务实施

到教学矿井设备运行现场，与现场工程技术人员一起对矿井提升机、采掘机械等机械设备的液压系统进行维修保养，对故障现象进行排除，对液压元件进行维修。

【任务考评】

过程考评	配分	考评内容	考评实施人员
素质考评	12	生产纪律	专职教师和现场教师结合进行综合考评
	12	遵守生产规程情况、安全生产	
	12	团结协作情况、与现场工程人员交流情况	
实操考评	12	理论知识口述：液压系统故障诊断的一般方法，液压系统污染防止方法和清洗方法，液压元件的检查及维修方法，液压系统的常见故障及其排除方法	
	12	工具使用或任务实施过程正确	
	12	手指、口述：机械设备液压系统及元件日常保养方法，液压系统及元件故障现象及其处理方法	
	12	完成本次工作任务，效果良好	
	16	按工作任务实施指导书完成学习总结，总结所反映出的工作任务完整、信息量大	

【思考与练习】

1. 对液压元件需要检查哪些方面？
2. 安装液压阀时应注意什么？
3. 什么是一次清洗和二次清洗？经过二次清洗后，各液压系统的清洁度应达到什么等级？
4. 液压系统定期检查项目有哪些？
5. 液压设备监测的重点对象是什么？
6. 液压设备故障诊断的方法有哪些？
7. 液压油现场检测有哪些项目？
8. 液压系统常见故障现象有哪些？防治与改进措施是什么？
9. 液压元件速度失控的原因是什么？
10. 液压系统油液污染的原因有哪些？如何控制油液污染？

第七单元

矿山机械设备的修理与安装

【学习目标】

本单元由矿山机械设备的修理与矿山机械设备的安装两个课题组成。通过本单元的学习，学生应能够说出矿井机械设备维修管理制度、主要部件的修理与装配方法及过程，了解检验安装方法；能够说出矿山主要大型设备的安装要求、安装程序及过程；通过现场工作任务实施，锻炼学生的矿山机械设备修理和安装技能。

课题一　矿山机械设备的修理

【任务描述】

本课题主要对主要矿山机械设备的维检制度、主要零部件的修理和装配方法作详细介绍。通过本课题的实施，使学生对矿山机械设备的修理方法及过程有全面的认识和了解，增强矿山机械的修理技能。

【知识学习】

一、矿井提升机的修理

目前，多数矿井提升设备的维护检修均采用预防性计划维修方式，执行定期检修与预测维修相结合的维修制度，随着故障诊断技术的日趋成熟和不断推广，预测维修将成为设备维修的主要手段，如轴承、齿轮装置的红外温度监测，轴承振动监测，润滑油质铁谱或光谱分析等。提升机定期检修的内容一般包括日检、周检、月检及大修、中修、小修等。

1. 检查制度

（1）日检　日检主要由运行人员和专职检修值班人员负责实施，以运行人员为主。主要检查设备的运转状况及经常磨损和易于松动的外部零件，检查有可能出问题的关键零件，必要时进行适当的调整、简单的修理和更换，并作为交接班的主要内容。其具体内容如下：

1）运转过程中的声响、振动是否正常。

2）各部分的连接零件，如螺钉、铆钉、销子和联轴器等是否松动。

3）减速器齿轮的啮合和主轴工作机构是否正常。

4）检查各部位，如轴承、齿轮离合器和各转动部位是否有漏油现象，润滑油量及温升情况。

5）制动系统，如闸盘、闸瓦、制动机构、液压或风压系统等动作是否正常，检查闸盘、闸瓦磨损状况及闸瓦间隙是否合适，必要时进行调整。

6）各转动或连接部分的情况，如轴承松动、滚筒窜动、各部机座和基础螺栓松动等，并及时调整和紧固处理。

7）天轮运转情况，如钢丝绳衬垫、轴承等。

8）提升容器，如罐笼、箕斗等及其附属机构，如阻车器、连接器、罐耳等的情况。

9）检查断绳保护器，如各转动连轩、弹簧、安全爪、制动钢丝绳动作是否可靠。

10）提升钢丝绳的磨损、断丝、变形、撞伤、伸长和润滑情况。

11）设备及其周围的卫生和工具、备件、保管情况。

对以上情况的检查和处理结果，须由运转人员按照规定详细地填入运转工作日志中，以供操作或维修人员参考，并作为交接班的工作内容之一。

（2）周检　周检以专职检修人员为主，和运转人员联合进行维修。周检内容除包括日检外，还必须包括以下内容：

1）轴瓦间隙和大轴有无窜动、振动，制动动作情况，并据情况适当进行调整。

2）详细检查各部零件，并适当地调整、紧固。

3）机械与电气保护装置，如过卷、自动减速、限速、过负荷等的动作可靠程度。

4）钢丝绳在滚筒与提升容器两端的固定情况，钢丝绳除垢、涂新钢丝绳油的情况。

（3）月检　月检除周检内容外，还要仔细检查下列项目：

1）减速器齿轮啮合情况，必要时调整齿轮啮合间隙或更换齿轮。

2）必须更换各部分润滑油，清洗润滑系统的部件。

3）更换闸瓦、转动销等，检查制动系统动作可靠性，并适当地调整制动力矩和二次制动时间。

4）联轴器，如其间隙、连接螺栓、弹簧片或连接齿等是否松动或磨损。

5）调整保险制动系统和机械保护装置及检查制动系统的动作情况。

6）检查井筒设备的罐道、井架和防坠器使用的制动钢丝绳。

7）拆洗并修理制动系统机构，必要时可更换闸瓦。

周检和月检后，必须由专职检修人员将检查和处理结果详细地填写在检修日志中备查或供下次检修时参考。

2. 提升设备的修理制度

提升机的修理是确保设备正常运行和发挥最大生产能力，防止事故发生，延长使用寿命的主要措施。根据修理的具体内容和所需时间的不同，提升机的修理一般分为小修、中修和大修。

（1）小修

1）打开减速器上盖，检查齿轮啮合及磨损情况，轮辐和轮齿有无裂纹，必要时进行更换。

2）打开主轴轴承上盖，检查轴颈与轴瓦间隙，必要时更换垫片。

3）检查和清洗润滑系统各部件，处理污油，更换润滑油，必要时更换密封件。

4）检查和调整制动系统各部件，必要时更换闸瓦和销轴等磨损零件。

5）检查滚筒焊缝是否开裂，铆钉、螺钉、键等有无松动变形，必要时加固或更换。

6）检查深度指示器和传动部件是否灵活可靠，必要时进行调整处理。

7）检查各部位安全保护装置运转是否灵活可靠，必要时重新进行调整。

8）检查联轴器的销轴与胶圈是否磨损超限，内、外齿轮啮合的间隙或蛇形弹簧的磨损是否超限，必要时更换磨损零件。

9）检查各连接部件，基础螺栓有无松动和损坏，必要时进行更换。

10）进行钢丝绳的窜绳、掉头和更换工作。

11）检查和调整电气设备的继电器、接触器和控制线等，必要时进行更换。

12）检查平时维修不能处理的项目，保证设备能正常运行到下次检修期。

（2）中修　中修除包括小修的全部项目外，还包括下列项目：

1）更换减速器各部轴承或对轴瓦进行刮研处理。

2）调整减速器齿轮啮合间隙或更换齿轮。

3）更换制动系统的闸瓦和转动销轴。

4）车削闸盘外径和端面，必要时进行更换。

5）更换木衬和车削绳槽。

6）检查天轮衬木磨损情况，更换天轮或衬木。

7）处理和更换电控设备的零部件。

8）检修不能保持到下次检修间隔期，而小修又不能处理的项目。

（3）大修　大修除包括中修的全部项目外，还包括下列项目：

1）更换减速器的传动轴、齿轮和轴承，重新进行调整。

2）重新加固或更换滚筒。

3）更换主轴或轴瓦并抬起主轴检查下瓦，调整主轴水平。

4）找正各轴间的水平度和同轴度。

5）更换联轴器。

6）进行机座和基础加固。

7）更换主电动机和其他电控设备。

8）检修不能保持到下次大修间隔期，而中修又不能处理的项目。

对上述检修应预先编制好检修计划，做好配件、材料、工具、施工人员和时间安排等工作，编制安全技术措施，并在检修过程中严格贯彻执行。修理过程中涉及的结构改进、技术数据变更等主要情况须详细填写到检修记录中，并存档为后续设备检修和运行管理提供技术参考。

3. 减速器的修理与装配

（1）减速器齿轮的检查与修理　齿轮啮合间隙是否符合要求，其接触面是否良好，是衡量减速器齿轮装配与修理质量的主要标志。

检查齿轮时，如发现齿面磨损不均、有痕迹或局部剥落等情况，应立即检查齿轮中心距，各轴的平行度误差，齿轮啮合间隙，各轴承的水平度、同轴度误差及接触情况，润滑油质量情况，是否有其他金属或非金属物掉入减速箱内，以及齿轮键和螺母是否松动等。对检查出的问题必须及时处理，决不可强制运转。在检查过程中，如发现某一齿面剥落，其面积不超过齿轮有效结合面积的30%，其他各部分正常时，可继续使用。当齿面剥落不断增加，运行状态逐渐恶化时，应立即进行更换。实践证明，沿齿宽出现均匀的不太严重的剥蚀现象时，只要加强润滑、及时维护检查，还可以使用一段时间。当发现两个齿轮的磨损程度相差很大，不能继续配合使用时，可临时更换小齿轮，且应尽量成对更换。除对减速器、轴、齿轮进行修理或更换外，还要更换已磨损或损坏的滚动轴承或对轴瓦进行检修、调整轴瓦间隙、清洗箱体及箱体内所装零件，更换润滑油。对减速器清洗后一定要拧紧油孔螺塞，按要求的润滑剂牌号加足润滑剂。在检修减速器时要防止物品掉入箱体内。

（2）减速器密封的检查与修理　减速器上、下箱体结合面处密封的好坏是防止漏油的关键。一般减速器箱体与箱盖或法兰盘等的连接，可采用垫片或涂料密封。用红丹或沥青密封时，拆卸较困难；用垫片密封较普遍。垫片材料有纸板、铜片、铅片、耐油橡胶等。当需要密封的接触面积较大，接合表面粗糙时，垫片的厚度应加大；安装垫片时必须压紧，拆卸时如发现垫片已失去弹性或损坏应立即更换。对于大型箱体，尤其是易变形的焊接箱体，还应采用专用的涂料或水玻璃填满结合缝，在减速器箱体结合面上加回油槽对防漏有一定作用。为使用封口胶密封效果更好，具体做法是在各螺栓孔周围、连接螺栓中心线内侧面涂快干封口胶，连接螺栓中心线至外侧面涂慢干封口胶，上、下结合面四周用石棉灰混清漆堵缝再刷磁漆。

4. 卷筒的修理与装配

（1）卷筒常见故障及其修理方法

1）卷筒在轴上窜动的修理。打紧固定卷筒的两个互成120°的切向键，固定其挡块，不得将挡块和键与轴点焊。

2）制动轮或制动盘磨损的修理。较小的磨损可用砂轮或油石打光，磨损量大时在强度许可的情况下进行适量车削。

3）卷筒板塌腰变形的修理。轻微的变形可用千斤顶冷矫，严重的变形用千斤顶热矫，使铁卷筒板恢复原状后，再用三角钢做两个半圆的支环，用螺栓（或点焊）固定在铁卷筒板内圆上，在两个半圆支环的对口处，加连接板用螺栓固定。

4）卷筒裂纹的修理。卷筒板的裂纹多发生在螺钉孔处，支环的裂纹多发生于焊缝处或圆孔周边，呈放射状，严重时会产生支环断裂。修理这些裂纹的主要方法是直接进行焊接，对焊缝、焊接接头和结构形式进行合理设计，严格控制焊接工艺过程，消除应力和变形，确保焊接质量。

5）铁卷筒板的装配。有支环的卷筒，先将支环装在铁卷筒板上，再将铁卷筒板放在辐轮的凸缘上。先用两个临时螺栓将半扇铁卷筒板的首端固定，末端两个螺栓孔用锥度销定位，再拧好中间各螺栓，并取下末端孔锥度销换上螺栓，然后按奇数和偶数顺序换上永久性螺栓。另半扇铁卷筒板的装配方法同上。铁卷筒板与辐轮连接螺栓全部装好后，再连接两半卷筒板本身接口的平头螺钉，连接板与铁卷筒板的螺钉孔用铰刀铰孔，按铰刀直径配平头螺钉，螺钉杆与螺钉孔之间不得有间隙。两半扇铁卷筒板对口处和两个半圆支环对口处如有间隙，要用铁条堵死，并用电焊点焊住。

（2）卷筒检修质量标准

1）卷筒的组合连接件，包括螺栓、铆钉、键等必须紧固，轮毂与轴的配合必须紧密，不得松动。

2）卷筒的焊接部分，焊缝不得有气孔、夹渣、裂纹或未焊满等缺陷，焊后必须立即消除内应力。

3）筒壳应均匀地贴合在支轮上。螺栓固定处的接合面间不得有间隙，其余结合面的间隙不得大于0.5mm。两半筒壳对口处不得有间隙，如有间隙需用电焊补平或加垫。

4）两半支轮的结合面处应对齐，并留有1～2mm间隙，对口处不得加垫。

5）卷筒组装后，卷筒外径对轴线的径向圆跳动不得大于表7-1的规定。

6）钢丝绳绳头在卷筒内固定，必须用专用的卡绳装置卡紧，不得作锐角弯曲。

7）卷筒上的衬层应采用干燥的硬木（水曲柳、柞木、榆木等）等制作，每块衬层的长度与卷筒宽度相等，厚度不得小于钢丝绳直径的2.5倍。衬木断面应为扇形，并贴紧在筒壳上。衬层现多用专门定制的合成聚氨酯材料。

表7-1　卷筒外径对轴线的径向圆跳动

卷筒直径/m	2～2.5	3～3.5	4～5
径向圆跳动/mm	7	10	12

8）固定衬木的螺栓孔应用同质木塞堵住并胶固，螺钉穿入厚度不得小于绳径的1.2倍。衬木磨损到距螺栓头端面5mm时应更换。

9）卷筒衬木的绳槽深度为钢丝绳直径的30%，相邻两绳的中心距应比钢丝绳直径大2～3mm。双卷筒提升绞车两卷筒绳槽底部直径差不得大于2mm。

10）活卷筒衬套与轴的间隙应按《煤炭工业质量标准》中的规定选取。

5. 制动装置的修理与调试

（1）盘式制动器的检查与修理　JK型提升机采用的是盘式制动器，对盘式制动器必须定期检查和修理，其主要内容如下：

1）制动盘要保持较低的表面粗糙度值。例如，闸瓦内有杂质将引起制动盘过早磨损或损坏，这时必须对制动盘进行修整，去掉闸瓦内的杂质或更换闸瓦。

2）制动盘面上必须保持清洁，如有油污须及时擦净，以防止打滑引起制动力的减少。

3）根据闸瓦磨损情况，每运转1～2个月要调整闸瓦间隙，其间隙的最大值在1.5mm之内，间隙最小值约为0.5mm。在正常运转中，制动盘与闸瓦不接触，间隙越小越好。这样可减少制动空行程时间，还可减少闸瓦调整次数。

4）若制动盘与闸瓦在制动中的接触面积达不到60%，或者紧急制动空行程时间超过0.5s，或者施闸运转中闸瓦温度超过100℃等，均应及时调整、修理。

5）在小修和日常检修中，若更换闸瓦，一般每次只更换一副或一块，不得全部更换，其原因主要是减少调整时间、避免闸瓦与制动盘的接触面积减少而影响制动力矩。

6）更换闸瓦时，首先使闸松开，然后将调整间隙的螺母向后拧松，保证液压缸端面与筒体间有2mm以上的间隙。将旧闸瓦取出，换上新闸瓦，新闸瓦的几何尺寸要刚好装入而无松动，压板之间无间隙，这样能增加闸瓦的使用寿命。

7）如油管内的余油泄漏增大到0.05mL/min以上，说明液压缸内的活塞皮碗已磨损超限或有其他 O 形密封圈发生老化变形，应及时更换。

8）经过长期频繁制动后，由于制动盘与闸瓦之间的摩擦，闸瓦的两端与压板之间就会出现间隙。在运转过程中，若闸瓦产生上下跳动或窜动，并发出轻微的摩擦声，则必须停车检查，并在闸瓦的上端与压板之间垫上相应间隙的垫片。若不及时处理就会过早地损坏闸瓦。

9）运转过程中，若发现闸瓦产生轻微的轴向移动，而闸瓦与压板之间出现无间隙现象，则可判断为闸瓦中间位置的横向断裂，必须及时更换。

10）碟形弹簧的检查。盘式制动器的动力是由碟形弹簧产生的，碟形弹簧的失效或疲劳损坏都会对制动工作产生影响，因此必须加强对碟形弹簧的检查和维护。碟形弹簧可按下述方法检查：首先使闸瓦合上，机械设备处于全制动状态；逐步向液压缸充入液压油，使制动液压缸内的油压慢慢升高，各闸瓦就在不同压力下逐个松开，记录下不同闸瓦的放开压力。如各闸瓦的放开压力有明显差别，则应检查低压下放开的闸，并检查碟形弹簧。同一副闸瓦，当放开压力差超过 5% 时，应拆开在低压下放开的那个闸进行检查；各副闸之间的最高放开压力与最低放开压力之差不应超过 10%。

碟形弹簧的寿命，制造厂是按 5×10^5 循环次数设计的，在接近疲劳寿命时，更应加强对弹簧的检查。

（2）液压站的常见故障及其处理方法

1）液压泵起动后，经过 1～1.5min，电液调压装置中的溢流阀未见回油，同时油压指示为零。

原因：液压泵吸不上油。

处理方法：将电动机反转，发现油面有翻腾现象，再使电动机正转就会吸油。或者将吸油管拧下，并在吸油口处注油，同时转动液压泵，发现有吸油的响声，在出油口处有喷油，则说明液压泵已能正常工作。

2）转动液压泵、溢流阀有回油现象，但当油压升高时发现油面上有大量气泡，同时有较大噪声。

原因：紧靠联轴器的塑料端盖破裂，或四个螺钉未拧紧，造成吸油处有大量空气进入泵内；出油口处的端盖未压住配油盘，使空气侵入泵体内；吸油口的过滤器被堵，使油阻力加大，空气侵入泵内。

处理方法：将端盖更换为同样规格的尼龙端盖或铁盖；在出油口处的端盖和配盘之间增加厚度为 0.15mm 的透明纸垫；将吸油处的过滤器拆下清洗干净。

3）转动液压泵时，油压能够上升到需要的油压值，但液压泵有异常响声、发热，时间稍长配油盘有擦伤现象。

原因：配油盘和转子之间的间隙太小。

处理方法：将上、下配油盘或转子取出，将擦伤部分用平面磨床修平；根据磨平情况，确定适当的垫片放在端盖和配油盘之间，便可以恢复正常工作。

4）液压泵运转正常，动线圈电流最大，但油压不上升，或正常提升时油压突然下降为零。

原因：电液调压装置的节流阀孔被堵塞。

处理方法：将脏物取出便可恢复正常。

5）液压泵运转正常，动线圈电流为零时，油压可上升到接近施闸状态且不可调。

原因：喷嘴被脏物堵住，但未完全堵死。

处理方法：将脏物从喷嘴内取出。

6）在长期使用中安全制动装置的各油路之间、阀与油路之间，会有漏油现象，严重时将造成油压下降，松不开闸。

原因：连接螺钉可能松动。

处理方法：拧紧螺钉可消除此故障。

7）工作油压正常，但松不开闸，或只松开一部分。

原因：安全制动电磁阀、延时导通电磁阀所需的电压过高或过低，将线圈烧坏。

处理方法：检查电气线路及电磁阀线圈情况，即可清除此故障。

8）工作油压升高到某一值时，油压表出现高频振动，影响起动。

可能的原因：电液调压装置十字弹簧的自振频率与油压的脉动频率相等时产生高频振动。由于磁铁内的空气间隙不均匀，动线圈控制杆的受力处于不平衡状态，也可导致出现高频振动现象。

处理方法：调整电流、电压，使其稳定在要求的范围内；调整磁铁空隙使其均匀；将十字弹簧予以固定。

9）液压泵运转正常，当电液调压装置电流达到250mA时，油压值达不到最大值。

原因：电液调压装置的喷嘴不平。

处理方法：将标准环规拧在喷嘴上，使环规的上平面稍低于喷嘴平面，以环规上平面为基准，用细油石轻轻磨平喷嘴，即可恢复正常。

二、矿井通风机的修理

煤矿矿井通风系统常用的通风机主要有离心式通风机和轴流式通风机两大类。图7-1所示为2K60型轴流式通风机结构。下面主要以2K60型轴流式通风机为例介绍轴流式通风机的修理和装配方法。

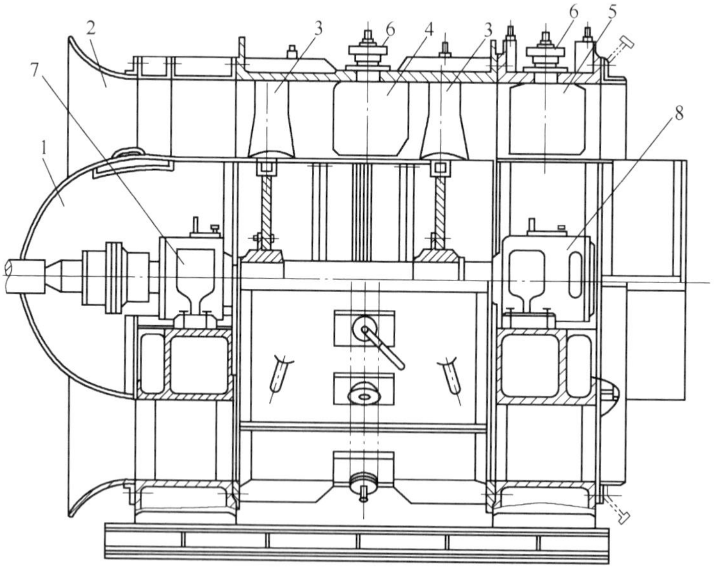

图7-1　2K60型轴流式通风机结构

1—流线体　2—集风器　3—叶轮　4—中导叶　5—后导叶　6—绳轮　7—进风端轴承座　8—出风端轴承座

1. 2K60 型轴流式通风机的检修制度

为了使设备连续安全运转，不仅要正确地对其进行检查、维护和保养，而且要随时修理被磨损的零件。一般 6 个月进行一次全面检查维修，其主要内容如下：

1）仔细检查通风机外壳的焊缝，特别是轴承支座及工作轮上的焊缝。

2）检查传动轴及转子轴有无摆动，并检查它们的轴线是否重合。

3）检查工作轮径向及轴向摆动情况。

4）检查工作轮等构件有无裂纹、折断及中空之处。

5）检查各机壳连接螺栓是否松动，机壳结合部分之间的石棉绳是否脱落。

6）取下叶片进行检查时，不可将叶片移置新位置，支杆上的螺纹要用石墨润滑剂润滑。损坏的工作轮叶片（有裂纹、凹陷及支杆弯曲和支杆上螺纹损坏等）须进行更换。

2. 2K60 型轴流式通风机主要零部件的修理与装配

（1）工作轮的修理及装配

1）装配工作轮时必须进行叶片的重力检查。检查内容包括：衡重检查，新叶片质量与被替换的工作轮的叶片质量之差不超过 100g；重心位置的检查，其不平衡度不超过 750g/mm，更换两个或两个以上数量的自造叶片时，应进行工作轮的平衡试验。

2）工作轮的装配主要检查各部分间隙是否符合设计图样要求，轴流式通风机装叶片后的工作轮最大直径与机壳最小间隙不许超过叶片长度的 1% ~1.5%。若间隙不合适，不仅会影响通风机的特性和效率，而且易产生如叶轮与机壳相碰等重大事故。

3）装配工作轮时，要注意工作轮旋转方向的正确性。

4）2K60 型轴流式通风机叶片的装配如图 7-2 所示。根据矿井所要求的叶片安装角度安装叶片。叶片的安装顺序是：将轮毂两侧的盖板打开，将叶片 2 的杆及螺纹上涂上石墨，从轮毂 1 的外侧穿入安装孔内，再从轮毂内侧拧上锥形螺母 3，并装防松垫 4，然后拧紧封头螺母 5。待 12 个叶片装好后，再将轮毂两侧的盖板用螺钉与轮毂固定。两侧盖板的作用是防止煤尘、杂物和水滴等进入轮毂内。

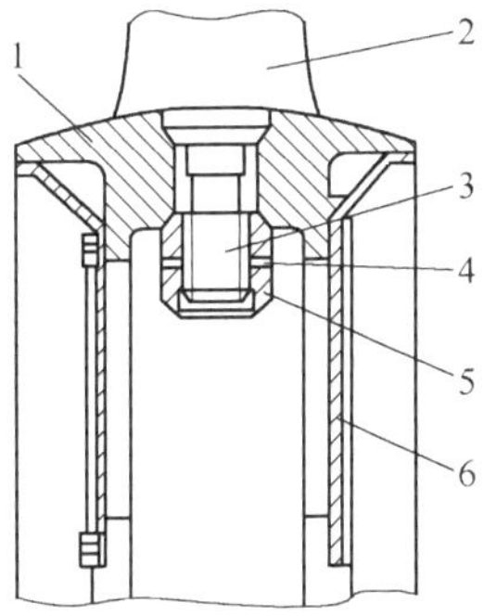

图 7-2　轴流式通风机叶片装配图

1—轮毂　2—叶片　3—锥形螺母　4—防松垫　5—封头螺母　6—盖板

（2）出风端轴承座的拆卸、修理及调整

1）出风端轴承座的拆卸。出风端轴承如图 7-3 所示，有一套调心滚子轴承（53000 型）和三套圆锥滚子轴承（73 或 75 系列）。拆卸时松开端盖螺钉取下端盖 4，再拧下轴承盖 11 和轴承座的连接螺栓，取下轴承盖。三套圆锥滚子轴承与主轴的配合是 js6，很容易拆卸，其方法是将主轴吊起 40 ~50mm，用爪形退卸器卡住圆盘 5，转动退卸器的螺栓杆即可拆下三套轴承。调心滚子轴承的拆卸方法是将外座圈翻转一定角度，取出滚动体，拆下外座圈，之后用拆卸工具（见图 7-4）取下内座圈。

2）轴颈的修复。轴颈的磨损是由于轴承缺油，使内座圈与外圈一起间歇转动造成内座圈与轴颈间产生间歇转动，使轴颈磨损。当磨损量不超过原直径的 2% 时，可用镶套法修复轴颈。

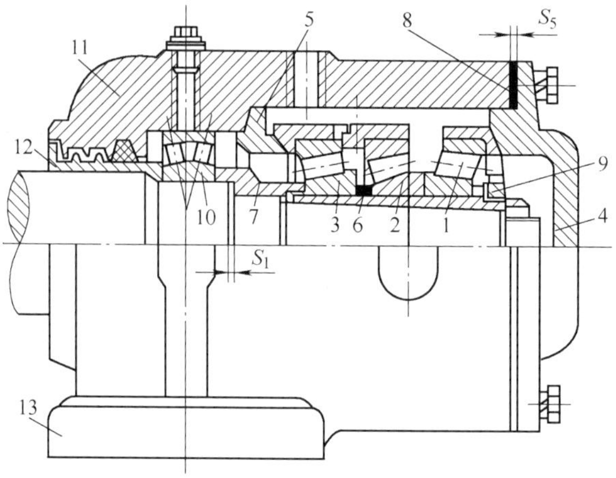

图 7-3　出风端轴承座

1、2、3—圆锥滚子轴承　4—端盖　5—圆盘　6、8—垫圈　7—轴套　9—锁紧螺母
10—调心滚子轴承　11—轴承盖　12—密封套　13—轴承座

3）出风端轴承座的调整。2K60 型轴流式通风机的轴向推力很大，出风端轴承座承受着全部推力，其结构比较复杂且易出现故障，若轴承座调整不好，可能会使主轴与轴承一起损坏。调整出风端轴承座时必须注意的问题如图 7-3 所示，圆锥滚子轴承 2 和 3 应同时受力且负荷必须一致，其受力情况取决于垫圈 6 的厚度，如果太厚圆锥滚子轴承 2 不受力，太薄则圆锥滚子轴承 3 不受力。使其受力一致的调整方法：先将进风端轴承座安装好，以固定主轴位置，然后按图 7-3 所示测量 S_1，按图 7-5 所示测量 S_2、S_4，则垫圈 6 的厚度 $S = S_4 - S_2$；主轴的轴向位移必须适当，其窜动量的大小取决于垫圈 8 的厚度，垫圈 8 除了可调整窜动量外，还起密封作用。调整方法是先不加垫，测图 7-3 中的 S_5，测量时装上端盖 4，紧好下半部螺钉，使主轴窜动量等于零，间隙 S_5 测出后，车削钢垫圈 8，其厚度应比 S_5 小 0.2mm。装配时垫圈 8 的两侧各垫 1 ~2 层纸垫以免漏油。装好后用撬棍拨动主轴左右窜动，其实际窜动量应为 0.08 ~0.15mm。

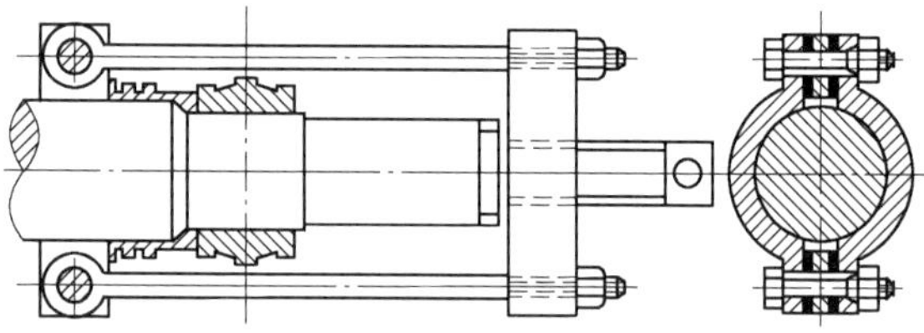

图 7-4　轴承座内座圈拆卸工具

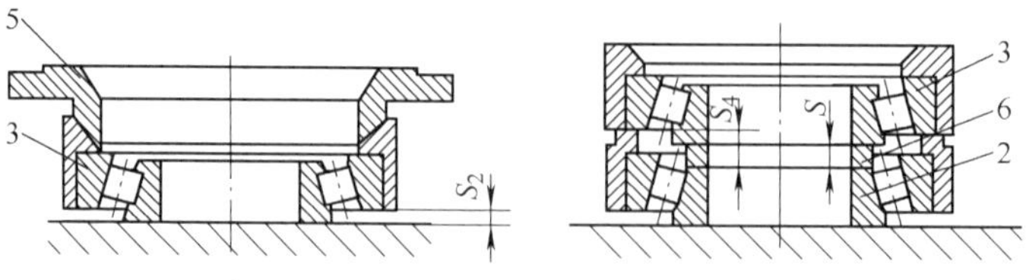

a)　　b)

图 7-5　垫圈 6 厚度的测试

2、3—圆锥滚子轴承　5—圆盘　6—垫圈

三、矿井排水泵的修理

以矿山排水大多采用的D型离心式水泵为例来说明排水泵的修理方法和过程。

D型泵主要由转动部分、固定部分、支承装置、密封装置等部分组成，见图7-6所示。

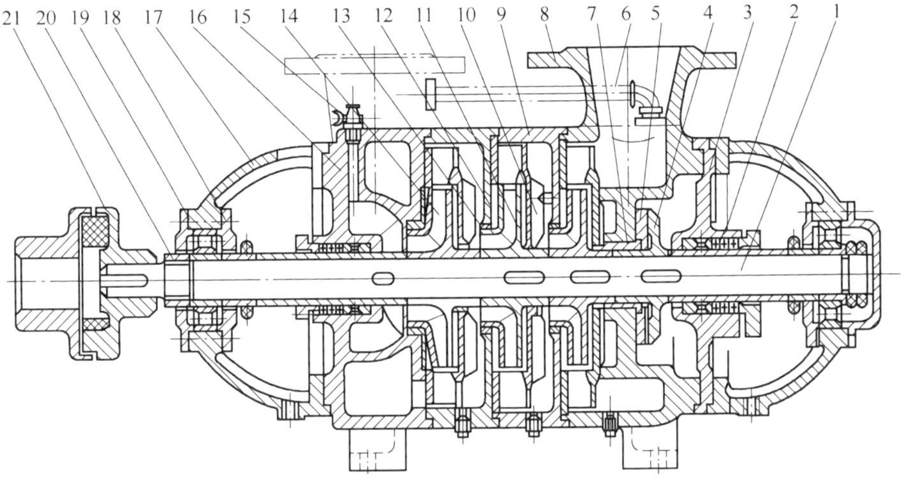

图7-6 D型多级离心式水泵结构图

1—轴 2—轴套 3—尾盖 4—平衡盘 5—平衡环 6—平衡水管 7—平衡套 8—出水段 9—中段 10—导叶 11—导叶套 12—次级叶轮 13—密封环 14—首级叶轮 15—气嘴 16—吸入段 17—轴承体 18—轴承盖 19—轴承 20—轴套螺母 21—联轴器

1. D型离心式水泵维护检修制度

（1）小修 小修的目的是消除水泵在使用过程中，由于零件磨损和维护不良所造成的局部损伤，调整或更换易损零件，以恢复设备的工作能力和技术状况，保证设备的正常运转。其内容有：检查或更换密封装置的各零件；清洗、检查轴承，更换润滑油；检查调整联轴器的间隙；检查各部螺栓的紧固情况；检查、调整水泵的轴向窜动量；检查、修理冷却水管及油管；调整平衡盘尾部垫片，更换平衡盘环和填料；检查处理漏水漏气部分；调整各种仪表。

（2）中修 中修需要较全面地拆卸设备，检查其重要零件的状况，更换和修复使用寿命较长的零件，解决在小修中不能消除的缺陷。中修的内容有：小修的全部内容；更换联轴器；检查水泵各零件的磨损、腐蚀和气蚀情况，必要时进行修理或更换；检查、修理轴承，必要时进行更换；检查、调整水泵轴与电动机轴的水平度与平行度；更换叶轮口环、中段轴承；更换平衡盘、串水套；检查轴和机座；更换其他不能保持到下一次中修的零件。

（3）大修 大修的作用是完全恢复水泵的正常状况和工作能力。拆卸排水设备的全部零部件，仔细检查、清洗、修理或更换全部磨损零部件。此外，还要修理或更换部分使用期限等于修理循环的大零件。大修的主要内容有：修理或更换泵体；修补或重新浇灌基础，必要时更换机座；进行水压试验和技术测定。

2. D型离心式水泵主要零部件的修理

（1）D型离心式水泵的拆卸顺序

1）用管钳取下水封管、平衡水管和注水漏斗。

2）用退卸器取下联轴器21（图7-6）。

3）用扳手拧下出水侧轴承压盖上的螺母，取下螺栓，卸下外侧轴承压盖。

4）拧下出水段、填料函体、轴承体之间的连接螺母，用顶丝使填料函体和轴承体分离，卸下轴承体17。

5）拧下轴上圆螺母，依次卸下轴承、轴承内侧压盖、挡水圈。

6）卸下填料压盖，用钩子钩出填料室中的填料及水封环，用顶丝将填料函体与出水段分离，卸下填料和尾盖3。

7）依次拆下轴上的轴套2、键，用螺钉通过螺孔将平衡盘顶出，取下轴键。

8）拧下前端轴承压盖上的螺母，取下螺栓，卸下外侧压盖和轴套。拧下进水段和轴承体的连接螺栓，卸下前轴承部件。依次卸下轴承、轴承内压盖、挡水圈和轴套。

9）卸下填料压盖，取出填料及水封环。

10）用大扳手拧下连接进水段、中段和出水段的四根拉紧螺栓的螺母，并取下螺栓。

11）用扁铲或特制的钢楔插入排水段与中段连接缝内对称撬松，取下出水段部件。

12）用小撬棍撬出出水段水泵叶轮，注意用力要对称并尽量靠近水泵叶轮，以防撬坏水泵叶轮，并取下轴键。

13）用扁铲插在中段与中段之间的连接缝内，挤松并取下中段。

14）以后的中段、水泵叶轮、键的拆卸按上述方法进行，直至拆下第一级水泵叶轮。

15）将轴从出水段方向抽出。

（2）D型离心式水泵主要零件的检查和修理　水泵在解体完毕后，应对各零件进行清洗、检查及分类。将各部零件分成可用件、待修件和报废件三类。组织修复待修件，对无备件的报废零件应及时进行测绘，重新配制。

1）泵体的修理。泵体的损伤可能是机械应力或热应力的作用，也可能是气蚀作用，有时可能是搬运碰撞、安装不当、低温冻裂、超压及高温影响而引起裂纹。检查泵体裂纹时，首先用锤子轻轻敲击泵体，如有破哑声则说明已有裂纹，应仔细检查寻找，对怀疑有裂纹的部位可用渗透法检验。

泵体如果损坏严重，应予更换新泵体；若损坏程度较轻，可进行修补使用。在不受压或不起密封作用的地方，如法兰盘结合面上，为防止裂纹扩展，可在裂纹两端各钻3mm的止裂孔。

对于焊缝要求不很严密、受压不大的位置，如机座等部位，可采用冷焊修补；对于受力较大或需要密封的地方可采用热焊修补。泵体内部若发现有深槽或大面积孔洞，可采用环氧树脂砂浆修补，也可进行焊补。

修理后的泵体要做水压试验，其试验压力为工作压力的1.5倍，持续5min不得渗漏。

2）泵轴的修理。当水泵轴产生裂纹、表面有严重腐蚀和损伤、轴颈磨损出现沟痕、轴表面被冲刷出沟槽、圆度和圆柱度超过规定，且足以影响机械强度时，应更换新轴；轴的直线度误差超过密封环内径与水泵叶轮入口外径规定间隙的1/3时，应进行校直或更换；轴颈处或填料部分若磨损较轻，可采用车轴法进行修复，其车削量不得超过设计直径的5%。也可采用电镀、金属喷镀或镶套法进行修复。

3）键槽的修理。键槽损坏严重时应更换新轴，损坏不大时可用加宽原键槽方法处理。对于传动功率较小的轴可另开新槽。键槽中心线与轴的轴线的平行度误差不大于0.3‰，偏移不大于0.6mm。

4）轴承的修理。水泵轴承的修理主要是间隙调整和更换。

5）水泵叶轮的修理。水泵叶轮常用的修理方法有补焊、环氧树脂砂浆修补等。水泵叶轮补焊前应处理干净，然后将整个水泵叶轮均匀加热。根据水泵叶轮的材料，可采用不同的焊补方法：对高压水泵的不锈钢水泵叶轮，采用不锈钢气焊；对中、低压铸铁水泵叶轮，则用铜焊或铸铁补焊；对泥沙较多而使叶片磨损严重的水泵叶轮，可采用环氧树脂砂浆修补，在整个被磨损的叶片上涂覆一层环氧树脂砂浆，能收到较好的防磨效果。

水泵叶轮如遇下列情况之一应更换：表面出现严重裂纹；表面形成较多砂眼、气蚀麻坑或穿孔；因冲刷而使水泵叶轮变薄，以致影响机械强度；水泵叶轮叶片被异物击断；水泵叶轮入口处出现较严重的偏磨现象。

新换水泵叶轮应符合下列要求：水泵叶轮轴孔轴线与水泵叶轮入水口处外圆轴线的同轴度、水泵叶轮轴向圆跳动及水泵叶轮轮毂两端的平行度误差均不大于表7-2中的规定；水泵叶轮前、后侧板外的表面粗糙度值不大于 $Ra0.8\mu m$，轴孔及安装口环处的表面粗糙度值不大于 $Ra0.6\mu m$；水泵叶轮流道应光洁圆滑，无毛刺；新制水泵叶轮必须做静平衡试验，水泵叶轮最大不平衡质量不得超过表7-3中的规定，如用切削侧板方式找平衡，则切削深度不得超过侧板厚度的1/3，切削部分应与原表面圆滑相接。

表7-2　水泵叶轮三项几何公差　　（单位：mm）

水泵叶轮轴孔直径	<18	>18~30	>30~50	>50~120	>120~260
三项几何公差值	0.020	0.025	0.030	0.040	0.050

表7-3　水泵叶轮静平衡允差

水泵叶轮外径/mm	<200	>200~300	>300~400	>400~500	>500~700	>700~900
静平衡允差/g	3	5	8	10	15	20

6）平衡盘及平衡环的修理。平衡盘及平衡环的损坏主要是两者接触面间的磨损，如磨损出现凹凸不平及沟纹时可用车削或研平修复。磨损严重时须更换平衡盘或平衡环，新换的平衡盘密封面应与轴线垂直，垂直度误差不大于0.3‰，其表面粗糙度值不大于 $Ra1.6\mu m$，平衡盘与摩擦圈、平衡环与出水段均应贴合严密，接触面积达到70%以上。

7）导水圈的修理。导水圈不得有裂纹，冲蚀深度不可超过4mm，叶尖长度被冲蚀磨损不得大于6mm。若磨损尺寸在规定值之内，可制作一段新叶尖用黄铜补焊或粘接上，否则应更换导水圈。

检修时不做修理只更换的零件有：密封环（大口环）、导水圈套（小口环）、水泵叶轮挡套（间隔套）、护轴套、平衡套（串水套）、密封件等。密封环内径与水泵叶轮入水口外径的半径间隙和挡套与导水圈套的半径间隙不得超过表7-4中的规定。

表 7-4　密封环、导水圈的配合间隙　（单位：mm）

密封环、导水圈内径	半径间隙	最大磨损半径间隙
80 ~ 120	0.15 ~ 0.22	0.44
>120 ~ 150	0.175 ~ 0.255	0.51
>150 ~ 180	0.20 ~ 0.28	0.56
>180 ~ 220	0.225 ~ 0.315	0.63
>220 ~ 260	0.25 ~ 0.34	0.68
>260 ~ 290	0.25 ~ 0.35	0.70
>290 ~ 320	0.275 ~ 0.375	0.75
>320 ~ 360	0.30 ~ 0.40	0.80

3. D 型离心式水泵的装配与调整

离心式水泵的装配是一项极其重要的工作，如装配不当将会影响水泵的技术性能及使用寿命。

（1）转子部分预装配　转子部分的预装配如图 7-7 所示。将轴承、轴套、水泵叶轮、水泵叶轮挡套及平衡盘等装于轴上，最后拧紧锁紧螺母。

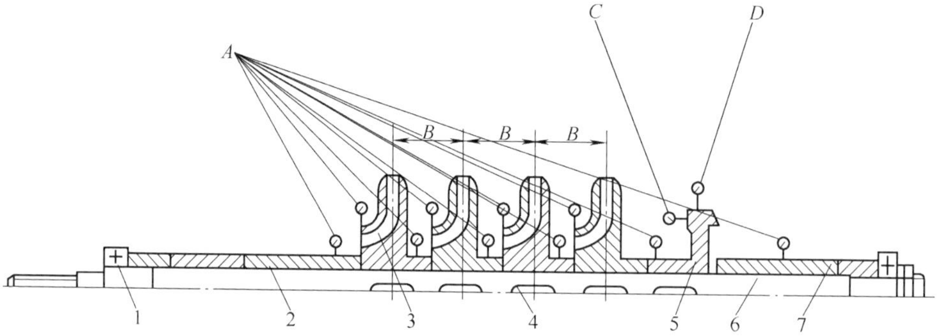

图 7-7　转子预装配及检查部位示意图

1—轴承　2—轴套Ⅰ　3—水轮　4—键　5—平衡盘　6—泵轴　7—轴套Ⅱ

转子预装配的目的：使转动件与静止件相对固定；调整水泵叶轮中心距；测量、调整转动件与静止件的配合间隙；测量转动件的偏心度、垂直度误差及圆跳动量；处理轴与轴套、水泵叶轮、挡套等孔径的配合及键与键槽的配合。图 7-7 中的 *A* 为两支承点轴线的径向圆跳动量，*B* 为两水泵叶轮中心距，*C* 为平衡盘轴向圆跳动量，*D* 为平衡盘外圆径向圆跳动量。检查调整好后，对预装配零件进行编号，以方便于再次拆卸和装配。

1）水泵叶轮中心距的测量与调整。水泵各叶轮中心距按图样要求应相等，但在制造时有误差，一般不应超过或小于规定尺寸 1mm。以每个中段泵片的厚度为准，采用取长补短的方法达到相等。水泵叶轮中心距的测量可用游标卡尺或钢板尺，水泵叶轮中心距尺寸关系为：水泵叶轮中心距 = 中段泵片厚度 = 水泵叶轮轮毂厚度 + 水泵叶轮挡套长度。水泵叶轮中心距的调整方法是加长或缩短水泵叶轮挡套长度，即中心距大时，切短挡套长度；中心距小时加垫。

2）径向间隙的测量与调整。径向间隙值是通过测量内、外径的实际尺寸计算出来的。

其测量方法是：用千分尺或游标卡尺测量每个水泵叶轮入水口外径、水泵叶轮挡套外径、平衡盘尾套外径；对应地测量进水段密封环内径、每个中段密封环内径、导水圈内径和出水段平衡套内径。每个零件要对称地测量两次，取其平均值，然后计算出实际间隙，与表 7-4 中的数值进行比较。若密封环内径与水泵叶轮入口处外径配合间隙小，应车削水泵叶轮挡套外径；间隙大则应重新配置密封环。导水圈与水泵叶轮套配合间隙小时，应车削水泵叶轮挡套外径；间隙大则应重新配置水泵叶轮挡套。

平衡盘尾套与平衡套的配合间隙为 0.2 ~ 0.6mm，若间隙小，应车削平衡盘尾套外径；若间隙大，则应重新配置平衡套。

3）检查径向圆跳动。检查水泵叶轮入水口处外圆、各挡套外圆、平衡盘外圈对两端支承点轴线的径向圆跳动量的方法可参照图 7-7。在调整好水泵叶轮间距及各间隙后，将装配好的转子固定在车床上或将轴承装在转子轴上，再放在 V 形铁上，用千分表触头接触各被测件，将轴旋转一周，千分表最大读数与最小读数之差的一半即为半径方向的圆跳动量。

水泵叶轮入水口处外圆、各挡套外圆、平衡盘外圆对两支点轴线的径向圆跳动不大于表 7-5中的规定值。

表 7-5　径向圆跳动量　　（单位：mm）

公称直径	≤50	>50 ~ 120	>120 ~ 260	>260 ~ 500
水泵叶轮入口处外圆	0.06	0.08	0.09	0.10
轴套、挡套、平衡盘外圆	0.03	0.04	0.05	0.06

4）检查轴向圆跳动量。将千分表触头置于平衡盘的端面上，将轴旋转一周，千分表最大值与最小值之差即为平衡盘轴向圆跳动量。平衡盘轴向圆跳动不大于表 7-6 中的规定值。

表 7-6　平衡盘轴向圆跳动量　　（单位：mm）

公称直径	>50 ~ 120	>120 ~ 260	>260 ~ 500
轴向圆跳动	0.04	0.05	0.06

将实测圆跳动量与表 7-5、表 7-6 中的数值进行比较，若径向圆跳动量太大，会使水泵转子在运转中产生振动，使泵轴弯曲或水泵叶轮入水口外径及水泵叶轮挡套和水泵叶轮磨偏；若轴向圆跳动量太大，则会使平衡盘磨偏。

（2）水泵的装配　当转子及泵体各部件检查、调整完毕后，按顺序拆出转子部分的各部件，并进行清洗，之后就可以进行水泵的装配。

1）准备好起重工具和装配工具、量具及消耗材料，如棉丝、纱布、润滑油（脂）、青壳纸、橡胶垫、铅油、麻等，准备好装配地点，最好在平板上或特制的底座上进行装配。

2）将零件组成部件。在进水段装上密封环，在中段装上密封环、导水圈和导水圈套，在出水段装上出水段导水圈、平衡套、平衡环。

固定导水圈、平衡环的螺钉要涂润滑脂，中段装导水圈的螺钉沉孔内要用石蜡堵住或灌满润滑脂，以防进水生锈且便于下次检修拆卸。

3）按拆卸时的编号顺序，将各段排列好，准备组装。

4）单吸多级离心式水泵的装配程序与拆卸程序相反。

5）平衡盘与平衡环间隙的调整。水泵装到出水段后，为保证水泵叶轮出水口与导水圈进水口对中，保证平衡盘与平衡环之间保持正常的出水间隙（0.5～1mm），要仔细对平衡盘与平衡环间隙进行调整。调整的方法和步骤为：在装配平衡盘前，将水泵轴向右推到极限位置，使水泵叶轮侧盖板与导水圈侧平面接触，以水泵左端进水段外侧端面为基准，紧靠外侧端面在泵轴上作标记 a，然后将水泵轴向左推到极限位置，同样以水泵左端进水段外侧端面为基准，紧靠外侧端面在泵轴上作标记 b，则两标记间的距离为水泵转子的轴向总窜动量。在标记 a 与 b 的中间作标记 c，若标记 c 与进水段外侧端面对准，则水泵叶轮出口中心线与导水圈进水口中心线重合，水泵叶轮左右两侧面分别具有总窜动量一半的轴向间隙。在水泵轴的右端装配平衡盘后，向左推动水泵轴，使平衡盘与平衡环相互接触，并在轴上作标记 d，则标记 a 与 d 的间距为转子轴向左移窜量，左移窜量为总窜动量的一半加上 0.5～1mm，其大小为 1～4mm。若平衡盘与平衡环的间距不符合规定值，可用改变平衡盘尾套长度的方法进行调整，间隙小时在末端水泵叶轮与平衡盘尾套间加垫，间隙大时切短平衡盘尾套。

（3）D 型离心式水泵装配注意事项

1）各个结合面之间要加垫（橡胶、青壳纸）。用青壳纸时，在纸垫两面涂上润滑脂或将密封胶涂于结合面上以防漏水。各紧固件、配合件上均涂润滑脂，以防止生锈并便于下次拆卸。

2）对于带油圈的滑动轴承，装配时将油圈放在轴承体内，按轴承装配位置倒置 180°套在轴上，再旋转过来固定轴承体。

3）填料室中的填料用棉纱线编成，棉纱用牛油煮或润滑油浸泡，填料接口要相互错开 120°以上。水封环一定要对准进水孔，拧紧填料压盖时需注意其泄水孔要安装在轴下方。

4）轴承内注入的润滑脂量为轴承体空间的 1/3～2/3。

5）装配好的水泵，其上准备装仪表、放气栓、注水漏斗、放水孔的螺孔均用螺塞堵住，进、出水口用盖板封住，防止杂物进入泵体。

【任务实施】

1. 任务实施前的准备

做好班前安全教育，使学生具有安全生产意识和相关安全生产知识。

2. 知识要求

1）能够说出矿井提升机、通风机、主排水泵的维检制度。

2）能够说出矿井提升机、通风机、主排水泵主要零部件的拆卸修理及装配方法和步骤。

3. 矿山机械设备现场维检和调整工作任务实施

到教学矿井提升运行车间、通风机房检修现场、空压机站、机修厂泵修组，与现场工程技术人员一起对上述设备进行维检、修理、装配、调整等，了解矿山大型设备的维检方法和过程，具备大型矿山设备的维修维护技能。

【任务考评】

过程考评	配分	考评内容	考评实施人员
素质考评	12	生产纪律	专职教师和现场教师结合进行综合考评
	12	遵守生产规程情况、安全生产	
	12	团结协作情况、与现场工程人员交流情况	
实操考评	12	理论知识口述：矿山各大型设备的维检制度、拆卸、检验、修理、装配方法及过程	
	12	工具使用或任务实施过程正确	
	12	手指、口述：大型矿山机械设备的运行状态，故障现象及原因分析，维检措施	
	12	完成本次工作任务，效果良好	
	16	按工作任务实施指导书完成学习总结，总结所反映出的工作任务完整、信息量大	

【思考与练习】

1. 提升设备为什么要建立正常的检查和修理制度？检查和修理制度的具体内容是什么？
2. 提升机减速器有哪些位置易漏油？上、下箱结合面有哪些密封方式？
3. 提升机卷筒在运转过程中易出现什么问题？怎样进行修理？
4. 如何对盘式制动闸进行修理？
5. 如何对盘式制动器进行调试？
6. 如何维护与调整提升系统的液压站？
7. 以2K60型轴流式通风机为例，说明对其进行定期检查的主要内容。
8. 通风机工作轮的装配方法及注意事项是什么？
9. 说明大型轴流式通风机出风端轴承座的调整方法及注意事项。
10. 拆卸水泵前，要做哪些准备工作？拆卸和装配时应注意哪些事项？
11. 简述水泵转子预装配的目的、检查项目和方法。
12. 如何调整多级离心式水泵的平衡盘与平衡环的间隙？

课题二　矿山机械设备的安装

【任务描述】

本课题主要以矿井提升机的安装为例，说明矿山大型机械设备的安装程序、检验方法、要求及安装过程。通过本课题的实施，使学生对矿山机械设备的安装有一定的认识和了解，通过现场任务实施，增强现场工作技能。

【知识学习】

一、机械设备安装的准备工作

机械设备的安装就是把机械设备的各个部分按照设计要求组合起来并分别固定在预先确定的地点，使机械设备能够完成设计规定的各项功能的施工过程。设备安装的整个工作过程由选择地基、建筑基础、安装设备、调试和试运转等工序组成。

1. 设备安装的基本要求

为确保安装质量及工作效率，安装过程中应做到以下几点：

1）有严格的施工组织管理措施，并做好充分的准备工作。

2）有熟练的装配和组装技术能力，主要是拥有一定数量的专业技术人员。

3）有可靠、适用的施工设备，如起重设备、运输设备和现场加工设备等。

4）有先进的检验、检测工具，确保设备安装过程中能合理、准确地进行测量和调整。

5）充分利用各类先进的组织联络方式、指挥手段以及建立在系统工程基础上的科学施工方法，利用好各种先进的安装设备、起重运输机械和各类先进的测量、测试仪器及测试方法。

2. 设备安装前的技术准备工作

机械设备的安装工作首先要在详尽熟悉安装工作各类技术资料的基础上，编制具体的技术质量要求、设计安装工艺和安装程序，在提高劳动生产率和降低成本的原则下，按期完成安装施工任务。

（1）熟悉机械设备及施工技术资料　安装机械设备前，组织和技术人员要仔细研究和熟悉所安装机械设备的技术资料，了解其工作性能和安装要求。

1）安装大型设备时，一般是按组件或部件形式运到安装现场。要仔细研究技术资料，熟悉设备零部件间的装配关系，确定安装方案和装配质量要求。

2）掌握机械设备的长、宽、高总体尺寸及中心标高，再根据其附属设备，确定设备的安装空间。与设备实物进行核对，检查地脚螺栓孔与设备底座的安装孔是否一致；机座预埋位置的中心距、中心标高与设备主轴的中心距、中心标高是否一致；土建部门提供的安装图样是否能保证设备的组装，是否有足够的安装空间；附属设备的安装位置是否符合设备的运转要求；安装图样中管道、电缆沟等是否与设备的接口一致。

（2）编制施工组织设计　工程组织管理和技术人员要结合具体的安装设备，在全面了解和掌握图样及安装使用说明书的基础上，编写出施工组织设计，要注意采用先进的安装设备和安装工艺。其内容包括施工程序、施工进度表和劳动组织表、分部分项工程的施工方法及质量要求、安装中的安全技术措施及安全规程。

施工前应组织安装人员学习、贯彻施工组织设计中的相关内容，确保施工按照要求有序、高效地进行。

3. 设备安装前的现场准备工作

（1）设备开箱检查　设备到货后要严格验收，其主要内容有：按装箱清单检查设备组件、部件的数量和规格；设备的部件在运输或保管中是否有碰伤、锈蚀等现象，大型设备的缺陷处理需要较长时间，处理不及时会影响安装工期；设备开箱后应对零部件、附件、附属材料和工夹具进行编号分类，要有专人妥善保管，对一时不能进行安装的设备，在检查后应将箱板重新钉好或采取其他措施，防止损坏和丢失；设备的转动和滑动部件，在防锈油料未清除前不得转动和滑动；由于检查而除去的防锈油料，在检查后应重新涂上；设备技术文件、开箱检查记录等要送交档案部门归档。

（2）安装设备、工具与材料准备　准备好安装施工所用设备、工具、材料是做好安装工程的前提，任何一项供应脱节或准备不当，都会造成停工待料。矿山机械安装时的通用施工设备、工具、材料见表 7-7。

表 7-7　矿山机械安装时的通用施工设备、工具、材料

序号	用　途	施工设备及工具
1	施工设备	滑轮、起重杆、滚木、稳车、绞盘、链式起重机、起重机等起重及搬运机械；电气焊设备、手电钻、手提砂轮机、风动设备、铆接设备等现场加工设备；安装用变压器、输配电装置、发电设备等
2	仪器、量具	经纬仪、水准仪、方水平仪、长水平尺、千分表、内外径千分尺、游标卡尺、深度尺、量角器、塞尺、直角规、钢卷尺、盒尺、钢直尺、内外卡钳等
3	工具及刃具	大小铁锤、木锤、铜棒、铅块、铲、各类扳手、管钳等钳工工具，钻孔、铰孔设备及工具，攻螺纹工具，各种锉刀，钢号码，手钳，螺钉旋具，钢丝刷，润滑脂枪，喷灯，刮刀，磨石等
4	标准件	垫圈、螺栓、螺母、开口销等；安装临时用电力电缆，各种规格的电线、开关等
5	找平找正	垫铁、镀锌铁板、薄铁板、薄铜板、石棉板、青壳纸、铅条、0.5mm 钢丝（挂线用）、白粉线、细琴弦（0.3mm 挂线坠用）、白石笔、地脚螺栓等
6	机械拆装	钢板、钢管、方木、滚木、水泥、砂子、石子等
7	消耗材料	砂布、锯条、棉纱、煤油、汽油、润滑油、润滑脂、研磨膏、显示剂、砂纸、氧气、乙炔、青壳纸、石棉板、毡垫、薄铜皮、镀锌薄板、钢丝（$\phi0.5\sim\phi1$mm）、铅丝（14# ~ 8#）、熔丝、麻绳、棕绳等
8	粉刷	各种颜色的磁漆或调合漆、防锈漆、腻子等。

二、机械设备安装的起重工作

在矿山机械设备的安装过程中，设备搬运、起吊、装卸和组合等工作都离不开起重。正确地组织起重工作，合理地选用起重设备、工具，对保证施工安全、质量、进度都有重大影响。

1. 索具

索具是起重工作中最基本的工具，它的作用是绑扎重物和传递拉力。常见的索具有麻绳、钢丝绳、绳夹子、吊环、滑车等。

（1）麻绳　麻绳是常用的绳索之一，有手工和机制两种。机制麻绳质量较好，具有轻便、柔软、携带方便、容易捆绑等优点，一般用来捆绑和起吊轻便设备。麻绳按原料不同，分为白棕绳、混合绳、亚麻绳等。通用的麻绳由 3 股右捻组成，每股又由若干细线左捻拧搓而成。使用麻绳时的注意事项如下：

1）麻绳一般用于轻型手动捆绑和起重量较小的滑车及桅杆的绳索，机动起重机械一律不得使用麻绳。

2）麻绳的拉力由全部断面计算，所以选用麻绳时要酌情考虑安全系数，断丝和磨损严重的均不得使用。

3）麻绳用于滑车组时，滑轮的直径应比麻绳直径大 10 倍。

4）麻绳应放在干燥的库房内储存保管，盘卷放置在木板上，避免吸水后降低其使用强度。

5）油浸麻绳质地较强，不易弯曲，强度较不油浸麻绳低 10% 左右，故在吊装作业中一般不采用油浸麻绳。

（2）钢丝绳　钢丝绳是起重中最常用的绳索，用于起吊牵引、捆绑重物和做各种绳扣等。钢丝绳的种类很多，在机械设备安装中，应用较多的是普通式交互捻钢丝绳，钢丝绳的选择按下式计算

$$F_{max}=\frac{F_p}{n} \tag{7-1}$$

式中，F_{max} 为钢丝绳的最大允许载荷，单位为 kN；F_p 为钢丝绳的破断力，单位为 kN；n 为钢丝绳的安全系数，见表 7-8。

表 7-8　钢丝绳的安全系数 *n* 和轮绳直径比

钢丝绳的用途				安全系数	轮绳直径比 e	
					固定场所使用	流动式起重机用
提升、变辅、牵引	钢丝绳手扳葫芦			4.5	—	16
	手动绞车			4.0	18	16
	小车牵引绳（轨道水平）			4.0	20	16
	牵引载人缆车、斜井载人提升机			6.0	40	—
	电动葫芦			5.5、6.0	—	20
	其他起重机械	工作类型	轻级	5.0	20	16
			中级	5.5	25	18
			重级、特重级	6.0	30 ~ 35	20 ~ 25
抓斗	双绳抓斗（双电动机分别驱动）			6.0	30 ~ 40	20 ~ 25
	单绳抓斗、马达抓斗、双绳抓斗（单电动机集中驱动）			5.0	30 ~ 40	20 ~ 25
	抓斗滑轮			—	25	18
拉紧	经常用			3.5	25	18
	临时用			3.0	20	16
吊索	捆缚起重用			10	—	—
	带吊钩、吊环的吊索			6	—	—

使用钢丝绳时的注意事项如下：

1）使用中不准超负荷。不准急剧改变升降速度或突然制动，以免产生冲击载荷，致使钢丝绳破断。

2）为防止钢丝绳生锈，应经常保持清洁并定期涂油。钢丝绳在保管时，要注意存放在干燥库房的木板上，存放前要涂满油。

3）不能使钢丝绳发生锐角曲折或由于被夹或被砸造成扁平，以免出现应力集中。

4）穿钢丝绳的滑轮不得有破碎现象，以免损坏钢丝绳。尽量减少钢丝绳绕过滑轮的次数，避免钢丝绳在缠绕系统中作反向弯曲的布置。

5）要避免钢丝绳与机件尖角及建筑物尖角直接接触，尖角处应垫以木块。

6）防止钢丝绳与电焊或其他电线接触，以免打坏钢丝绳。

7）钢丝绳的连接及绳端要固定牢固，要经常检查钢丝绳的直径，检查磨损及断丝情况，保持绳面清洁。

8）严格遵守操作规程，严格掌握钢丝绳的报废条件，做到安全使用。钢丝绳在搬运过程中，要由有经验的人员指挥装车、缠绕及展开等操作，避免出现钢丝绳伤人事故。

（3）绳索打扣法　在吊装矿山设备时，应根据各种吊具和不同形状的物体打成各种不同的绳扣。所打绳扣应符合打扣方便、连接牢固、不易解开，受力后不仅不会散脱，而且受力越大绳扣收缩得越紧等要求。常用的打扣方法如图 7-8 所示。

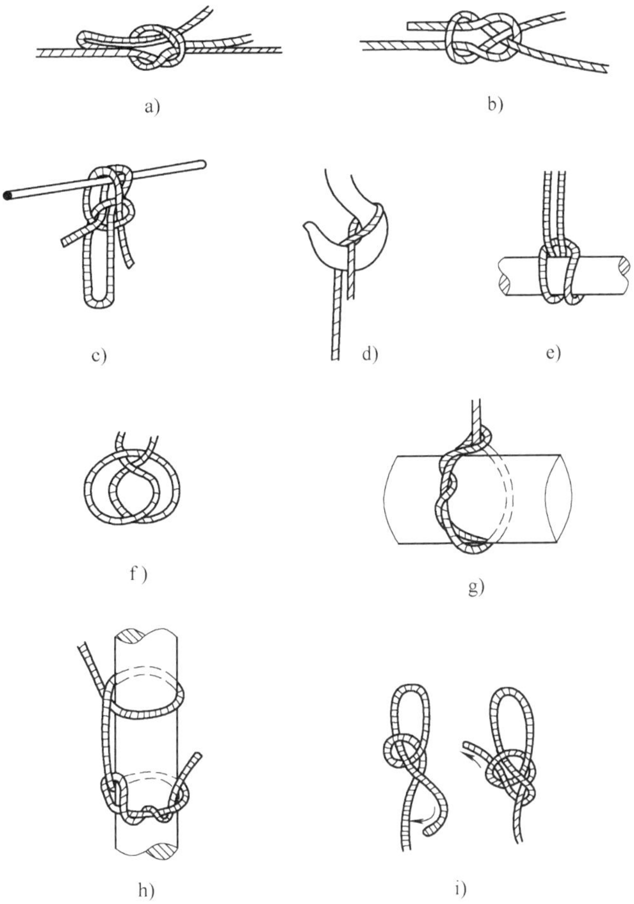

图 7-8　常用绳索打扣方法示意图

2. 滑车及滑车组

在设备安装工程中，广泛使用滑车和滑车组配合钢丝绳、绞车进行吊装和搬运。

（1）滑车　滑车由滑轮装在带有吊钩或吊环的滑轮夹套中构成，其结构形式如图 7-9 所示。滑车上的滑轮夹在夹板中，夹板上带有吊环（或吊钩）。滑车的滑轮个数称为“门数”。滑车按其作用可分为定滑车和动滑车两种。

（2）滑车组　滑车组是由一定数量的定滑轮、动滑轮和挠性件（绳索）等组合成的联合装置，如表 7-9 中的各图所示。滑车组既可省力，又可根据需要改变用力方向。特别是起吊大重量的设备时，可采用由多门定滑车和动滑车组成的滑车组来完成，通常只要采用0.5～20t 的绞车牵引滑车组的出端头，就能吊起几吨或几百吨重的设备。

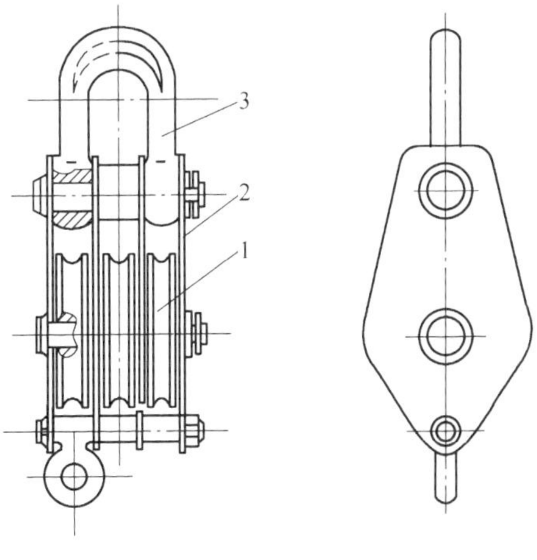

图 7-9　滑车

1—滑轮　2—夹板　3—吊环

使用滑车组时应注意以下事项：

1）使用前仔细检查滑车和吊钩，不能有裂纹和损伤等情况。

2）不允许超过滑车的安全起重量。

3）滑车穿绕好以后，要慢慢地加力收紧绳索试吊，检查各部分运转情况是否良好，保证安全。

4）轮轴应经常注润滑油。

表 7-9　滑车组的连接方式及其主要性能

滑车组绳数	单　绳	双　绳	3　绳	4　绳	5　绳	6　绳	7　绳	8　绳	9　绳	10　绳
滑车组连接方式	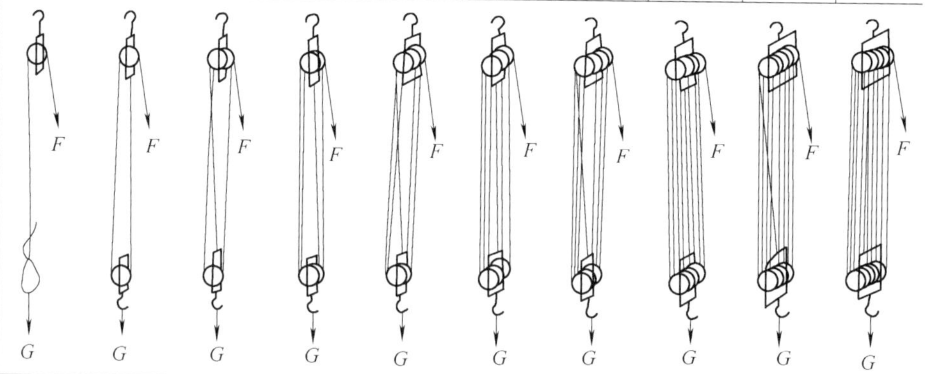									
滑车组效率 η_0	0.96	0.94	0.92	0.90	0.88	0.87	0.86	0.85	0.83	0.82
出端头拉力 F	1.04G	0.53G	0.36G	0.28G	0.23G	0.19G	0.17G	0.15G	0.13G	0.12G

3. 起重葫芦

（1）手动葫芦　手动葫芦具有体积小、质量小、使用方便、效率高等特点，广泛用于小型设备和重物的短距离吊装。根据结构和操作方法不同，手动葫芦又分为手拉葫芦和手扳葫芦两种。图 7-10 所示为 HS 型环链手拉葫芦结构示意图。环链手拉葫芦的起重量一般不超过 10t，最大可达 20t。在安装和维修工作中，起重葫芦常与三脚架或单轨起重机配合使用，组成简易起重机械，也可用于设备的短距离搬运和找平找正，或用做收紧重型金属桅杆的缆风绳，在搬运庞大设备时还可用来固定设备。

使用中，当拉动手链条时，起重链条上升，平稳提起重物。手链条停止拉动后，葫芦中的棘爪机构阻止棘轮的转动而使重物停在空中阻止重物下落。逆时针拉动手链条时，重物因自重而下降。反复进行操作，能顺利提升或降下重物。

使用手动葫芦时的注意事项如下：

1）使用前应仔细检查吊钩、链条、钢丝绳、轮轴和制动器等是否良好，传动部分是否灵活，在传动部分加油润滑。

2）葫芦吊挂必须牢靠，起吊重量要与葫芦的起重量相一致。

3）操作时，应先慢慢起升，待链条张紧后，检查葫芦的各部分有无变化，安装是否妥当，当确定各部分安全可靠后才能继续工作。

4）在倾斜或水平方向使用时，拉链方向应与链轮方向一致，防止卡链和掉链。

5）不得超载使用，拉链人数应根据葫芦起重能力的大小确定。如果拉不动，要检查葫

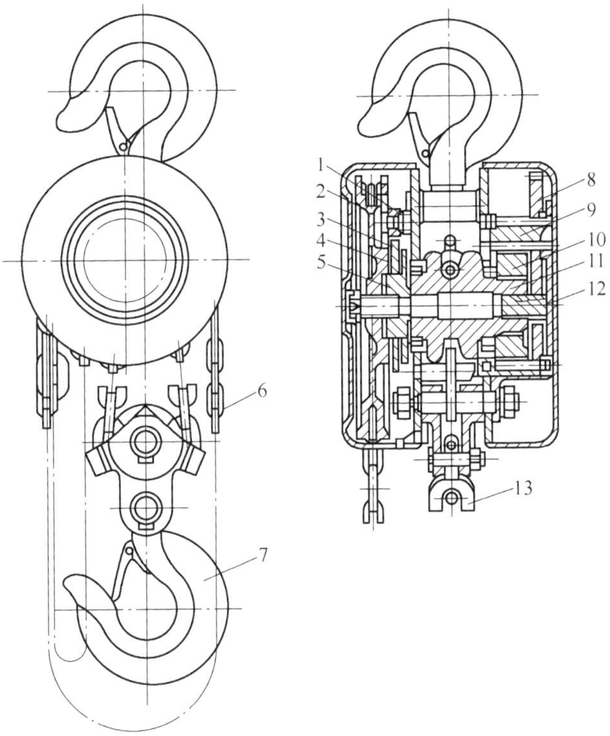

图 7-10　HS 型环链手拉葫芦

1—棘爪　2—手链轮　3—棘轮　4—摩擦片　5—制动器座　6—手拉链条　7—吊钩　8—片齿轮　9—四齿短轴　10—花键孔齿轮　11、13—起重链轮　12—五齿长轴

芦是否损坏，严禁增加拉链人数强行拉动。

（2）电动葫芦　电动葫芦一般由电动机、减速器、卷筒装置、运行机构和慢速驱动机构构成。电动葫芦有钢丝绳式、环链式和板链式三种，其结构如图 7-11 所示。

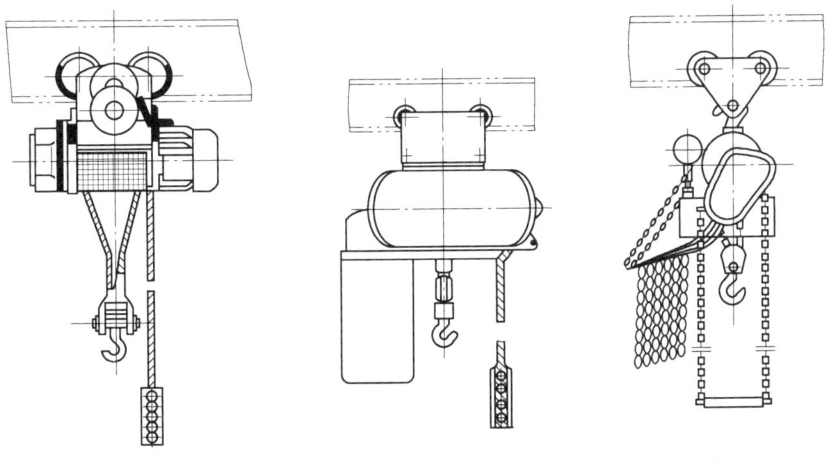

图 7-11　电动葫芦

a）钢丝绳式电动葫芦　b）环链式电动葫芦　c）板链式电动葫芦

电动葫芦一般可安装在大型机械设备的运行车间，以备安装、检修和吊运之用。其特点是结构紧凑、自重轻、效率高、操作方便，可作为起重设备单独使用，配备自行小车后也可作为架空单轨起重机、电动梁式起重机的起重小车。

4. 梁式起重机

梁式起重机一般由桥架和起重小车两部分组成，装设于大型设备的运行机房内。梁式起重机桥架主梁多是由型钢（工字钢）与钢板做成简单截面的梁，起重小车常用手拉葫芦、电动葫芦做起升机构的部件。

（1）手动梁式起重机　手动单梁式起重机的运行机构采用手动单轨小车，用手拉葫芦做起升机构。由于手拉力的限制，手动梁式起重机的起重量一般不大于20t。

（2）电动梁式起重机　电动梁式起重机有四种：电动单梁起重机、电动双梁起重机、电动单梁悬挂起重机和电动双梁悬挂起重机。前三种用得较多。它们都由桥架、大车运行机构、电动葫芦（或电动葫芦做主要部件的电动起重小车）和电气设备组成。

5. 绞车

绞车分手动和电动两种。手动绞车比较简单，操作容易，便于搬运，一般用于设施条件较差和偏僻无电源的地区。

电动绞车广泛地应用于安装、运输等工作中。可逆齿轮箱式电动绞车具有牵引速度慢、牵引力大、重物下降时安全可靠等优点，在机械设备的吊装就位和搬运中被广泛使用。

可逆式电动绞车主要由电动机、减速齿轮箱、滚筒、电磁制动器、可逆控制器等组成。使用电动绞车时应注意下列事项：

1）电动绞车在使用时应安装在地势较高的地方，使操作人员在工作时能看清吊装物体，并要离开重物起吊处15m以外。用桅杆时，其距离不得小于桅杆的高度。

2）安装绞车时应使滚筒前面第一个导向滑轮的中心线垂直于滚筒中心线。

3）起动前应先用手扳动齿轮空转一圈，检查各部分机件是否转动灵活，制动闸是否有效。

4）送电前，控制器必须放在零位。

5）绞车停车后，要切断电源，控制器放到零位，用保险闸制动刹紧。

6）钢丝绳应按规定进行选择，钢丝绳不准有打结现象。

7）起吊重型物时应进行试吊，以检查绳扣及物件捆绑得是否结实、平稳。

8）绞车的电气设备都要有接地线，所有电气开关及转动部分应有保护罩，绞车所有转动部分应定期加油润滑。

6. 起重桅杆

起重桅杆是一种简单的起重机械，使用时桅杆必须与滑车、卷扬机配合，是在矿山设备安装中常用的一种半机械化起重机具。桅杆式起重装置制作简便，安装和拆除方便，适应性强，安全可靠，起重质量较大，使用时对安置的地点要求不高；其缺点是灵活性较差，移动较困难，而且要设立缆风绳。

（1）独杆式桅杆起重装置　独杆式桅杆起重装置是一种简单的起重设备，如图7-12所示。桅杆的立柱4和缆风绳3的一端系在立柱的顶端，另一端和地锚相连接，缆风绳的数目为4～6根比较稳定。在立柱的上端固定横支承木1，用来支持起重滑车组2，该悬梁与立柱保持一定距离，以免起重载荷与立柱相撞。起重滑车组2的绳索从上滑车导出，经过固定在立柱下部的导向滑轮 6 引导到绞车上。

单桅杆分为木桅杆和金属桅杆两种。木桅杆的起重能力通常在 10t 以下，其高度可达 15m 左右。金属桅杆可采用无缝钢管或型钢，其起重能力通常为 15 ~ 50t，高度一般在 30m 以下。为便于移动，可将桅杆的底部设置在一个木支座上。

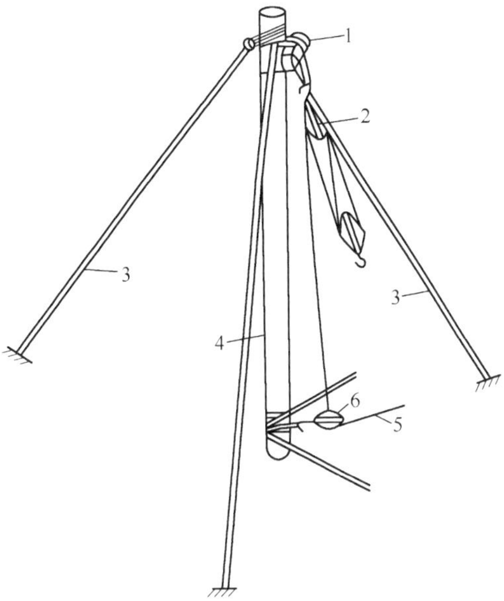

图 7-12　独杆式桅杆起重装置

1—横支承木　2—起重滑车组　3—缆风绳　4—立柱　5—牵引绳　6—导向滑轮

（2）人字式桅杆起重装置　人字式桅杆起重装置用木杆或钢管捆绑成人字形，其夹角为 25° ~ 45°，缆风绳 4 一端系在桅杆交叉处，另一端与地锚相连接，在交叉处挂上滑车组 5、6，利用人力或卷扬机械起吊重物，结构如图 7-13 所示。人字式桅杆起重装置的优点是比单桅杆稳定，架设方便。使用时两杆要在一个平面上，尽可能与地面相垂直。在矿山设备安装中，广泛使用无缝钢管人字式桅杆起重装置。

（3）回转桁架式起重装置　回转桁架式起重装置结构如图 7-14 所示。其结构比较简单，占地面积小，作业半径较大，能实现回转、升降起伏等多种动作，可把重物起升至作业半径内的任意位置。

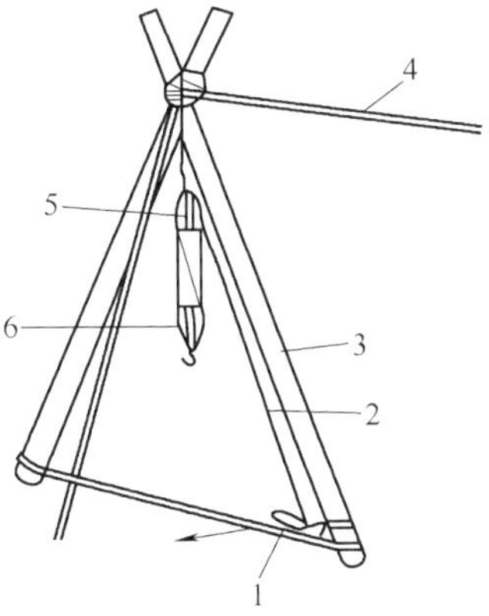

图 7-13　人字式桅杆起重装置

1—导向滑轮　2—牵引绳　3—桅杆　4—缆风绳　5—定滑轮　6—动滑轮

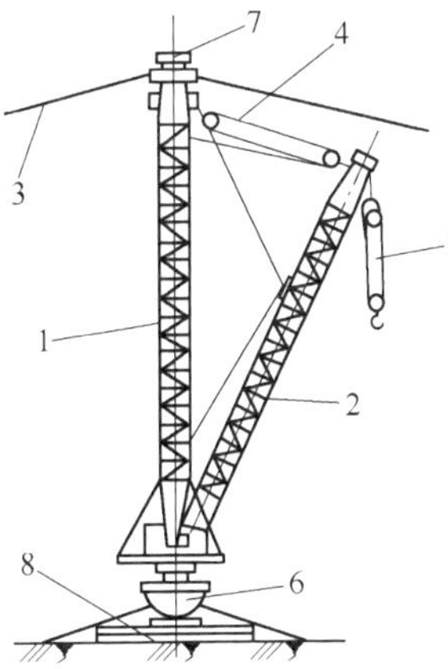

图 7-14　回转桁架式起重装置

1—主桅杆　2—回转桅杆　3—缆风绳　4—回转杆起伏滑车组　5—起重滑轮组　6—转盘底座　7—顶部结构　8—底座

7. 起重安全技术

（1）施工前的安全检查

1）施工前要认真检查工程计划及劳动组织是否落实，安全技术要求、岗位责任制及指挥信号是否贯彻落实。

2）五级以上大风时不得进行大型构件的起重吊装工作，六级以上大风时须停止一切吊装工作。

3）夜晚施工要有充足的照明，因故必须中断施工时要采取必要的安全措施，不得使重物悬空过夜。

4）吊具、索具、滑轮组、牵引设备、地锚完好并符合安全规定要求。

（2）起重指挥信号　信号是指挥命令的标志，施工人员必须要熟练掌握、准确而迅速地辨别。信号的传递系统要完善可靠，对同一岗位不得同时发送两种不同的动作信号。常用的指挥信号有旗示信号、手势信号和音响信号，它们可以单独使用，也可配合使用。

（3）起吊

1）重物起吊前，施工技术负责人、指挥作业者、安检员要进行起吊前安全检查，无误后方可作业。

2）在吊装规定的区域内，非工作人员不得进入或穿越，以保证安全施工。

3）每次起重时应进行试吊，试吊高度达到300mm时短暂停止作业，检查起吊钢丝绳吊挂位置和起重机无异常情况后方可继续提升。

4）在起吊过程中，尽可能一次吊装完毕，无特殊情况，中途不停留。

5）起吊重物的下方禁止任何人站立或穿越。

三、机械设备和基础的连接

1. 机械设备基础

机械设备基础承受机械设备的全部重量，并将其与基础本身的重量均匀地传布到土壤，基础承受、消除或减弱机械设备在工作时产生的振动。基础的形式与施工直接关系到设备的安装质量和运行状态。

（1）地基　地基分天然和人工的两种。支承基础底面的土壤保持天然状态，称为天然地基。当天然地基的承载能力和稳定性不够时，则必须采用人工地基，人工地基可通过土壤加固法、换土法、桩基得到。

表7-10所列是受静载荷作用土壤的基本允许承载力。

表7-10　土壤基本允许承载力　　（单位：kN/m^2）

土壤类别	土壤名称	承载力
Ⅰ	软质土壤（孔隙比较大的可塑性粘土、中密很湿的饱和细砂及粉砂、密实饱和的粉砂）	≤150
Ⅱ	中等坚硬土壤（粘质砂土、砂质粘土、孔隙比较小的可塑性粘土、孔隙比较大的坚硬粘土、中密的砾砂和粗砂、密实很湿饱和的细砂、密实稍湿和很湿的粉砂、中密稍湿的砂粉）	≤350
Ⅲ	坚硬土壤（坚硬粘土、孔隙比较小的坚硬粘土、密实的砾砂和粗砂、角砾和圆砾、孔隙为砂填充的碎石和卵石层）	≤600
Ⅳ	岩质地基	>600

（2）机械设备基础　通常机械设备基础有砖砌基础和混凝土基础。砖砌基础只有在强度条件允许且在地下水位以上的情况下可以应用。矿山机械设备安装基础多采用混凝土基础。

混凝土基础有混凝土和钢筋混凝土两种。混凝土的强度等级一般采取C10，对重载荷的基础，强度等级提高到C15。各类机械设备应采用的混凝土强度等级见表7-11。

钢筋混凝土的标号不应小于C15。各种标号的混凝土按一定的成分配成。在实际应用中，砌筑基础的混凝土成分一般按经验配比，水泥、砂子、石子的体积比为1∶3∶6，重要的用1∶2∶4。砌筑混凝土时应分层摊平和普遍捣实，整个基础要一次浇灌而成。基础砌筑后要有专人养护，在养护期间用草袋或塑料膜遮盖以保持湿润，洒水期为5～7天。混凝土由浇注到安装机械设备，一般为7～14天。为了使基础不致在机械设备安装后因工作产生振动而下沉，砌筑完毕的基础可进行预压，加压的重量为机械设备重量的1.5倍，时间为3～5天。机械设备安装到基础上后，一般至少应该经15～30天的时间才能开动机械设备工作。

表7-11　各类机械设备采用的混凝土强度等级

序 号	机械设备的种类	混凝土强度等级
1	一般机械设备的基础：金属切削机床、一般电动机及其他均匀转速的工作机械	C10
2	重型和不均匀转速工作机械设备的基础：压缩机、内燃机、蒸汽机、锻压机械、破碎机、球磨机、小型汽轮机、重型金属切削机床	C10～C15
3	重型、重要的和产生大的振动的机械设备基础：大型汽轮机组、大功率的水泵、通风机、高精度的金属切削机床（磨床、齿轮精整机床等）	C15～C20

（3）机械设备基础尺寸的选择　合理的机械设备基础应满足强度大、稳定性好和没有很大的振动三个要求。由于机械设备基础的结构通常为整块式，一般都有足够的强度，因此通常只确定基础尺寸而不进行强度校核计算。

基础尺寸应满足工作的可靠性和结构的经济性两个原则。机械设备基础的主要尺寸为基础的底面尺寸和基础的最小高度，其他尺寸根据机械设备结构的要求确定。机械设备基础的尺寸可以用下面的经验公式确定

$$W_{jc}=\alpha W_{jz} \tag{7-2}$$

式中，W_{jc}为基础的重量；W_{jz}为机械设备的重量；α为系数，可由表7-12选择。

表7-12　各类机械设备的α值

机械设备的种类	卧式活塞机械设备，活塞速度(m/s)				汽轮发电机组	电动机		水泵和通风机
	$v=1$	$v=2$	$v=3$	$v=4$		无制动和逆转	有制动经常反转且载荷不稳定	
α	2.0	2.5	3.5	4.5	5.0	10.0	20.0	10.0

基础的体积V为

$$V=\frac{W_{jc}}{P} \tag{7-3}$$

式中，P为1m³基础的重量，砖砌基础$P=19\text{kN/m}^3$，混凝土基础$P=24\text{kN/m}^3$。

基础的长度A与宽度B取决于设备机架的尺寸，基础要大于机座，每边长150～250mm。基础的高度H为

$$H=\frac{V}{AB} \tag{7-4}$$

基础的最小高度主要取决于地脚螺栓的固定要求、管路埋设的位置、土壤的冻结深度和地下水位等。地脚螺栓的长度和基础的高度间互相影响，要加以适当选取。地脚螺栓长度加大时可以增大机械设备固定的可靠性；但如果过长，则会使基础高度增加过大，不经济。

土壤的冻结能使地基变形，只有小型和允许偏斜的基础才允许在冻结土壤上构筑基础。有一定精度要求的机械设备必须安装在坚固的基础上，因此必须将地基的冻结土壤铲去；而重型机械设备应将基础构筑在冻结深度以下的标高上。基础应该砌筑在地下水位以上，当基础必须砌筑在地下水位以下时，应该采取相应的措施。

（4）基础的验收　在机械设备安装就位前，要对设备基础进行验收。其检查项目和验收标准如下：

1）安装部门要检查技术文件是否齐全，包括基础施工图、基础标高测量图表。基础定位图表。大型或高精度设备及冲压设备的基础，还要提供基础预压记录、沉降观测记录及验收合格记录。

2）所有基础表面的模板、地脚螺栓固定架及露出基础外的钢筋、铁条等必须拆除，杂物和积水要清除干净，表面铲成必要的麻面，放垫铁的部位要用 1：2 水泥砂浆研平。

3）基础的几何尺寸和混凝土的强度必须符合设计要求，基础各部分尺寸的允许误差见表 7-13。

表 7-13　混凝土设备基础的允许误差　（单位：mm）

序号	项　目	允　差	序号	项　目	允　差
1	坐标位置	±20	6	基础垂直面的铅垂度 （1）每米 （2）全高	 5 10
2	基准点的标高	±0.5	7	预埋地脚螺栓 （1）标高（顶端） （2）中心距（在根部和顶端两处测量）	 +20 ±2
3	平面外形尺寸 凸台上平面外形尺寸 凹穴尺寸	±20 −20 +20	8	预留地脚螺栓孔 （1）中心位置 （2）深度 （3）孔壁铅垂度	 +10 +20 10
4	不同平面的标高	−20	9	预埋活动地脚螺栓锚板 （1）标高 （2）中心位置 （3）水平度（带槽沟锚板） （4）水平度（带螺纹孔的锚板）	 +20 ±5 5 2
5	平面的水平度（包括地坪上需安装设备的部分） （1）每米 （2）全长	 5 10			

4）根据设计图样的要求，检查所有预埋件（包括预埋地脚螺栓）的数量和位置是否正确。

5）基础表面应无蜂窝、裂纹及露钢筋等缺陷。用锤子敲击基础检查其密实度，不得有空洞声音。

2. 轨座

通常机械设备直接安装在基础上，但有些机械设备为便于修理、调试或更换，保证安装质量，须采用轨座固定在基础上的安装方式。轨座形式如图 7-15 所示，轨座可用灰铸铁和型钢等制成。

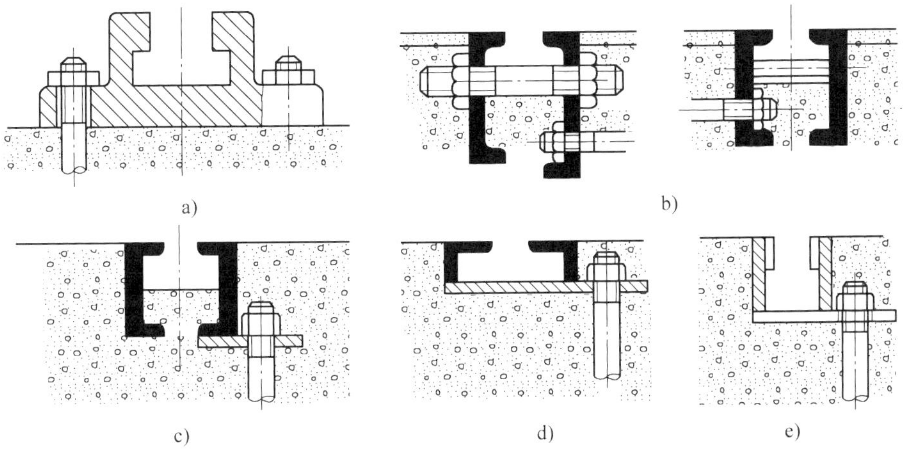

图 7-15　轨座的形式

a）灰铸铁轨座　b）、c）由槽钢制成的轨座　d）由角钢制成的轨座　e）由钢板制成的轨座

轨座放到基础上后应该进行位置调整和找平找正，然后进行二次灌浆，固定在基础上，最后将机械设备安装在轨座上。

3. 地脚螺栓

地脚螺栓的作用是将机械设备与基础连接起来，以免机械设备工作时发生位移和倾斜。

（1）地脚螺栓、螺母和垫圈的选择　地脚螺栓、螺母和垫圈应按设备技术文件规定选取，也可参照下列原则选择：

1）地脚螺栓直径的确定。按照设备底座（或轨座）上的地脚螺栓孔确定地脚螺栓的直径，具体数值见表 7-14。

表 7-14　地脚螺栓直径与设备底座地脚螺栓孔的关系　（单位：mm）

孔　　径	12 ~ 13	13 ~ 17	17 ~ 22	22 ~ 27	27 ~ 33	33 ~ 40	40 ~ 48	48 ~ 55	55 ~ 65
螺栓直径	10	12	16	20	24	30	36	42	48

2）地脚螺栓长度的确定。如图 7-16 所示，地脚螺栓的总长度 L 按下式确定

$$L = I + H_1 + H_2 + H_3 + H_4 \tag{7-5}$$

式中，I 为埋入的总深度（包括垫板厚度），一般取螺栓直径的 15 ~ 20 倍，不超过 1.5m，最小埋入深度不小于 0.4 m；H_1 为装地脚螺栓部位的机座厚度；H_2 为垫圈厚度；H_3 为螺母厚度；H_4 为地脚螺栓螺纹露出螺母的长度（一般为螺距 P 的 1.5 ~ 5 倍）。

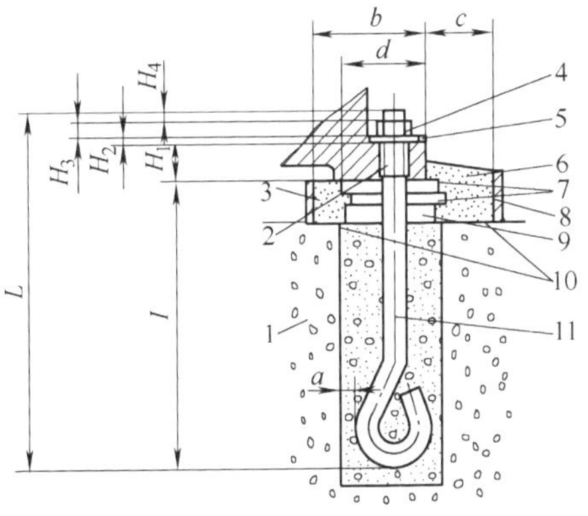

图 7-16　地脚螺栓、垫板和灌浆部分示意图

1—地坪或基础　2—设备底座底面　3—内模板　4—螺母　5—垫圈　6—灌浆层　7—钩头或成对斜垫板　8—外模板　9—平垫板　10—麻面　11—地脚螺栓

3）地脚螺栓形式和尺寸选择。地脚螺栓的形式和尺寸一般按 GB/T 799—1988 选取。

4）地脚螺栓螺母、垫圈等的选择。地脚螺栓一般应配一个螺母和一个平垫圈，螺母、平垫圈按国家标准选择。

（2）地脚螺栓的类型

1）按地脚螺栓的长度分类，有短地脚螺栓和长地脚螺栓。短地脚螺栓用来固定轻载和没有剧烈振动、冲击的设备，长度为 0.1 ~ 1.0m；长地脚螺栓用来固定重的、有强烈振动感和冲击力的重型机械设备，可以和锚板一起使用，如图 7-16 所示，其长度一般为 1.0 ~ 4.0m。

2）按地脚螺栓与基础的连接形式分类，有固定地脚螺栓、活地脚螺栓和锚固式地脚螺。

固定地脚螺栓往往与基础浇灌在一起，用来固定工作时没有剧烈振动和冲击的中小型设备，其长度一般在 0.1 ~ 1.0m 之间，属于短地脚螺栓，如图 7-17。其头部形状一般为开叉和带钩的样式，带钩的固定地脚螺栓有时在钩孔中穿入横杆，以防扭转和增大抗拔能力。

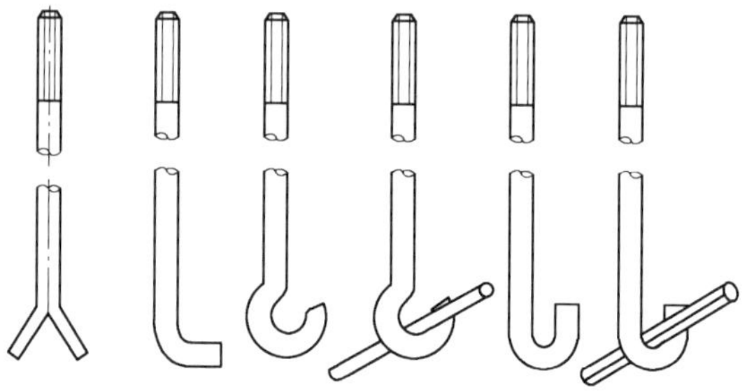

图 7-17 固定地脚螺栓

活动地脚螺栓便于拆卸，不与基础浇灌在一起，基础内预留地脚螺栓孔，并在孔下埋入锚板，如图 7-18 所示。当移动设备或更换地脚螺栓时，可以方便地取出活动地脚螺栓。活动地脚螺栓一般用来固定工作时有剧烈振动和冲击的重型设备，它的长度一般为 1.0 ~ 4.0m，属于长地脚螺栓。它有两种形状，一种是圆盘式，与它配套的是两头都有螺纹的螺栓，安装时必须拧紧以免松动，如图 7-18a 所示；另一种地脚螺栓顶端有螺纹，下端呈 T 字形或是方形底面有矩形孔，螺栓头为矩形，如图 7-18b 所示。安装时在螺栓顶端面打上方向记号，插入锚板后，根据记号将螺栓转动 90°，使矩形头正确地放入锚板槽内，然后拧紧螺母。

锚固式地脚螺栓靠做成锥体形状的螺栓本体在受到轴向力后产生轴向位移，将有纵向切口的胀管撑开，从而与基础间产生摩擦力，达到连接目的。其结构如图 7-19 所示。基础施工时不预埋地脚螺栓且无预留孔，安装时在基础上钻孔，再安装锚固式地脚螺栓。使用这种螺栓施工方便，定位准确，施工不受温度影响，锚固后即可投入使用；但其结构较复杂，制作成本高，钻孔定位要求准确。

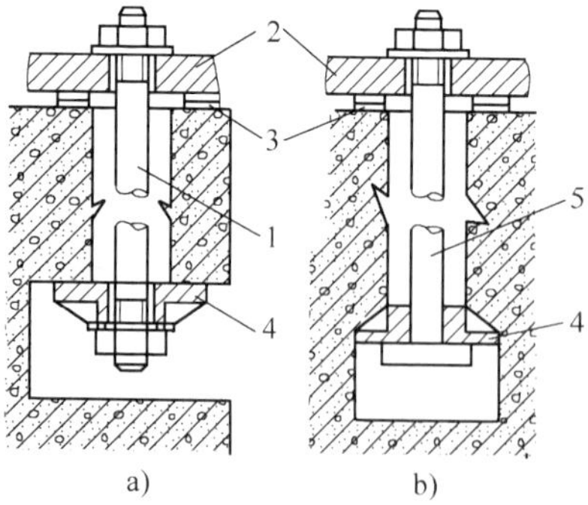

图 7-18 活动地脚螺栓

a）双头螺纹式 b）T 形头式

1—双头螺纹地脚螺栓 2—机座 3—垫板组

4—锚板 5—T 形头地脚螺栓

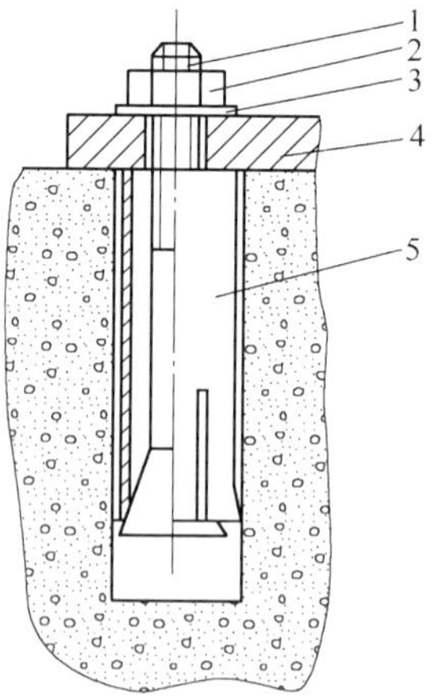

图 7-19 锚固式地脚螺栓

1—螺杆 2—螺母 3—垫圈

4—设备底座 5—带口套管

（3）地脚螺栓的固定方式

1）地脚螺栓的固定方法。地脚螺栓的固定方法一般有全部埋入法、预留调整孔法和预留全部基础螺栓孔法三种，如图 7-20 所示。

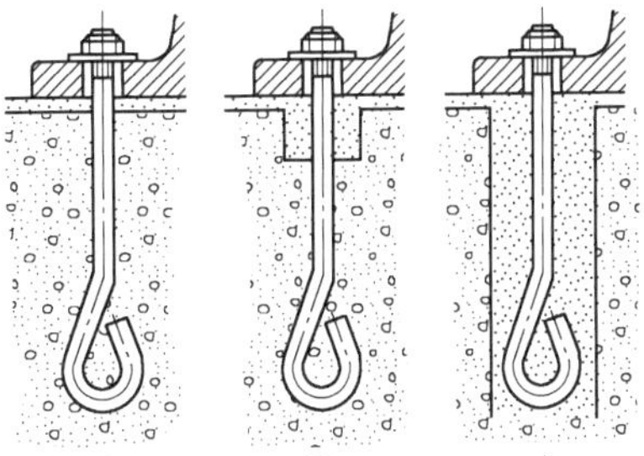

图 7-20　地脚螺栓的固定方法
a）全部埋入　b）预留调整孔
c）预留全部基础

图 7-20a 所示为浇灌混凝土时一次埋入，此方法可增加地脚螺栓的稳定性、坚固性和抗振性，但不便于调整，对地脚螺栓固定的坐标和标高要求高。图 7-20b 所示为预留调整孔法，在浇灌混凝土基础时，将地脚螺栓大部埋入，螺栓孔上端留有 100mm×100mm、深 200～300mm 的方孔作为调整孔，安装时可适当调整地脚螺栓的位置。此种方法具有全部埋入法的优点，对坐标和标高要求较高，在设备找平找正后，可一次紧固和灌浆。图 7-20c 所示的预留全部基础螺栓孔法常为大型设备所采用。在浇灌基础时，预留 100mm×100mm 的方孔，在安装机械设备时才将地脚螺栓装入，对机械设备进行找平找正，对预留孔进行灌浆，待灌浆凝固一定强度后紧固地脚螺栓。

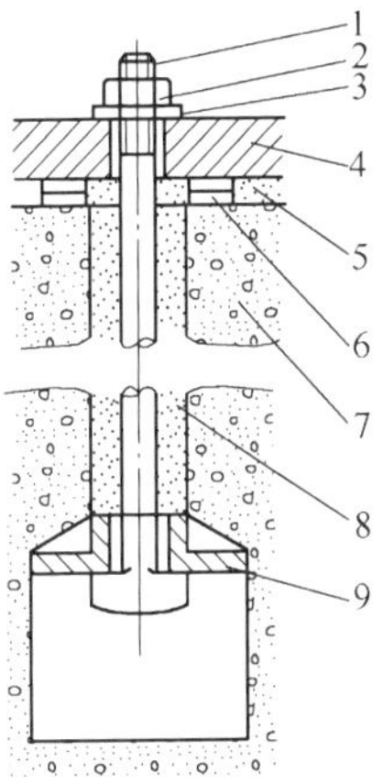

图 7-21　锚板式可拆卸地脚螺栓的固定
1—地脚螺栓　2—螺母　3—垫圈　4—机座
5—二次灌浆　6—垫板　7—混凝土基础
8—填充干砂子　9—锚板

2）锚板式可拆卸地脚螺栓的固定方法如图 7-21 所示。在浇灌基础时，将地脚螺栓孔和锚板孔均留出。安装时先将锚板固定住，将地脚螺栓沿锚板孔方向放入地脚螺栓孔内，待设备放到基础上后，将地脚螺栓转 90°，上提与机械设备底座固定。

3）在混凝土楼板上固定地脚螺栓的方法如图 7-22 所示。图 7-22a 所示为一般预埋套管法。图 7-22b 所示为安装时凿孔遇到钢筋的情况，此时可将地脚螺栓焊在钢筋上，然后灌浆。图 7-22c 所示方法用在预留孔或安装时凿孔，在楼板下加设大型垫板，然后灌浆。

4）锚固式地脚螺栓的固定。安装锚固式地脚螺栓时，首先在已完工的基础上钻地脚螺栓的方形孔，孔的直径比螺杆最粗部分大，比膨胀后的直径小；然后装入地脚螺栓并锚固，最后灌入以环氧树脂为基料的胶粘剂。采用此种固定方法须注意基础或构件有裂纹的部位不能用膨胀螺栓做地脚螺栓，螺栓的中心至基础或构件边缘的距离不得小于 $7d$（d 为膨胀螺栓直径），底端至基础底面的距离不得小于 $3d$，且不能小于 30mm，相邻两根螺栓的中心距离不小于 $10d$，螺栓埋入深度一般为 $4d \sim 7d$。

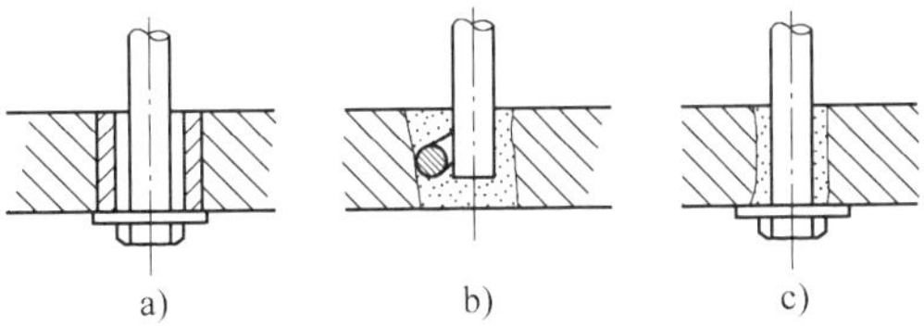

图 7-22　在混凝土楼板上固定地脚螺栓的方法

（4）安装地脚螺栓的要求

1）地脚螺栓的铅垂度允许误差为 0.01 mm。

2）地脚螺栓离基础地脚螺栓孔壁的距离要大于 15 mm。

3）地脚螺栓弯钩的底端不应碰孔底。

4）地脚螺栓在安装时螺纹部分要涂润滑油、脂，杆件上的油脂和污垢应清除干净。

5）固定地脚螺栓的混凝土凝固达到设计强度的75%后，再拧紧地脚螺栓的螺母；拧紧螺母时要注意用力均匀、次序对称并要分几次拧紧；螺母、垫圈、设备底座间的接触均应良好；螺母紧固后，螺栓必须露出螺母螺距的1.5～5倍的长度。

6）设备在安装时要均匀下落，底座螺栓孔对准地脚螺栓，不要碰伤地脚螺栓的螺纹。

4. 垫板

垫板的作用是调整机械设备的标高和水平，使设备底座与基础之间有一定的距离，以便于二次浇灌，机械设备的重量通过垫板能够均匀地传布到基础上。

（1）垫板的形式及规格

1）垫板的形式及规格。常用的垫板形式如图7-23所示。图7-23a、b所示为最常用的垫板形式，其规格见表7-15。图7-23c、d所示形式适用于金属结构。图7-23e所示为钩头斜垫板，它通过灌浆层固定后可不焊，其尺寸可根据实际需要确定，图中尺寸关系为 $g = d + 10\text{mm}$，$h = b + 10\text{mm}$。

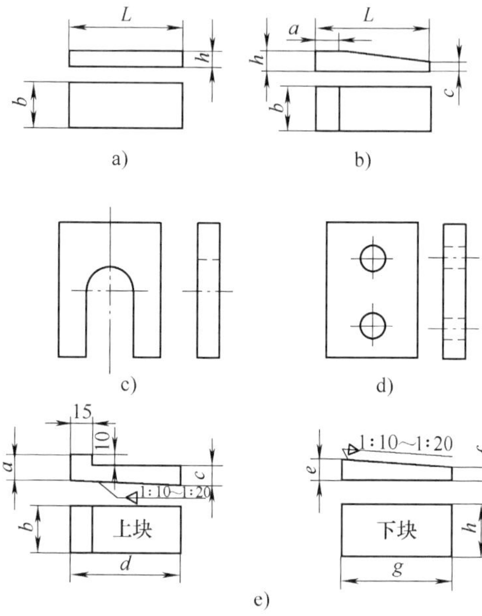

图7-23 垫板的形式

a）平垫板 b）斜垫板 c）开口形垫板 d）开孔形垫板 e）钩头斜垫板

表7-15 平、斜垫板的规格 （单位：mm）

序号	平垫板			材料	斜垫板					材料
	代号	L	b		代号	L	b	c	a	
1	平1	90	60	低碳钢或灰铸铁	斜1	100	50	3	4	低碳钢
2	平2	110	70		斜2	120	60	4	6	
3	平3	125	85		斜3	140	70	5	8	

2）垫板组高度的确定。垫板组高度可参照图7-24，由下式计算

$$H_1 = H - (h_1 + h) \qquad (7\text{-}6)$$

式中，H_1 为垫板组高度；H 为轴标高与一次浇灌基础实际标高差；h_1 为轴承座高度；h 为设备底座高度。

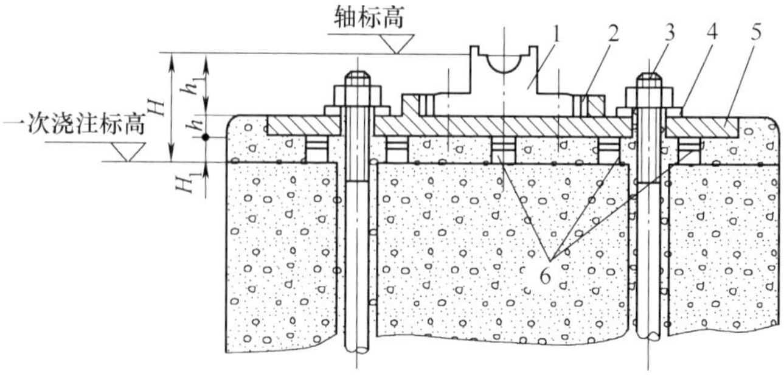

图7-24 垫板的布置

1—轴承座 2—楔铁 3—地脚螺栓 4—垫片 5—机座 6—垫板组

3）垫板的选择。根据实际垫板组的高度和现有钢板库存情况，确定斜垫板所用规格。大型设备斜垫板采用的宽度为70～80 mm，斜度为1∶20或1∶40，长度要比机座

与基础接触宽度长 10～50 mm。如图 7-25 所示，可以得到一对斜垫板高度 $H_3=H_4+c$，平垫板高度 $H_2=H_1-H_3$。

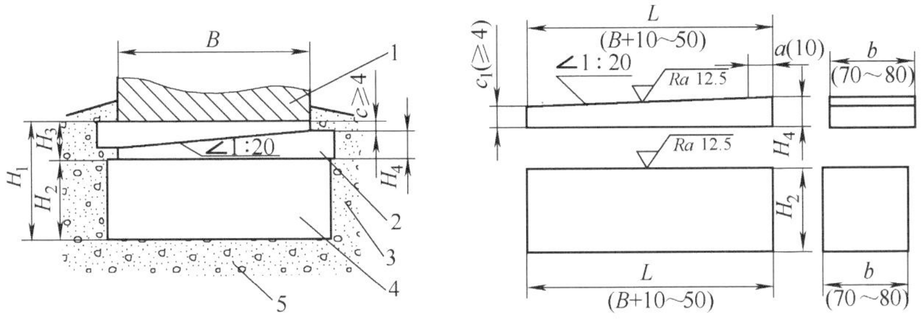

图 7-25　垫板组示意图

1—机座　2—斜垫板　3—二次灌浆　4—平垫板　5—混凝土基础

（2）垫板的安放

1）垫板要布置在地脚螺栓的两侧。

2）承受负荷较大的部分下面、轴承座下要布置垫板，如图 7-26 所示。

3）相邻垫板组的间距一般为 500～1000 mm，如图 7-26 所示，若大于此数时要增加一组垫板。

4）一组垫板最下面一块要放平垫板，且与基础研平以保证接触良好。一组平垫板块数一般不超过 3 块，最多不超过 5 块，垫板厚度从下而上减薄。大型设备中平垫板与斜垫板同时使用，平垫板要在下面，其上放一对斜垫板，两块斜垫板的斜面要相对，设备找平后，一对斜垫板要点焊住。

5）设备找平后，垫板应露出机械设备底座底面的外缘。平垫板要露出 10～30mm，斜垫板应露出 20～50mm。垫板组伸入设备底座底面的长度应超过设备地脚螺栓孔，如图 7-26f 所示。

6）为便于二次灌浆，垫板组的总厚度要保持在 30～60mm 之间，重型设备可增大到 100～150mm。

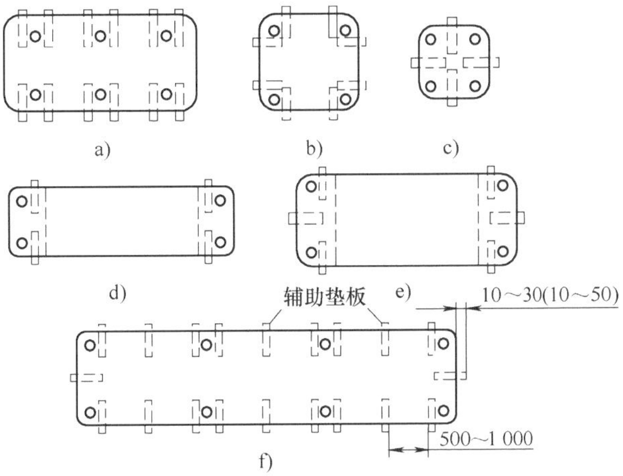

图 7-26　垫板的放置方法

a）标准垫法　b）井字垫法　c）十字垫法　d）单侧垫法　e）三角垫法　f）垫板间距

7）垫板在能放稳和不影响二次灌浆的情况下，应尽量靠近地脚螺栓，距离一般为（1～2）d。

8）每组垫板放置整齐平稳后，应压紧压实。可用 0.5kg 锤子逐组轻击，通过声音判断其压实承载情况。

5. 灌浆

二次灌浆是在设备的底座或轴承底座找平找正、垫好垫板组、拧上地脚螺栓螺母后进行的。二次浇灌使底座、垫板、地脚螺栓与基础固定在一起。

（1）灌浆前的准备工作

1）灌浆前应清除地脚螺栓孔中的垃圾，铲除被油沾污的混凝土，并用水全面刷洗干净，凹穴处不许有积水。与灌浆相接的基础面应凿成麻面，以使灌浆层与基础紧密粘合。

2）灌浆前要清除设备底座底面上的油污、泥土等杂物，保持清洁。

3）灌浆前安设好模板，外模板与设备底座外缘间的距离 c 不小于 60mm，其高度视具体需要而定。当设备底座底面不全部灌浆，且灌浆层需要承受设备负荷时，应安装内模板。内模板至设备底座底面外缘的距离 b 要大于 100mm，且不小于底座底面宽 d，高度均应等于底座底面至基础面或地平面的距离。

4）灌浆用的砂子、碎石子要用水冲洗，除去泥土杂物。

（2）二次灌浆的材料　二次灌浆所用混凝土的标号要比基础混凝土的标号高一级。碎石子的粒度为 5～10mm，一般现场水泥可用 425#。水泥、砂子、石子的比例为 1∶2∶3，抹面用水泥、砂子的比例是 1∶2。

（3）二次灌浆施工注意事项

1）二次灌浆施工时要注意捣固密实，捣固时不得撞动设备、垫板和地脚螺栓等。

2）灌浆层高度要略高于设备底座底面，向外略有坡度，以防止油、水流向设备底座。

3）灌浆 12 h 后盖上草袋，洒水保养 7～10 天，冬季可不洒水保养，但要注意防冻，室内要取暖。灌浆养护后，混凝土强度达到 70% 以上时才允许拧紧地脚螺栓。

4）灌浆时应将锚板式可拆卸地脚螺栓孔妥善盖住，以防止混凝土砂浆流入。

四、机械设备安装过程

机械设备的安装操作必须严格遵守操作规程和设计资料的规定。一般机械设备安装的顺序是：设备就位，设备找平找正，清洗装配，调整与试运转，验收。下面主要介绍机械设备的找平找正方法。

1. 基准点的埋设

基准点是根据矿（厂）的永久性标基，经过精密测量获得的。安装中机械设备的标高是要根据基准点测出来的数值进行计算和调整。基准点一般用圆头铆钉焊在一块钢板上或基础钢筋上，用高标号水泥砂浆浇灌固定，如图 7-27 所示。混凝土无钢筋时，应在铆钉杆下部焊上一块钢板，然后浇灌。埋设地点要不妨碍施工，又利于找平找正。有的基准点由测量单位标记在建筑物墙壁上，找机械设备标高时通过水平仪来进行。

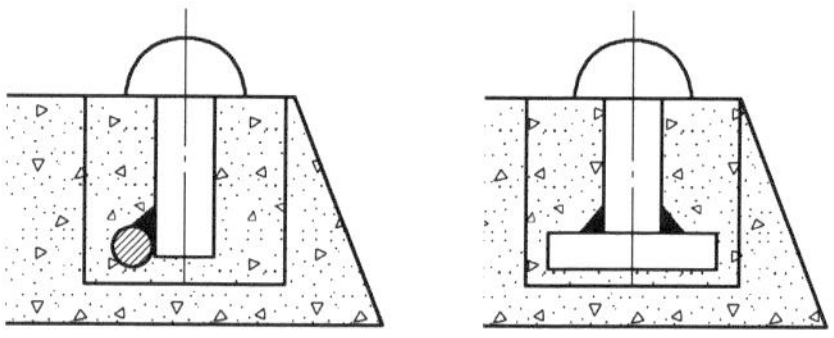

图 7-27　基准点的埋设

2. 中心标板的埋设

机械设备的中心线是根据中心标板的中心标点来调整和对准的。中心标板是预先埋设的金属构件，其工作面积不小于 30mm×150mm。按设计要求，测量人员通过经纬仪把点投到四块中心标板上，用样冲打出中心标点痕迹，如图 7-28 所示。一般在投点的周围用红铅油划一圆圈作为明显的标志。

中心标板要埋设在基础四周的中心线附近，且应对称布置，如图 7-29 所示。中心标板的埋设一定要离开机械设备底座外轮廓一段距离，以便于利用中心标板进行设备找正。

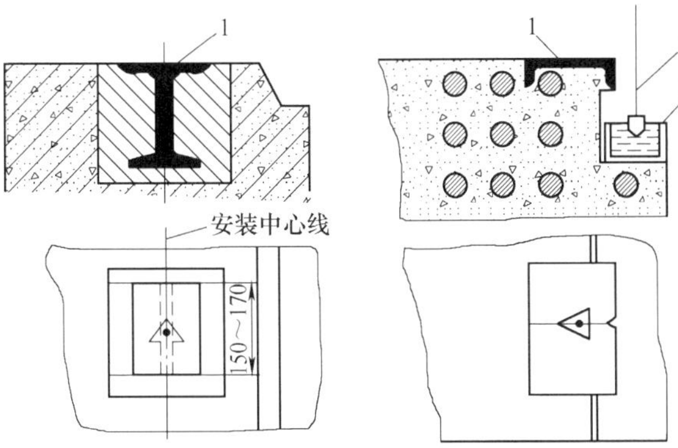

图 7-28　中心标板

1—中心标板　2—线坠　3—油盒

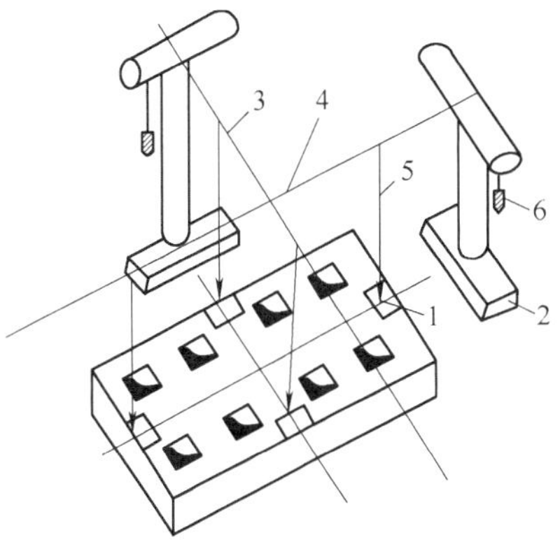

图 7-29　中心标板的布置及使用

1—中心标板　2—活动挂线架　3—纵向钢丝　4—横向钢丝　5—线坠　6—拉紧坠

3. 找正设备的中心线

用中心标板挂设基准线来确定设备的位置，中心线可用直径 1mm 左右的整根细钢丝制作，长度一般不超过 40m。两交叉的纵、横中心线，长的在下方，短的在上方，其间距不小于 300mm，以免互相接触。

图 7-30 所示为 JK 系列提升机中心找正示意图。提升机的提升中心线及主轴中心线是设备安装的主要基准线。因此，挂线架要埋设在提升机中心线及主轴中心线的相对位置上，依此来确定主轴在水平面内的位置。提升机的减速器、电动机的位置，也要依据已确定的主轴的位置来调整、找正和定位。

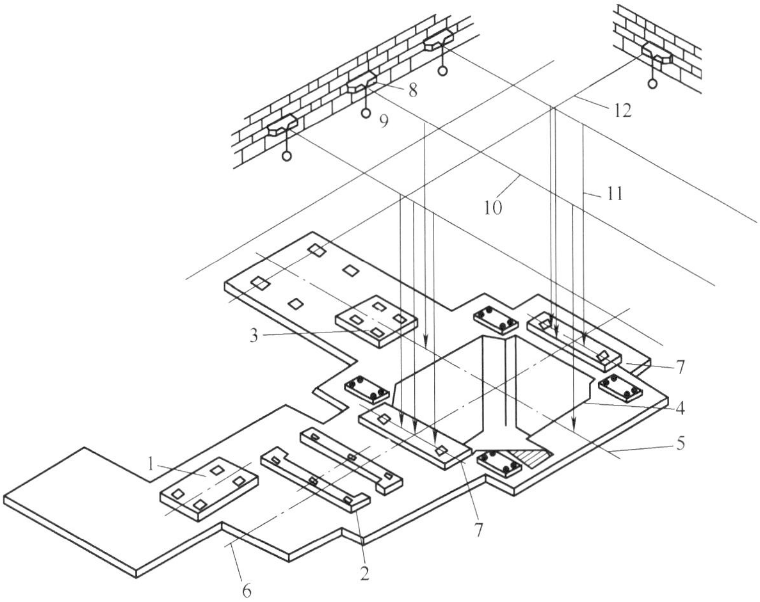

图 7-30　JK 系列提升机中心找正示意图

1—电动机基础　2—减速器基础　3—液压站基础　4—滚筒部位　5—提升中心线　6—主轴中心线　7—轴承中心线　8—中心线架　9—拉紧锤　10—纵向钢丝　11—线坠　12—横向钢丝

4. 找正设备的标高

主轴的位置确定后，要通过找正标高来确定主轴中心线的高度位置。当基准点距机械设备较近时，可利用平尺、水平仪测量机械设备的标高，如图 7-31 所示。用调整块调整平尺 3，使之处于水平状态（看水平仪 1），然后调整主轴使其处于水平状态。

当基准点距机械设备较远时，可利用水准仪配合钢直尺（或深度游标卡尺）进行测量，如图 7-32 所示。架好水准仪，调整支腿使水准仪保持水平，并使镜头十字线中点与主轴中心点对正。在基准点 4 上垂直放置钢直尺，转动水准仪镜头，读取水准仪所对应测得的钢直尺的读数，计算中心线标高。若读数等于设计标高减基准点标高，则机械设备合乎要求；若读数大于设计标高减基准点标高，则机械设备应下降；反之机械设备应上升。

设备本身的标高测定面应选择在精密的主要加工面上，如减速器箱体的剖分面、滚动轴承外圈、轴承瓦口和轴颈表面。在调整设备标高的同时要兼顾水平度。

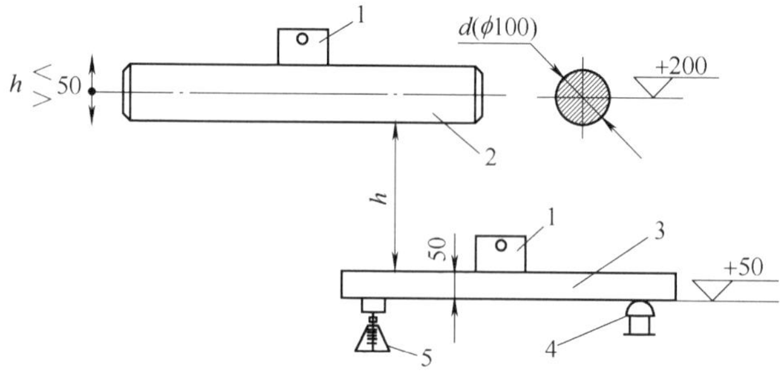

图 7-31　用平尺、水平仪测量、调整标高示意图

1—水平仪　2—设备主轴　3—平尺　4—基准点　5—调整块

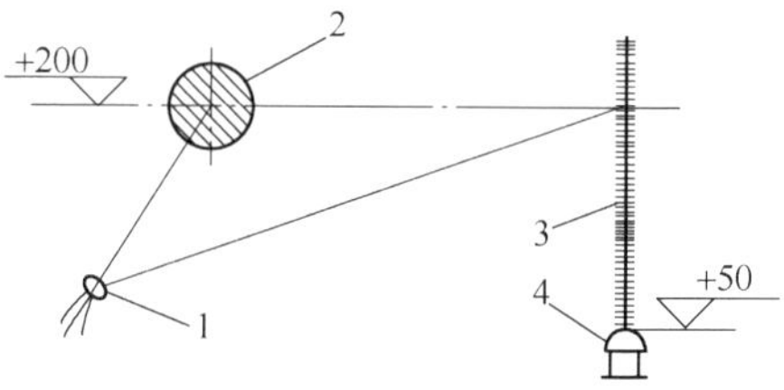

图 7-32　用水准仪、钢直尺测量调整标高示意图

1—水准仪　2—设备主轴　3—钢直尺　4—基准点

5. 找正设备的水平度

找正设备水平度所用的水平器、水平仪和平尺都必须经过校验合格。设备水平测定面应选择在精确的、主要的加工面上。

（1）平面水平性的检验　一般可将平尺放在被检验平面上，再将水平仪放在平尺上进行检查。

（2）两个平面共同的水平性的检查　如图 7-33 和图 7-34 所示，可利用平尺和水平仪或用水柱水平器进行检查。大型设备的水平性检查，可利用精密水准仪配合深度游标卡尺、钢直尺等进行检验。图 7-35 所示为检查矿井提升机两轴承座相对标高示意图。

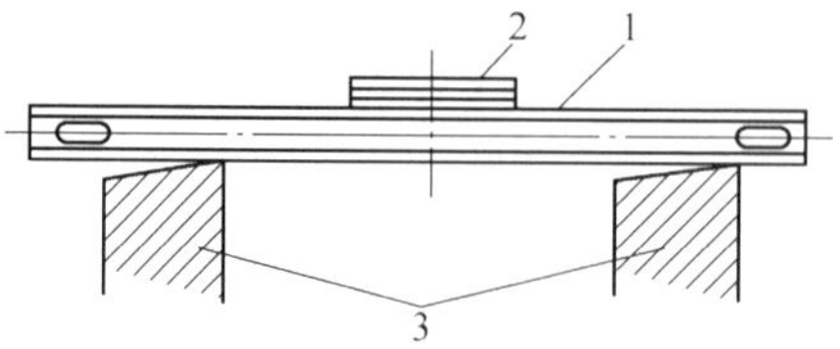

图 7-33　检查两个平面共同的水平性

1—平尺　2—水平仪　3—被测物

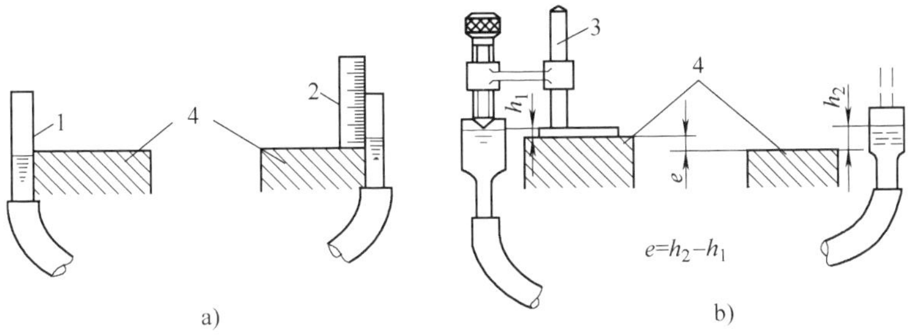

图 7-34　用水柱水平器检查两个平面的水平性

a）普通水柱水平器　b）精制水柱水平器

1—普通水柱水平器　2—钢直尺　3—精制水柱水平器　4—被测物

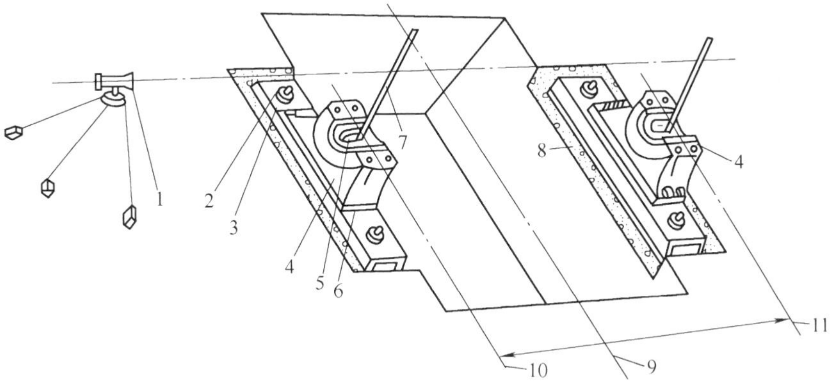

图 7-35　检查两轴承座相对标高示意图

1—精密水准仪　2—地脚螺栓　3—机座　4—1 号轴承座　5—精密方水平尺　6—轴承连接螺栓

7—深度游标卡尺（钢直尺）　8—垫铁　9—提升中心线　10、11—两轴承距离尺寸线

五、JK 型缠绕式提升机的安装工艺

提升机是煤矿生产的主要设备，服务年限长。提升机安装后能否安全、可靠和持久地运转，直接影响着整个矿井的生产和安全。

1. 施工前的准备工作

准备工作是保证安装工作顺利进行的前提，是保证安装工期和质量的主要环节，出现任何准备工作不当、供应脱节的现象，都会造成安装的停工待料而影响工期。提升机安装准备工作可以从以下三个方面考虑。

（1）编制施工组织设计　负责安装工程的管理人员和技术人员，要结合提升机的具体结构和现场工作条件，详尽地阅读设备图样及安装使用说明书，在细读图样及安装使用说明书的基础上，编写出施工组织方案，并组织安装人员学习和贯彻执行。

（2）编制外购件计划　安装过程中要用到的设备、仪器、工具与刀具及消耗材料等，在施工之前应根据安装施工要求，编写相应的领用计划，提交有关部门组织租赁或采购，保证按时供货。

（3）检查安装设备　对所需要安装的提升机零部件的质量和数量，要确保无差错。

2. 提升机的安装顺序

安装矿井提升机时要根据安装进度图表的先后顺序组织施工。为确保安装工期，应合理调配人员的分工，实行平行作业，主要作业线贯穿全线，将间隔工序较长的项目优先安排，防止工序颠倒造成返工。要考虑到以下顺序关系：

1）首先安装主轴，同时电控设备可以施工。

2）主轴固定安装好后，即以主轴联轴器为基准安装减速器，同时作业的卷筒装配、电动机做好准备。

3）减速器安装好后，以高速轴联轴器为基准安装电动机，同时组织部分人员组装卷筒，也可以对电动机进行放线和接线。

4）电动机对装好后，提升机的主要部件已安装完毕，应组织对润滑系统、制动系统进行施工，如果制动盘、卷筒在现场焊接，则必须在焊接结束、车好闸盘后再组装制动系统。

5）整机安装完工，须经上级有关部门及各级领导、工程技术负责人检查、验收，并进行空运转，空运转前要微调顶丝装置，将主轴轴承梁和减速器四周顶死以防松动。空运转一切正常时方可进行二次灌浆。

3. 提升机的安装程序

安装过程中要严格按照安装进度图表规定的程序施工。现以 JK 系列提升机为例，说明其安装程序。

1）构筑基础。基础打好后，经过 7 ~ 14 天方可安装机械设备。

2）埋设基准点、中心标板或固定挂线基准点。

3）验收基础。按照基础定位基准点标高和基础图样或设备底座图样，检查基础的水平性和标高差，可用水准仪配合塔尺进行。

4）准备垫板（垫铁）。安装提升机时必须放置垫板的部位有主轴承梁下、盘形闸座下、减速器底座下、主电动机底座下等。

5）对需要进行二次灌浆的基础部位铲成麻面，并洗刷干净。

6）对放垫板组基础的表面，要用加工好的平垫板和 1：2 的水泥、砂子，拌灰浆研平，平垫板就位。

7）对设备开箱检查，清点零件数量，清洗零件表面的防腐剂和进行除锈检验工作。

8）安装主轴承梁及主轴承座。依据中心标板确定提升机的主轴中心线和提升中心线的位置，并固定挂线。

9）安装主轴，并对其找平找正。

10）主轴找平找正合格后，固定好主轴承座前、后两对斜块，紧固主轴承梁地脚螺栓，焊好主轴承梁下斜垫板，对主轴承梁进行二次灌浆。

11）固定锁紧器座及装锁紧器。

12）按步骤 6）将减速箱垫板组的平垫板垫好。

13）安装减速器，根据主轴标高、主轴中心线、提升中心线和齿轮联轴器端面间隙使减速器就位，进行初步的找平找正。

14）将电动机轨座的平垫板按步骤 6）放好。

15）对主轴瓦进行刮研，当轴瓦接触面积达到 50% 时停止刮研。

16）减速器输入、输出轴对心调整，根据主轴半联轴器对减速器进行细致的找平找正，满足要求后拧紧地脚螺栓，焊好斜垫板，对减速器进行二次灌浆。

17）组装提升机卷筒（组装辐板，焊卷筒板，焊挡绳板，焊制动盘）。

18）对主轴瓦继续刮研，直到合格为止。

19）调整减速器齿轮间隙，刮研各轴瓦，合格后清洗减速器，合上箱体。

20）安装润滑泵站的油泵及电动机，接通主轴承及减速器各轴承润滑系统的管路和供油装置，向减速器装一定数量的润滑油，进行系统清洗及试运转。

21）连接主轴及减速器主轴的齿轮联轴器的螺栓，并向齿轮联轴器内加足够量的润滑脂。

22）安装深度指示器传动装置及深度指示器。

23）根据减速器传动轴上的 V 带轮，确定并安装限速发电机。

24）车削制动盘。

25）安装斜面操纵台。

26）安装液压站。

27）制动盘车削后，安装盘形闸。

28）装配卷筒木衬及车削绳槽。

29）接通液压站至盘形闸、调绳装置和斜面操纵台管路。

30）调试液压站。

31）调试盘形闸。

32）调试调绳装置。

33）安装主电动机，根据减速器传动轴的蛇行弹簧联轴器找正并固定主电动机，并对电动机进行送电试验。

34）连接减速器传动轴与电动机的蛇形弹簧联轴器螺栓，并向联轴器内加一定数量的润滑脂。

35）安装齿轮联轴器、蛇形弹簧联轴器的安全罩、限速发电机传动带罩及提升机的保护栏杆。

36）进行设备、管路粉刷涂漆工作。

37）对基础进行抹面。

38）准备及进行试运转（在试运转中挂提升钢丝绳），移交生产。

上述步骤 16）~ 38）可以考虑平行作业和其他施工项目，如润滑泵站的油泵及电动机等。

4. 提升机的安装

（1）主轴装置和轴承梁的安装

1）主轴的找平。主轴的找平方法如图 7-36 所示。用水准仪观测立放在两个轴颈上的钢直尺，观察一个钢直尺的刻度并记录，之后观察另一个轴颈上钢直尺的刻度，比较两个刻度数值，得到两个轴颈的高度差，通过机座下的斜垫铁调整两侧高度至满足要求为止。

2）主轴的找正。如图 7-37 所示，采用挂线的方法，然后在基准线上垂下 4 条线坠，采用双线坠两点连接法找正主轴中心位置。以两条线坠垂直重合并对准主轴的顶尖点为合格。

3）主轴找平找正后，打紧轴承座前后的斜铁，焊好斜铁对主轴梁进行二次灌浆。

4）如果为滑动轴承，则二次灌浆一周后可进行轴瓦的刮研。

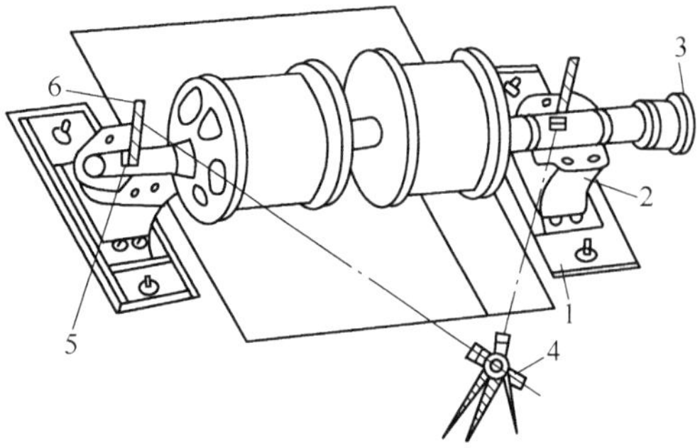

图 7-36　找平主轴水平度示意图

1—主轴承梁　2—轴承　3—联轴器　4—水准仪　5—方水平尺　6—钢直尺

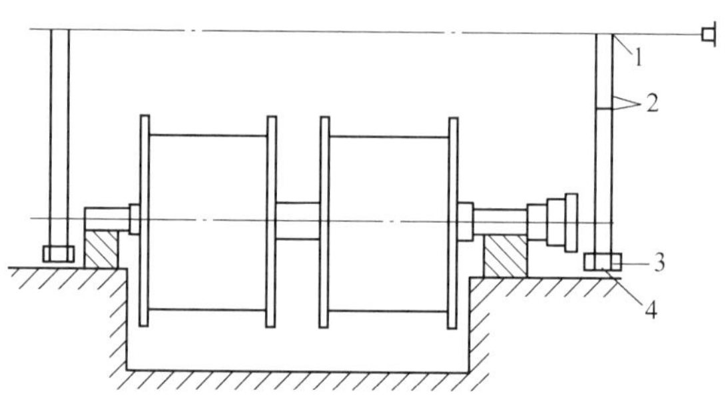

图 7-37　主轴中心找正示意图

1—安装基准线　2—线坠垂线　3—线坠　4—油盒

5）主轴装置就位时与安装基准线的位置偏差应符合下列要求：主轴轴线水平位移度为 $L/2000$，L 为主轴轴线与井筒提升中心线或天轮轴轴线间的水平距离，单位为 m；主轴轴线标高误差为 ±50mm；提升机提升中心线的位移度为 5mm；主轴轴线与提升中心线的垂直度误差不超过 ±0.15/1000。

6）垫铁安装时应符合下列要求：沿轴承梁周围应均匀安放垫铁，其间距不得大于 600mm，在地脚螺栓两侧和轴承中心下面必须安设垫铁；斜垫铁应成对使用，其斜度不得大于 1∶25，工作表面的表面粗糙度值不得大于 $Ra3.2\mu m$，薄端厚度不得小于 5mm，平垫铁工作面的表面粗糙度值不得大于 $Ra6.3\mu m$；轴承梁找平找正后，在二次灌浆前将两斜垫铁焊牢；垫铁组的高度应为 60 ~ 100mm，宽度为 60 ~ 120mm。

7）轴承座的水平度一般应符合下列要求：沿主轴方向不得大于 0.1/1000；在垂直于主轴的方向不得大于 0.15/1000。

8）轴承梁与轴承座的接触应紧密，其间不得加任何垫片。

9）轴瓦与轴承座的接触面应贴实，轻敲轴瓦时轴瓦应能转动。

10）主轴装上卷筒后，主轴的水平度误差不得大于 0.1/1000。

11）主轴轴颈与轴瓦的装配应符合下列要求：主轴轴颈与下轴瓦中部的接触角为 90° ~ 120°，沿轴向应不小于轴瓦长度的 3/4，在每 25mm × 25mm 范围内的接触斑点应不少于 6 点；卷筒与主轴组装后，主轴轴颈与轴瓦间的顶间隙应符合表 7-16 的要求，每侧的侧间隙一般应为顶间隙的 50% ~75%。

表 7-16　主轴轴颈与轴瓦装配的顶间隙　　（单位：mm）

轴颈直径	顶间隙
80 ~ 120	0.08 ~ 0.16
120 ~ 180	0.10 ~ 0.20
180 ~ 260	0.12 ~ 0.23
260 ~ 360	0.14 ~ 0.25
360 ~ 500	0.17 ~ 0.31
500 ~ 600	0.28 ~ 0.36

12）卷筒的出绳孔不得有棱角和毛刺。

13）装配切向键时，键与键槽的配合应紧密，其工作面的接触面积不得小于总面积的60%，挡键板应与键紧靠，不得有间隙。

14）游动卷筒装配后，将离合器打开后应转动灵活无卡阻现象。

15）主轴装置安装合格后，方可进行轴承梁灌浆。

16）制动盘的轴向圆跳动不得大于0.5 mm，表面粗糙度值不得大于 $Ra6.3\mu m$。

17）卷筒装配时，其连接螺栓应均匀拧紧。

18）对开卷筒和制动盘现场焊接的焊缝内不应有任何裂缝、未熔合、未焊透等缺陷，其焊接工艺方法见两半卷筒焊接工艺有关条款。

19）安设卷筒上的木衬（或专用衬层）时应符合下列要求：必须选用经过干燥的硬木；木衬与卷筒之间应贴合紧密，且不得加垫，固定木衬的螺栓孔应用同质木塞堵住，并应用胶粘牢；绳槽深度应为钢绳直径的25%～30%，相邻绳槽的中心距应比钢绳直径大2～3mm；切削绳槽时不宜有锥度和凹凸不平的现象，竖井双钩提升的两卷筒直径差不得大于2mm。多层缠绕时如果两容器位置相差较大，由现场按具体情况设法调整。

20）在现场拆卸清洗调绳装置的三个液压缸、铜套、活塞与外齿轮时，应打上相对位置标记以免第二次错装。

（2）减速器的安装

1）垫铁安设的要求与前述所述轴承梁相同。

2）各传动轴颈与轴瓦的配合顶间隙要求见表7-16，高速轴与轴瓦的接触斑点在25mm×25mm内应不少于10点，中间轴轴瓦不少于8点，低速轴瓦不少于6点。

3）输出轴的水平度误差不得大于0.05/1000，其余各轴以齿轮啮合为准。

4）齿轮啮合的顶间隙和侧间隙应符合表7-17和表7-18的规定。齿轮啮合的接触斑点沿齿长不得小于60%，沿齿高不得小于45%。

表7-17　渐开线齿轮顶间隙　（单位：mm）

齿轮压力角	标准间隙（C）	最大间隙
20°标准齿	$0.25m_n$	$1.2C$
20°短齿	$0.30m_n$	$1.2C$

注：实际顶间隙与产生齿厚减薄量的过切深度、相关齿轮的齿顶圆直径误差有关，通常实际顶间隙大于标准顶间隙。

表7-18　渐开线齿轮啮合的最小侧间隙　（单位：mm）

结合形式	中心距					
	>320～500	>500～800	>800～1250	>1250～2000	>2000～3150	>3150～5000
A	0.26	0.34	0.42	0.53	0.71	0.85
B	0.53	0.67	0.85	1.06	1.40	1.70

注：结合形式A一般用于闭式齿轮传动，B一般用于开式齿轮传动。

5）圆弧齿轮啮合的顶间隙和侧间隙应符合表7-19的规定，接触斑点面积应符合表7-20的规定。

表 7-19　圆弧齿轮的啮合间隙　（单位：mm）

齿　形	标准顶间隙	标准齿间隙	
67 型	$0.14m_n$	$m_n=2\sim6$	$m_n=7\sim30$
		$0.06m_n$	$0.04m_n$
上Ⅰ、Ⅱ	$0.14m_n$	$0.06m_n$	

表 7-20　圆弧齿轮接触斑点面积

精度等级	接触斑点不得小于（%）	
	齿长	齿高
7	≥85	≥65
8	≥80	≥60

6）减速器的接合面处应严密，不得漏油。

7）减速器在现场拆洗前，要检查轴承、轴承盖及各齿轮对有无相对位置标记，以免装配时错装。

（3）盘形制动器的安装

1）同一副制动器两闸瓦工作面的平行度误差不得大于 0.5 mm。

2）同一副制动器的支架端面与制动盘中心线间距离的偏差不得大于 0.5 mm，如图 7-38 所示。制动器的支架端面与制动盘中心平面的平行度误差不得大于 0.2mm。

3）各制动器制动缸的对称中心线水平面与主轴轴线应在同一水平面内，其偏差不得大于 ±3 mm，如图 7-39 所示。闸瓦与制动盘的间隙以 1 ~ 1.5mm 为宜。闸盘两侧每对盘形制动器的闸瓦间隙应调整到相等，其偏差不应超过 0.1mm。调整螺母拧紧程度应尽量一致，否则将影响制动力。

4）在闸瓦与制动盘全接触的情况下，实际的平均摩擦半径不得小于设计的平均摩擦半径 R_p，如图 7-39 所示。

5）装闸瓦时应首先检查和试配闸瓦衬板上的 $\phi28$ H7 孔与筒体上的销轴，两者必须是动配合。

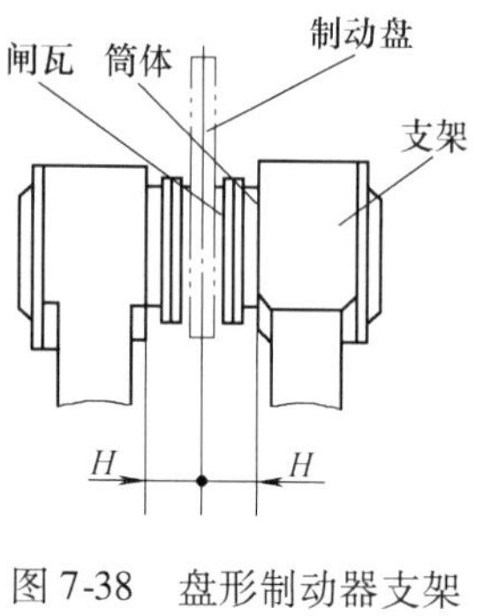

图 7-38　盘形制动器支架

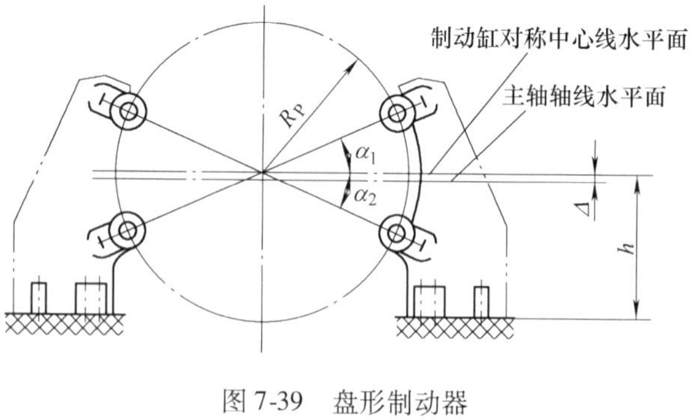

图 7-39　盘形制动器

6）支座两侧面与盘闸两侧面的平行度误差不得大于 0.2mm（中心平面）。

7）闸盘的表面粗糙度值不大于 $Ra3.2\mu m$，偏摆量不大于 0.5mm。

8）闸盘与闸瓦的接触面积必须大于60%，为确保闸瓦接触面积以减少贴磨时间，并保证闸瓦与制动液压缸中心安装后垂直，应先将闸瓦取下，以衬板为基准刨削闸瓦，直到刨平，再装配到制动器上。

9）对液压缸前置式制动器，调整闸瓦间隙时要相应地调整返回弹簧，调整时以保证闸瓦能迅速返回为宜，弹簧预压力不宜过大，以避免影响制动力矩，如返回弹簧全部压死，可使制动力矩全部丧失。

10）为避免切断柱塞上的密封圈而产生漏油现象，在安装或检修拆装后第一次调整闸瓦间隙时，必须首先将调整螺栓向前拧入使闸瓦和闸盘贴合，然后分三级进行调整，即每一次充入最大工作油压的1/3，此时闸瓦由于碟形弹簧的压缩而后移。随之将调节螺母向前拧，推动闸瓦与闸盘贴上，第二次充入最大工作油压的2/3，第三次充入最大工作油压调到闸瓦间隙为1mm。

11）对盘形闸液压系统的要求是：液压管路不漏油，最大压力能充分松闸，中压液压站残压不大于0.5MPa，中高压液压站残压不大于1MPa；液压站压力与操作手柄位置要一致，制动装置的试验符合《煤矿安全规程》等规定的要求。

（4）主电动机的安装

1）主电动机的基础由安装单位按主电动机尺寸进行施工，安装用的底架、地脚螺栓由现场自备。

2）主电动机轴上装的半联轴器在安装前按主电动机轴的尺寸进行扩孔和插键槽。扩孔加工时应以半联轴器外圆为基准定心，其同轴度公差为外圆直径公差之半，孔中心与端面的垂直度误差不大于0.1 mm，以保证安装时主电动机和减速器的同轴度。

3）半联轴器是热装到主电动机轴上的，加热温度不得超过300℃。加热前要检查孔径公差，加热要均匀，一般加热到表面呈浅黄色为宜，并用事先做好的量棒量其孔径，在孔径全长上必须通过，然后擦净孔径表面脏物套在主电动机轴上。

4）电动机转子和定子间隙的检查和调整、标高的确定、垫铁的摆放及电动机的找平找正等施工方法，可按前述方法进行。

（5）联轴器的安装　联轴器的安装可参阅前述相关内容，其安装精度规范如下：

1）安装齿轮联轴器时两轴线的径向位移不大于0.15mm，倾斜度不大于0.6/1000。

2）安装弹簧联轴器时两轴线的径向位移不大于0.1 mm，倾斜度不大于0.8/1000。

（6）液压站的安装

1）安装时液压泵、阀门、油箱、油管等必须清理干净，液压油必须洁净。

2）标高的确定。二级制动安全阀回油管口的高度要高出盘形制动器液压缸中心水平线80mm，避免安全制动时液压油回完造成空气积聚延迟松闸时间。

3）将液压站吊装、安放到基础垫板上。

4）液压站箱体找平找正。

5）安装油管。

六、2K60型轴流式通风机的安装工艺

1. 基础

1）由土建施工队在安装设备前将电动机、风机主体、扩散器、排风筒、风门绞车等基

础按标准进行施工。

2）基础经过养护后即可进行设备安装。

2. 地基基础的检查验收

1）按测绘人员给出的基础标高点和中心线，埋设基准点和固定好中心线线架。

2）挂上安装基准线，结合施工图样尺寸和标高点进行基础验收，重点检查标高和地脚螺栓孔的位置、尺寸。

3. 垫板的布置

1）按实测的基础标高，对比设计标高，计算出垫板组高度，并按质量标准规定布置垫板组。

2）用1m长的直尺，配合水平尺垫板组进行找平找正，并将需二次灌浆的基础面铲成麻面。

4. 设备的清点检查

1）按装箱单清点设备及零部件数量。

2）用煤油清洗各零部件。

5. 通风机主体的吊装

1）在机体吊装之前，将风道中的扩散器及芯筒、流线体放入风道安装位置处，防止以后无法吊入。

2）将风机主体连同机座吊放在基础垫板组平面上。

6. 通风机主体的找平找正

1）穿地脚螺栓。

2）按设计要求对主轴找平找正。

3）对机座进行二次灌浆。

7. 传动轴的安装

以主轴为基准，通过联轴器找正传动轴与风机主轴的同轴度。

8. 电动机的安装

以传动轴为基准，对电动机进行找平找正，然后对传动轴承座和电动机机座进行二次灌浆。

9. 附属部件的安装

1）按设计标高，以通风机主体为基准，安装扩散器风筒、芯筒。

2）按施工图样尺寸安装流线体上罩、集风器、中隔板、前隔板。

10. 风门及绞车的安装

1）按设计标高和风道中心的尺寸安装风门及导向滑轮组。

2）按设计标高、风机主体及风道中心尺寸安装提升绞车。

11. 司机台的安装

1）按设计施工图样安装司机台。

2）安装扇形遥测温度计。传感部分安在轴承体上，显示部分安在司机台上方或规定地点。

12. 二次灌浆

当风机主体附属部件安装完毕后，对未进行二次灌浆的部位进行二次灌浆。

13. 设备涂装防护

1）按规定对通风机主体、传动轴、电动机等进行涂装。

2）对风机附属部件，如绞车、风门、风筒等进行涂装。

14. 通风机试运转

1）按规定对风机进行空负荷、带负荷试运转。

2）按规定对风机返风装置进行试运转。

15. 负压计的安装

按设计要求进行U形负压计的安装。

16. 风机性能测试

对风机的性能进行技术测定和再次调试。

七、D型离心式水泵的安装工艺

现以D型离心式水泵安装于井下中央水泵房为例，说明排水设备的安装工艺。

1. 水泵基础硐室工程

按设计要求，由矿建施工队承担水泵房硐室的砌碹与喷浆、水泵基础、水仓与吸水井工程及斜巷等基础工程的施工。

2. 水泵基础检查验收

1）埋设标高点和固定中心挂架，按水泵房巷道腰线测出中心线和标高点。

2）挂上中心线，按中心线标高点检查验收基础标高、基础孔位置。

3. 垫板的布置

1）按实测的基础标高对比设计标高，计算出应垫的垫板厚度，按质量标准规定放置好垫板组。

2）用普通水平尺对垫板进行找平找正，并铲好基础的麻面。

4. 设备的开箱检查

1）按装箱单和设备使用说明书清查设备及零件的完好情况及数量。

2）清洗机械及零部件表面的防腐剂。

5. 零部件的加工

按施工设计图样及实际需求量安排吸水管路、排水管路、水仓箅子、吸水井操作架及平台和各种法兰盘等零部件的加工。

6. 水泵的预安装

1）在井上机修车间对水泵及电动机进行一次全面细致的检查与预安装。

2）在预安装中发现的问题要在井上全部处理完毕。

7. 水泵的搬运

1）按井下泵房的位置，以水泵房最里面的一台泵为首，排好搬运顺序，装在平板车上依顺序运至井下泵房或备用巷道中。

2）搬运时将其他零部件装箱同时运至泵房中。

8. 水泵的整体吊装

1）按施工图样位置和顺序，采用合适的起吊工具，将水泵整体安放在基础垫板平面上。

2）穿好地脚螺栓并装好螺母。

9. 水泵的整体安装

1）挂上纵、横中心线，下垂线坠进行找正。

2）按基准点、标高点，用水准仪进行找平。

3）找平找正后即可进行二次灌浆。

10. 吸水管的安装

1）按施工图样对各台水泵的吸水管、底阀与水泵的吸水口进行连接。

2）安装吸水井的平台、操作架和阀门。

11. 排水管的安装

1）安装各台水泵的排水短管、闸板阀、单向阀、三通管、旁路管。

2）安装包括斜巷排水管在内的排水主干管及托架。

12. 水仓零部件的安装

1）安装水仓箅子和水仓闸门。

2）安装闸门关闭操纵架及平台。

13. 水泵附属部件、零件的安装

1）安装真空表、压力表。

2）安装水封管、回水管、放气阀、注水漏斗。

14. 水泵试运转

1）检查各阀门动作是否灵活。

2）按规定时间对水泵进行试运转。

15. 设备粉刷

1）对设备进行粉刷、涂装。

2）对管路进行涂装。

16. 移交生产使用

1）清扫水泵房。

2）整理好各种技术资料。

3）办理移交手续。

八、设备的试运转

在机械设备安装完成后，要根据设备的结构特点进行空负荷或带负荷试运转，以检查设备的安装质量，掌握设备运转的主要技术参数。

1. 试运转的准备工作

1）人员组织。组织试运转临时工作机构，确定总负责人、各个试运转项目的负责人和各工种的操作人员、修理人员等。如有必要，应与设备制造厂家协商，要求厂方派人员参加试运转。

2）制订所安装设备的试运转程序及相应过程的操作规程、技术要求、安全措施等，尤其要明确指挥联络信号、人员观察位置和意外情况下的应急措施。

3）建立必要的试运转管理制度，明确责任，严格管理，并做好试运转检查记录。

4）清理现场。将安装用的设备、工具及剩余材料移出场外，清除垃圾等。

5）对试运转设备的各个润滑点按规定加注润滑油或润滑脂。

6）试车前，重新对各主要部位的连接、紧固状况进行全面检查。

7）在机械部分试运转前，应先对电气部分进行试验，主要内容如下：

① 电动机、变压器、电缆的耐压试验，检查电动机的旋转方向。

② 电控系统的调试。

③ 信号装置、示警及监控设施的运行等。

8）设备起动前，对设备上的运转部位，应先人工盘车，确认无阻碍和振动等反常现象后方可正式起动。

2. 试运转基本操作方法

（1）手动试运转　较小的设备用手动或使用撬杠来转动机械设备或机械设备部件，检查其安装情况。对于大型机械，整机安装后，要在组件和部件安装过程中进行手动试运转，边安装、边试运转、边检查、边调整。待整机安装完毕后，直接进行点动试运转。

（2）点动试运转　在手动试运转结束后，采用即开即停的方法检查设备各个部分的安装情况，一般起动运行几秒钟的时间，关键是检查各个部分有无卡阻现象或安装错位现象。但是，点动操作要根据设备的具体工作要求来安排，有的设备对短时间频繁起动限制较严格时，不得采用点动试验的方法。

（3）空载试运转　安装完毕后不加载荷，开动设备在空载状态下运行若干小时或若干天，检查各部分工作状况或进行空载性能的测试，主要目的是使零件经过短暂的磨合达到良好的配合效果，并处理空载运行过程中发现的问题。所以经过空载试运转后，对各润滑部位的润滑油脂应进行检查、过滤或更换。

（4）带负荷试运转　空载试运转结束后，即可根据设备技术性能的要求进行带负荷试运转。值得注意的是，设备的负荷应逐步增加，不得一次性增加到额定负荷，以便在运转过程中能及时处理发现的问题。

3. 试运转中的检查和注意事项

1）首次起动时，先用随开随停的办法做数次试验，观察各部分的工作状态，认为正常后方可正式运转，并由低速逐渐增加至额定转速。注意在此过程中设备运转的噪声和振动，并分析其原因。

2）检查润滑、冷却、压缩气体等系统是否有泄漏现象，并找出原因和及时处理。

3）齿轮传动不得有冲击噪声和其他噪声。

4）滚动轴承不得有冲击声响。

5）各轴的窜动量不得超过允许值。

6）检查各部的连接螺栓及固定螺栓不得松动。

7）各操作杆件、离合器的动作应灵活可靠，在运转中不得过热，对有干摩擦的离合器严防油、水进入。

8）在运转中要试验安全措施、制动系统是否准确可靠。

9）设备在试运转时，要重点检查各部轴承的温度是否超过允许值。

10）设备各重要部位应设专人在安全位置进行监护，发现运转中有故障现象时应及时停机处理。

4. 提升机的试运转

（1）提升机空运转试验要求　提升机在不挂钢丝绳和容器的条件下进行空运转试运行，

其要求如下：

1）在提升机各部件调整结束后，可进行空运转试车，时间为8h，正、反转连续运转各为4h。

2）试车前，须将深度指示器传动装置的碰板装置和限速凸轮板都取下，以免碰坏减速开关、过卷开关和自整角机限速装置上的零件。

3）主轴装置运转应平稳，主轴轴承温升不得超过20℃。

4）闸住游动卷筒，将离合器脱开，正反向运转各5min，连续3次，用温度计测量游动卷筒的铜瓦和尼龙衬套温升应不超过20℃。

5）调绳离合器先用1MPa油压试验，应能脱开和合上，连续3次；再用2MPa和3MPa油压各试验3次；最后用6.5MPa油压试验3次，密封处不准有渗、漏油现象。在各压力值试验时，离合器应能在全行程内顺利地脱开和合上。

6）减速器在空运转时运转应平稳，不得有周期性冲击声，各轴承温升不得超过20℃，各密封处不得渗油，圆弧齿轮磨合后的接触精度应符合表7-20的规定。

7）贴磨各闸瓦，接触面积应达到闸瓦全面积的60%以上。

8）调试深度指示器的正确性，以及减速、限速、过卷信号的正确作用。

9）调校斜面操纵台两手把的联锁动作。

10）紧急制动空行程时间不超过0.5s。

11）连续全速运转，正、反方向各4h，全面检查各部件有何异状并排除，如减速器发现异样噪声应开盖进行检查。

（2）提升机的负荷试车

1）提升机空负荷试车合格后，可将钢丝绳和提升容器挂上，根据作业状况及要求调整每根钢丝绳的长度，同时相应地将深度指示部分作减速、停车等有关标记，并最后确定深度指示器传动装置上减速过卷、限速等的正确位置。

2）确定钢丝绳和卷筒挡绳板上减速、停车、过卷点的标记，以便司机操纵和正确停车。

3）为了试车安全，负荷试车先在假井口进行，假井口距实际井口停车点和井底停车点各80m左右，并相应调整深度指示器指示部分和深度指示器转动位置，以及钢丝绳与卷筒挡绳板上的减速、停车、过卷点的标记。

（3）试车要求

1）空容器试车时间为8h；对于带平衡锤的提升系统，容器应加50%的负荷，试车过程中要仔细检查各部位有何异常。

2）调绳试验中，调绳距离等于提升高度，连续运转两次，检查游动卷筒的铜瓦和尼龙轴套，温升应不超过20℃。在操纵调绳离合器前，先点动主电动机以消除两齿面的压力，以便顺利脱开并可防止由于齿面的挤压力而擦伤齿面。

3）加载试车时，载荷应逐级增加，一般分三级：提升机最大静拉力差的1/3、提升机最大静拉力差的2/3、提升机最大静拉力差。前两级负荷运转时间为正、反转各4h，满负荷运转时间为24h。对双筒提升机，当有载容器运转12h以后，将载荷换装给空容器，再运转12h。加载到提升机最大静拉力差的2/3负荷试车后，应检查减速器的齿面接触情况，达到要求后才可进行满负荷试车。在满负荷试车时，应全面检查各部件有无残余变形或其他缺陷，在进行各级负荷试验时，应相应调整工作油压。在满负荷试验中，应着重检查下列各项：工作制动的可调性能否满足使用要求；安全制动的减速度应满足规定的要求；各机电联锁的可靠性；减速器各轴承、主轴轴承的许用温升为35℃，最高温度不超过70℃；液压站的油温温升情况。

4）安全制动减速度的测定应在满负荷试车时进行，对于矿井倾角为30°~90°情况，提升重物时，其减速度不大于5 m/s^2；在下放重物时，其减速度不大于1.5 m/s^2。

5）通过上述试车确认无问题后，将假井口移至真井口试运转2h。

6）停车检查时，要全面检查各部件有无异样和钢丝绳与容器连接处的紧固情况，以及安全保护系统的正确性和可靠性。减速器最好能开盖检查一次齿面接触情况，并更换一次新油。只有在确认负荷试车后设备无问题时，才允许进行试生产和正式投产运转。

7）按实际使用负荷调到所需的最大工作油压值，并进行安全制动减速度的测试，应符合上述规定的要求。

【任务实施】

1. 任务实施前的准备

做好班前安全教育，使学生具有安全生产意识和相关安全生产知识。

2. 知识要求

1）能够说出矿井提升机等矿山大型设备的安装程序及要求。

2）能够说出矿井提升机主要部件的安装、检验方法。

3）能够说出矿井提升机等大型设备的试车要求和过程。

3. 矿山机械设备现场维检和调整工作任务实施

到教学矿井提升运行车间、通风机房检修现场、空压机站、机修厂泵修组，与现场工程技术人员一起对上述设备进行维检、安装、调整等工作，了解矿山大型设备的安装、检验、调整和试车方法和过程，具有大型矿山设备的安装调试技能。

【任务考评】

过程考评	配分	考评内容	考评实施人员
素质考评	12	生产纪律	专职教师和现场教师结合进行综合考评
	12	遵守生产规程情况、安全生产	
	12	团结协作情况、与现场工程人员交流情况	
实操考评	12	理论知识口述：提升设备等的安装程序及要求，试车方法和过程	
	12	工具使用或任务实施过程正确	
	12	手指、口述：起重设备的安装方法，提升机现场安装方法及过程	
	12	完成本次工作任务，效果良好	
	16	按工作任务实施指导书完成学习总结，总结所反映出的工作任务完整、信息量大	

【思考与练习】

1. 安装设备前应做哪几项准备工作？主要内容是什么？
2. 施工组织设计包括哪几个方面的内容？
3. 简要说明起重葫芦、起重桅杆的适用条件及使用时的注意事项。
4. 起重安全技术应注意哪几方面的问题？
5. 简述起重用钢丝绳使用注意事项。
6. 设计基础时应满足什么要求？怎样确定设备基础尺寸？
7. 地脚螺栓有哪些主要类型？其直径和长度是怎样确定的？
8. 简述地脚螺栓的固定方法。安装地脚螺栓的要求是什么？
9. 如何确定垫板组的高度？安放垫板时有哪些要求？
10. 简述二次灌浆前的准备工作和施工注意事项。
11. 安装设备时基准点与中心标板是怎样设置的？怎样调整设备的标高和找正设备的水平度？
12. 设备安装或重新装配后为什么要进行试运转？试运转有哪些方法？
13. 设备试运转前应做好哪些准备工作？试运转过程中的注意事项有哪些？
14. 怎样进行提升机的试运转？

参 考 文 献

[1] 成大先．机械设计手册［M］．北京：机械工业出版社，2003.

[2] 张健．机械故障诊断技术［M］．北京：机械工业出版社，2010.

[3] 廖伯瑜．机械故障诊断基础［M］．北京：冶金工业出版社，2005.

[4] 盛兆顺，等．设备状态监测与故障诊断技术及应用［M］．北京：化学工业出版社，2003.

[5] 李新和．机械设备维修工程学［M］．北京：机械工业出版社，2001.

[6] 陈则钧，等．机电设备故障诊断与维修［M］．北京：高等教育出版社，2004.

[7] 陆全龙．机电设备故障诊断与维修［M］．北京：科学出版社，2008.

[8] 武熙等．矿山机械维修与安装［M］．北京：煤炭工业出版社，2007.

[9] 唐国祥，等．矿井提升机故障处理和技术改造［M］．北京：机械工业出版社，2005.

[10] 江建筑．矿井维修钳工（初级、中级、高级）［M］．北京：煤炭工业出版社，2006.

[11] 樊兆馥．机械设备安装工程手册［M］．北京：冶金工业出版社，2004.